"十四五"职业教育国家规划教材

机械设计与应用

（立体化教材）

第二版

李海英　主编　　王立芳　毛现艳　副主编

化学工业出版社

·北京·

内 容 简 介

本书是将工程力学、机械设计基础两门课程的内容整合为一体的新型的机械设计与应用教材。全书除绪论外，分为两个模块，共17章。模块1为工程力学基础，主要介绍静力学分析和杆件的四种变形及强度等；模块2为机械设计基础，主要介绍平面连杆机构、凸轮机构、间歇运动机构、带传动、链传动、齿轮传动、轮系、轴承、轴和轴毂连接和其他常用零件等。

本书配套有内容丰富、功能强大的AR（虚拟现实，图题标注有"AR"字样）教学资源，有利于读者更深入地理解所学内容，扫描前言下方二维码可下载资料包。本书编写思路清晰，符合专业需求，融入了思政元素，旨在提升学生的职业素养。另外，本书配套技能训练活页单，可满足理实一体化的教学需求。

本书可作为高职高专院校机械类和近机械类各专业的教材，也可作为成人高校和在职人员培训用书。

图书在版编目（CIP）数据

机械设计与应用：立体化教材/李海英主编；王立芳，毛现艳副主编 . —2 版 . —北京：化学工业出版社，2024.1

"十四五"职业教育国家规划教材

ISBN 978-7-122-40737-5

Ⅰ.①机… Ⅱ.①李…②王…③毛… Ⅲ.①机械设计-职业教育-教材 Ⅳ.①TH122

中国版本图书馆 CIP 数据核字（2022）第 019237 号

责任编辑：葛瑞祎　王听讲　　　　　　　　　装帧设计：关　飞
责任校对：刘曦阳

出版发行：化学工业出版社（北京市东城区青年湖南街 13 号　邮政编码 100011）
印　　刷：三河市航远印刷有限公司
装　　订：三河市宇新装订厂
787mm×1092mm　1/16　印张 17¾　字数 471 千字　2024 年 9 月北京第 2 版第 1 次印刷

购书咨询：010-64518888　　　　　　　　　　售后服务：010-64518899
网　　址：http://www.cip.com.cn

凡购买本书，如有缺损质量问题，本社销售中心负责调换。

定　　价：49.00 元

第二版前言

本书为"十四五"职业教育国家规划教材、"十三五"职业教育国家规划教材。本书依据高等职业教育教学的基本要求，结合当前高职专业课程改革和专业人才培养目标，总结编者多年来从事教学的经验编写而成。

本书的特点及此次修订要点如下：

（1）编写指导思想清晰，符合专业人才培养需求。融入思政内容，培养学生设计一般机械的实践能力和创新能力，以及精益求精的大国工匠精神。

（2）将传统工程力学和机械设计基础两门课程整合成机械设计与应用课程，便于提升教学效果。

（3）本书内容取舍恰当，理论以"必需""够用"为度，取消烦琐的理论分析，突出在工程实际中的应用。

（4）本书配套有内容丰富、功能强大的 AR 教学资源，有利于读者更深入地理解所学内容。

（5）本书配套技能训练活页单，满足理实一体化的教学需求。

立体化资源使用说明：教材插图中有带"AR"字样的图片，表示配有立体化资源，立体化资源与二维码关联，读者使用微信扫描相应二维码即可查看。扫描下方二维码可下载所有资源二维码和使用说明。第一次扫描需要进行用户注册，资源中有三十个核心资源为免费资源，其余资源需付费使用。如学校教师和学生统一订购教材，可直接联系主编。主编会提供规定格式的表格，统一导入用户信息，生成账号和密码，免费开放所有资源。使用过程中如碰到问题请与主编联系，主编 QQ：455013221。

本教材既是编写团队多年教学实践经验的总结，也是校企合作教学模式改革的成果，是一本具有较强实用性的教材。本书主要适用于高职高专院校机械类和近机械类各专业机械设计课程，推荐学时为 80～100 学时。

本书由青岛职业技术学院李海英担任主编，青岛职业技术学院王立芳、毛现艳担任副主编，编写的具体分工为：李海英编写前言、绪论、第 6～10 章、第 13 章、第 16 章；王立芳编写第 11、12 章，第 14、15 章；毛现艳编写第 1～5 章；莱西机械工程学校的崔淑杰老师编写第 17 章；李海英、王立芳负责全书统稿。

本书所有的立体化教学资源由李海英负责开发完成，在开发过程中得到了济南科明数码技术股份有限公司、青岛海瑞德模塑有限公司以及青岛铭浩源精密机械有限公司的大力支持，相关技术人员提出了许多宝贵的意见和建议，在此表示由衷的感谢。

鉴于编者水平有限，书中难免存在一些疏漏，恳请广大读者批评指正！

编者

立体化资源及

使用说明

目　录

模块 1　工程力学基础

绪 论

0.1 机器的组成及特征

在人们的生产和生活中广泛使用着各种机器。机器是执行机械运动的装置，用来变换或传递能量、物料、信息。把将其他形式的能量变换为机械能的机器称为原动机，如内燃机、电动机；把利用机械能去变换或传递能量、物料、信息的机器称为工作机，如发电机、起重机等。图 0-1 为单缸内燃机，它由气缸体 1、活塞 2、进气阀 3、排气阀 4、连杆 5、曲轴 6、凸轮 7、顶杆 8、齿轮 9 和 10 等组成，通过燃气在气缸内的进气—压缩—爆燃—排气过程，使其燃烧的热能转变为机械能。

机器的种类繁多，总的来说机器有三个特征：都是一种人为的实物组合；各部分形成运动单元，各单元之间具有确定的相对运动；能实现能量的转换或完成有用的机械功。同时具备这三个特征的称为机器，仅具备前两个特征的称为机构。

所谓的机构是多个实物的组合，能传递运动和动力，具有确定的相对运动。如图 0-1 中的齿轮机构，将曲轴的转动传递给凸轮轴，凸轮机构将凸轮轴的转动变换为顶杆的直线往复运动，保证了进、排气阀有规律的启闭。由此可见机器是由机构组成的，但从运动观点来看两者并无差别，工程上统称机械。

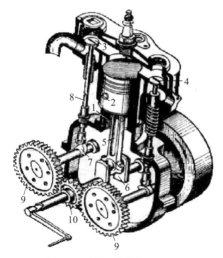

图 0-1 单缸内燃机（AR）

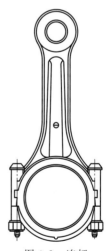

图 0-2 连杆

组成机构的各个运动单元体称为构件，机械中不可拆的制造单元体称为零件。构件可以是单一的零件，如内燃机中的曲轴，也可以是多个零件的刚性组合体，如内燃机中的连杆

（图 0-2）就是由连杆体、连杆盖、螺栓和螺母几个零件组成，这些零件之间没有相对运动，构成一个运动单元，成为一个构件。机械中的零件分为两类：一类是通用零件，是在各种机器中经常使用的零件，如齿轮、轴等；另一类是专用零件，是仅在特定类型机器中使用的零件，如汽轮机的叶片、内燃机的活塞等。

0.2　本课程的内容和任务

0.2.1　本教材的主要内容

本教材适用于机械类、近机类以及非机类专业。它是将传统"工程力学""机械设计基础"两门课程内容整合成为一门新型的"机械设计与应用"课程内容的教材。

根据高职教育培养人才的目标，本教材内容的取舍贯彻基础理论以"必需""够用"为度的原则，精简理论知识，突出应用尤其是实践中的应用。

本教材共分两个模块，其主要内容如下。

模块 1 是工程力学基础，选取本教材模块 2 所需的不可缺少的力学知识。主要内容为物体的受力分析、平面力系的合成与平衡求解，以及零件在外力作用下的变形和破坏（失效）规律、强度（抵抗破坏的能力）计算。

模块 2 是机械设计基础，重点内容包括常用机构、通用零件的工作原理（包括标准与参数等）及设计，机械传动的设计与应用。

另外，本教材配套技能训练活页单。

0.2.2　本课程的任务及要求

本课程的任务为：

（1）使学生熟悉常用机构及通用零件的工作原理、结构特点及应用等基本知识；

（2）使学生掌握设计简单机械及传动装置的基本技能。

通过本课程的学习应达到如下要求：

（1）初步具有分析、解决实际工程中的简单力学问题的能力；

（2）掌握常用机构及通用零件的基本知识，能正确地进行安装、使用和维护；

（3）初步掌握强度计算方法，并具备一定的结构设计能力。

本课程的理论与实践性均很强，在教学中具有承上启下的作用，是机械工程师及机械管理工程师的必修课程。

学习笔记

模块1

工程力学基础

第1章 静力学基础

【内容概述】▶▶▶

静力学是研究物体在力系作用下的平衡规律的科学。本章主要介绍力的基本性质、约束与约束反力、受力分析与受力图、力的投影、力对点之矩、力偶的性质以及平面力系的平衡计算。

【思政与职业素养目标】▶▶▶

搜集并学习为祖国做出贡献的力学大师们的事迹，树立正确的理想、信念和刻苦钻研的决心，在工程力学方面为国家、社会多做贡献，实现自己的人生价值。

1.1 静力学基本概念与物体受力分析

1.1.1 静力学的基本概念

静力学中的"平衡"是指物体相对于地面保持静止或做匀速直线运动。如桥梁、机床的床身、做匀速直线飞行的飞机等，都是处于平衡状态，平衡是物体运动的一种特殊形式。

1）刚体的概念

所谓刚体是在力的作用下，保持形状和大小不变的物体。这是一个理想化的力学模型，实际物体在力的作用下，都会产生不同程度的变形。当这些微小的变形对研究物体的平衡问题不起主要作用时，可以略去不计。但是不应该把刚体的概念绝对化。例如在研究飞机的平衡问题或飞行规律时，可以把飞机看作刚体；可是在研究飞机的颤振问题时，机翼等的变形虽然非常微小，但必须把飞机看作弹性体。

2）力的概念

力是物体间相互的机械作用，这种作用使物体的机械运动状态发生变化，并使物体变形。

力的概念是从劳动中产生的。用手推小车，小车由静止开始移动；受到地球引力作用，自高空落下的物体，速度越来越快；挑扁担时肩膀感觉受到压力的作用，同时扁担也变弯了等等。物体受力后产生以下两种效应。

（1）力改变物体的机械运动状态（称为力的运动效应或外效应）。原来静止的物体，在力的作用下将由静止开始运动，如机床的启动、汽车开动等；行驶的汽车刹车时，靠摩擦力使它停止下来。有时几个力作用在物体上，并不改变客观存在的运动状态，这是因为作用在物体上的这些力互相平衡，使它们的运动效果互相抵消的缘故。

（2）力使物体产生变形（称力的变形效应或内效应）。如弹簧受力会伸长，起重机横梁在起吊重物时会产生弯曲变形。

实践表明，力对物体的作用效果取决于三个要素：力的大小、力的方向和力的作用点。只要其中的任何一个要素改变，该力对物体的作用效应就会改变。

力是矢量，可记作 F。如图 1-1 中的 F 是用一个带箭头的有向线段 AB 来同时表示力的三个要素，也就是：

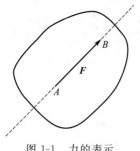

图 1-1　力的表示

力的大小：表示物体的机械作用的强弱，用线段 AB 的长度按一定的比例尺表示。在国际单位制中，以"牛顿"作为力的单位，记作 N。有时也以"千牛顿"作为单位，记作 kN，$1kN = 10^3 N$。

力的方向：表示物体的机械作用具有方向性。力的方向包括力的作用线在空间的方位和力沿作用线的指向，用箭头表示力的方向。

力的作用点：力作用在物体上的部位。如果力作用的面积很小，可近似地看成作用在一个点上，这种力称为集中力，通常用 F 或 P 表示。力作用的点称为力的作用点，如图 1-2(a)、（b）所示的单臂吊车的水平梁，在 B 点和 C 点分别受到集中力 T 和 P 的作用。

如果两个物体相互作用，而力的作用范围较大时，这种力称为分布载荷。如图 1-2(c) 所示作用于化工塔器上的风载 P_1、P_2。当分布载荷均匀分布时，称为均布载荷，均布载荷密度用 q 表示，单位为 N/m 或 kN/m。在静力学中，用黑体字母表示矢量（如 F），而用普通字母表示矢量的大小（如 F）。

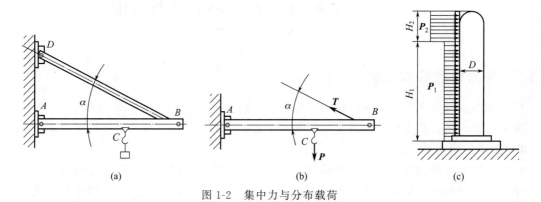

图 1-2　集中力与分布载荷

1.1.2　静力学公理

静力学公理是从实践中总结出来的最基本的力学规律，这些规律的正确性已被人们所公认。它是静力学全部理论的基础。

1) 力的平行四边形法则

作用在物体上同一点的两个力，可以合成为一个合力。合力的作用点也在该点，合力的大小和方向，由这两个力的力矢为邻边构成的平行四边形的对角线矢量确定，如图1-3所示。或者说，合力矢等于这两个力矢的几何和，即

$$\boldsymbol{R}=\boldsymbol{F}_1+\boldsymbol{F}_2 \tag{1-1}$$

2) 二力平衡公理

作用在刚体上的两个力，使刚体处于平衡的必要和充分条件是：这两个力的大小相等，方向相反，且在同一直线上。如图1-4所示，即

$$\boldsymbol{F}_1=-\boldsymbol{F}_2 \tag{1-2}$$

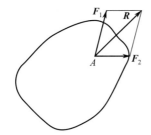

图1-3　力的平行四边形法则

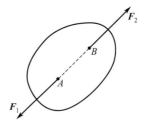

图1-4　二力平衡的表示

对于刚体，这个条件是既必要又充分的；对于非刚体，这个条件是必要不充分的。例如：软绳受两个等值反向的拉力作用可以平衡，而受两个等值反向的压力作用就不能平衡。

工程上将不计自重，只受两个力作用而处于平衡的物体称为二力杆。工程中的二力杆是很常见的，如图1-5(a) 所示结构中的 BC 杆，不计其自重时，可视为二力杆或二力构件。其受力如图1-5(b) 所示。其中 $\boldsymbol{F}_B=-\boldsymbol{F}_C$。

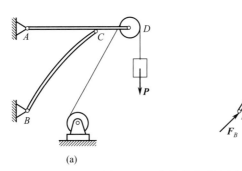

(a)　　　　　　　　　　　　　　　　(b)

图1-5　二力构件的受力图示

3) 加减平衡力系公理

在已知力系上加上或减去任意的平衡力系，并不改变原力系对刚体的作用。就是说如果两个力系只相差一个或几个平衡力系，则它们对刚体的作用是相同的，因此可以等效替换。

根据上述公理可以得到力的可传性原理：作用于刚体上某点的力，可以沿着它的作用线移到刚体内任意一点，并不改变该力对刚体的作用，如图1-6所示。

对于刚体来说，力的作用点已不是决定力的作用效果的要素，它已被作用线所代替。作用于刚体上的力的三要素是：力的大小、方向和作用线。必须注意，加、减平衡力系公理不适用于变形体，只适用于刚体。

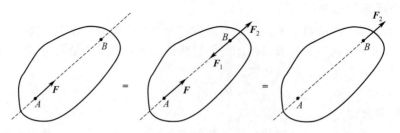

图 1-6 力的可传性

4）作用和反作用定律

任何两个物体间相互作用的作用力和反作用力总是同时存在，两力的大小相等、方向相反，其作用线在同一直线上，并分别作用在两个相互作用的物体上，如图 1-7 所示。

作用力和反作用力不是作用在同一物体上，而是分别作用在两个相互作用的物体上，二者不能相互平衡，要把作用与反作用定律和二力平衡公理严格区别开来。

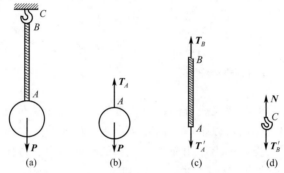

图 1-7 相互作用的绳索与物体的受力图示

1.1.3 约束和约束反力

有些物体，例如飞行的飞机、炮弹和火箭等，它们在空间的位移不受任何限制。位移不受限制的物体称为自由体。而有些物体，例如机车、机床的刀具、桥梁的桁架和吊车钢索上悬挂的重物等，它们在空间的位移都受到一定的限制：如机车受铁轨的限制，只能沿轨道运动；重物受钢索的限制，不能下落等。位移受到限制的物体称为非自由体。对非自由体的某些位移起限制作用的周围物体称为约束。例如铁轨对于机车，轴承对于电机转轴，吊车钢索对于重物等，都是约束。

约束阻碍着物体的运动，也就是约束能够起到改变物体运动状态的作用，约束对物体的作用，实际上就是力，这种力称为约束反力，简称反力。约束反力的方向必与该约束所能够阻碍的运动方向相反，应用这个准则可以确定约束反力的方向或作用线的位置。

1）光滑接触表面约束

支承物体的固定平面（如图 1-8 所示）、啮合齿轮的齿面（如图 1-9 所示）、机床中的导轨等，当表面非常光滑，摩擦可忽略不计时，都属于这类约束。

这类约束不能限制物体沿约束表面切线的位移，只能阻碍物体沿接触表面法线的位移。因此光滑支承面对物体的约束反力，作用在接触点处，方向沿接触表面的公法线，并指向受力物体。这种约束反力称为法向反力，用 N 表示，如图 1-8 中的 N_A 和图 1-9 中的 N_B。

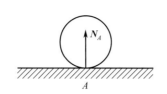

图 1-8 固定平面对支承物体的约束

图 1-9 齿轮的齿面对另一接触齿面的约束

2）柔性约束

绳索、链条或皮带等柔性物体构成的约束即为柔性约束，如图 1-10（a）所示。柔软的绳索本身只能承受拉力，如图 1-10（b）所示，它给物体的约束反力也只可能是拉力，如图 1-10（c）所示。绳索对物体的约束反力，作用在接触点，方向沿着绳索背离物体。通常用 T 或 S 表示这类约束反力。链条或皮带也都只能承受拉力。当它们绕过带轮时，约束反力沿轮缘的切线方向，如图 1-11 所示。

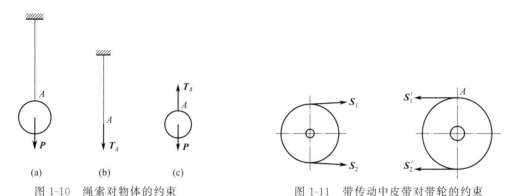

图 1-10 绳索对物体的约束

图 1-11 带传动中皮带对带轮的约束

3）光滑铰链约束

这类约束有向心轴承、圆柱销铰链和铰链支座等。

（1）向心轴承。如图 1-12（a）所示为轴承装置，可画成如图 1-12（b）、（c）所示的简图。轴可在孔内任意转动，也可沿孔的中心线移动，轴承阻碍着轴沿径向的位移。设轴和轴承在点 A 接触，且摩擦忽略不计，则轴承对轴的约束反力 N_A 作用在接触点 A，沿公法线方向且指向轴心，如图 1-12（a）所示。

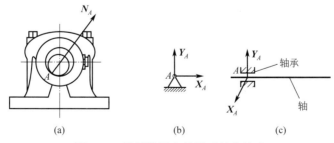

图 1-12 轴承装置中轴承对轴的约束

随着轴所受的主动力不同，轴和孔的接触点的位置也随之不同。当主动力尚未确定时，约束反力的方向预先不能确定。无论约束反力朝向何方，它的作用线必垂直于轴线并通过轴心。

通常把这样一个方向不能预先确定的约束反力，用通过轴心的两个大小未知的正交分力 X_A、Y_A 来表示，如图 1-12(b)、(c) 所示。

（2）圆柱销铰链和固定铰链支座。如图 1-13(a) 所示的拱形桥，它是由左、右两拱通过圆柱销铰链 C 以及固定铰链支座 A 和 B 连接而成。圆柱销铰链简称铰链，它由销钉 C 将两个钻有同样大小孔的构件连接在一起而成，如图 1-13(b) 所示，其简图如图 1-13(a) 的铰链 C。如果两个构件中有一个固定在地面或机架上，则这种约束称为固定铰链支座，简称固定铰支。如图 1-13(b) 中所示的支座 B，其简图如图 1-13(a) 所示的固定铰链支座 A 和 B。

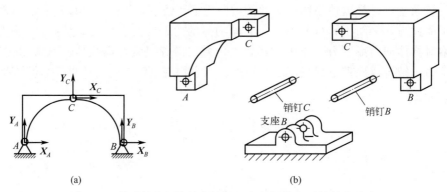

图 1-13　拱形桥的圆柱销铰链和固定铰链支座对构件的约束

这种圆柱铰链与轴和轴承孔的配合相似。它与轴承具有同样的约束性质，即约束反力的作用线不能预先定出，约束反力垂直轴线并通过铰链中心，可用两个大小未知的正交分力 X_A、Y_A，X_B、Y_B 和 X_C、Y_C 来表示，如图 1-13(a) 所示。

（3）活动铰链支座。如图 1-14(a) 所示钢桥架的 B 端支座，在支座和支承面之间有辊轴，就称为活动铰链支座，又称辊轴支座。其结构如图 1-14(b) 所示。它不能限制结构沿接触面切线移动，但可限制沿接触面法线方向的移动，所以只有一个约束反力 N，垂直于支承面，但指向一般是未知的。

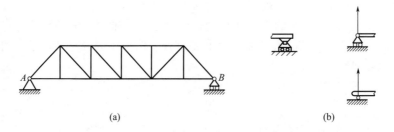

图 1-14　钢桥架的活动铰链支座对钢桥的约束反力

上述三种约束（向心轴承、圆柱销铰链和固定铰链支座、活动铰链支座），它们的具体结构虽然不同，但构成约束的性质是相同的，都可简化为光滑铰链。

1.1.4　物体的受力分析和受力图

作用在物体上的力可分为两类：一类是主动力，例如物体的重力、风力、气体压力等；另一类是约束对于物体的约束反力，为未知的被动力。在工程实际中，为了求出未知的约束反力，需要根据已知力，应用平衡条件求解。首先要确定构件受了几个力，每个力的作用位置和力的作用方向，这个分析过程称为物体的受力分析。

为了清楚地表示物体的受力情况，把需要研究的物体（称为受力体）从周围的物体（称为施力体）中分离出来，单独画出它的简图，并画出主动力和全部约束反力，称为受力图。

例 1-1　画出图 1-15（a）中球形物体的受力图。

解：取圆球为研究对象，画出其轮廓简图。

首先画主动力 G，再根据约束特性，画约束反力。圆球受到斜面的约束，如不计摩擦，则为光滑点接触，故圆球受斜面的约束反力 N_A，作用在接触点 A，沿斜面与球接触点的公法线方向并指向球心；圆球在连接点 B 受到绳索 BC 的约束反力 T_B，沿绳索轴线而背离圆球。圆球受力图如图 1-15（b）所示。

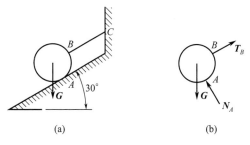

图 1-15　例 1-1 图

例 1-2　简支梁 AB 如图 1-16（a）所示。A 端为固定铰链支座，B 端为活动铰链支座，并放在倾角为 α 的支承斜面上，梁 AC 段受到垂直于梁的均布载荷的作用，均布载荷密度为 q（N/m）；梁在 D 点受到与梁轴线成 β 倾角的集中载荷 Q 的作用。梁的自重不计，试画出梁的受力图。

解：画出梁 AB 的轮廓。

画主动力：有均布载荷 q 和集中载荷 Q。

画约束反力：梁在 A 端为固定铰链支座，约束反力可以用 X_A、Y_A 两个分力来表示，并假设为图 1-16（b）中的指向；B 端为活动铰链支座，其约束反力 N_B 通过铰链中心而垂直于倾斜支承面。梁的受力图如图 1-16（b）所示。

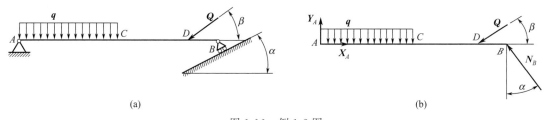

图 1-16　例 1-2 图

例 1-3　如图 1-17（a）所示的三铰拱桥，由左右两拱铰接而成。设各拱自重不计，在拱 AC 上作用载荷 P。试分别画出拱 AC 和 BC 以及整个三铰拱桥的受力图。

解：（1）先分析 BC 拱的受力。拱 BC 受有铰链 C 和固定铰链支座 B 的约束，其约束反力在 C、B 处各有 x 和 y 轴方向的约束反力。但由于拱 BC 自重不计，也无其他主动力作用，所以在 C 和 B 处各有一个约束反力 S_C 和 S_B，故 CB 杆为二力杆。根据二力平衡公理，只在两力作用下处于平衡的 BC 拱，其 S_C 和 S_B 二力的作用线沿 C、B 两铰心的连线。至于力的指向一般由平衡条件来确定，此处可设拱 BC 受压力，如图 1-17（b）所示。

（2）再分析 AC 拱的受力。由于自重不计，因此主动力只有载荷 P。拱在铰链 C 处受到拱 BC 给它的约束反力 S'_C，根据作用和反作用定律，S'_C 与 S_C 等值、反向、共线，可表示为 $S'_C = -S_C$。拱在 A 处受固定铰链支座给它的约束反力，由于方向未定，可用两个大小未知的

正交分力 X_A 和 Y_A 来表示。此时拱 AC 的受力图如图 1-17(c) 所示。

（3）画三铰拱桥整体的受力图。单独画出整体的轮廓。先画上已知力 P，再根据系统以外仅有两处受到约束的约束反力的作用，画出受力图如图 1-17(d) 所示。C 处显然也有约束反力 S'_C 与 S_C 的作用，但它们是系统内力，不必画出。

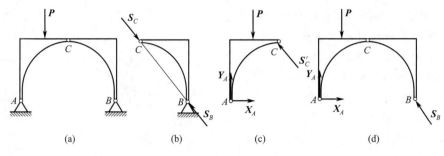

图 1-17　例 1-3 图

正确地画出受力图，是分析、解决力学问题的基础。画受力图时必须注意的问题归纳如下：

（1）必须明确研究对象。根据解题的需要，可以取单个物体为研究对象，也可取由几个物体组成的系统为研究对象。不同的研究对象受力图是不同的。

（2）正确确定研究对象受力的数目。由于力是物体间相互的机械作用，因此，对每一个力都应明确它是哪一个施力物体施加给研究对象的，决不能凭空产生。同时，也不可漏掉一个力。

（3）正确画出约束反力。一个物体往往同时受到几个约束的作用，这时应分别根据每个约束单独作用时，由该约束本身的特性来确定约束反力的方向，不能主观臆测。

（4）当几个物体相互接触时，它们的相互作用关系应按作用和反作用定律来分析，当画整个系统的受力图时，由于内力成对出现，组成平衡力系，因此不必画出，只需画出全部外力。

1.2　平面力系

力系有各种不同的类型：按照力系中各力的作用线是否在同一平面内来分，可将力系分为平面力系和空间力系两类；按照力系中各力的作用线是否相交来分，力系又可分为汇交力系、平行力系和任意力系三类。

1.2.1　平面汇交力系

在工程实际中，经常会遇到平面汇交力系的问题。例如，图 1-18(a) 所示为起重机的挂钩，受 T_1、T_2 和 T_3 三个力的作用，显然这三个力的作用线在同一平面内且交于一点，这是一个平面汇交力系，如图 1-18(b) 所示。再如图 1-19(a) 所示容器内放置两个自重分别为 P_1、P_2 的球，它们的受力图如图 1-19(b) 所示，也是平面汇交力系。所谓平面汇交力系，就是各力的作用线都在同一平面内且汇交于一点的力系。

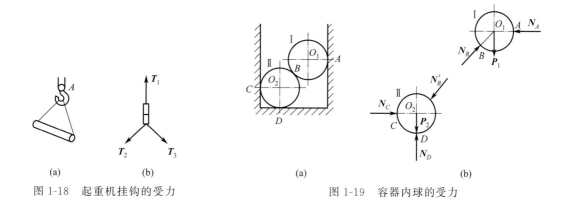

图 1-18　起重机挂钩的受力

图 1-19　容器内球的受力

1）平面汇交力系的合成

（1）平面汇交力系合成的几何法——力多边形法则。作用在刚体上的力可以分别沿它们的作用线移到汇交点，而并不影响其对刚体的作用效果，所以平面汇交力系与作用于同一点的平面力系（平面共点力系）对刚体的作用效果是一样的。

① 两个共点力的合成。如图 1-20（a）所示，设在刚体的点 A 上，作用两个力 F_1 和 F_2。根据平行四边形规则，这两个力可以合成为一个力 R，它的作用线通过汇交点 A，其大小和方向由平行四边形的对角线决定。用矢量表示为：

$$R = F_1 + F_2 \tag{1-3}$$

若以 α 表示两个分力 F_1 与 F_2 之间的夹角，又以 φ_1 和 φ_2 分别表示合力 R 与两边的夹角。则 R 的大小和方向可用三角公式求得。

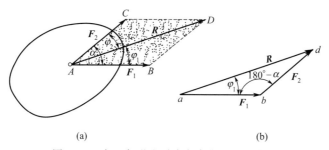

图 1-20　力三角形法则确定合力的表示方法

由图 1-20 可见，力的平行四边形可以用更简单的作图法来画出。先从任意一点 a 作矢 ab 等于力矢 F_1（即与力 F_1 大小相等，作用线相互平行，指向相同），如图 1-20（b）所示。再从点 b 作矢 bd 等于力矢 F_2。连接 a 和 d 两点。显然，矢 ad 即表示合力 R 的大小和方向。这个三角形 abd 称为力三角形，上述的作图方法，称为力三角形法则。

② 多个共点力的合成。如果刚体上作用有 F_1、F_2、F_3、$\cdots$、F_n 等 n 个力组成的平面汇交力系，为简单起见，只画出了四个力，如图 1-21（a）所示。欲求此力系的合力，使用力三角形法则，先求 F_1 和 F_2 的合力 R_{1-2}，再求出 R_{1-2} 和 F_3 的合力 R_{1-3}，最后求出 R_{1-3} 和 F_4 的合力 R，R 就是整个平面汇交力系的合力，如图 1-21（b）所示。可见图中 R_{1-2}、R_{1-3} 等中间合力可不必画出。而直接画出如图 1-21（c）所示的力多边形，即将力矢 F_1、F_2、F_3、F_4 依次首尾相接，自第一个力的始端指向最后一个力的末端的力矢 R，就是力系的合力。由力多边形求平面汇交力系合力的方法，称为力的多边形法则。这种力系简化的方法，称为几何法。

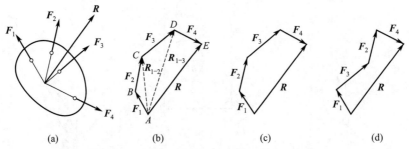

图 1-21 力多边形法则确定合力的表示方法

设有 F_1、F_2、$\cdots$、F_n 组成的平面汇交力系，若采用矢量加法的定义，则可写为

$$R = F_1 + F_2 + \cdots + F_n = \sum_{i=1}^{n} F_i \tag{1-4}$$

简写为

$$R = \sum F \tag{1-5}$$

值得注意的是，按力 F_1、F_2、F_3、F_4 的顺序作力多边形，如图 1-21(c) 实线所示。若任意变换力的次序，如按力 F_1、F_3、F_2、F_4 的顺序作多边形，如图 1-21(d) 所示。虽然两个多边形的形状不同，但所得的合力矢 R 却是一样的。这说明合力矢与各力排列的先后次序无关。

在力多边形中，各分力矢首尾相接，环绕同一方向，而合力矢则从汇交力系的作用点指向最后一个分力矢的尾端，将力多边形封闭。

应用几何法解题时，必须恰当地选择力的比例尺。

例 1-4 在螺栓的环眼上套有三根软绳，它们的位置和受力情况如图 1-22(a) 所示，试用几何法求三根软绳作用在螺栓上的合力大小和方向。

解：规定每单位长度代表 300N，按比例尺画出力多边形，如图 1-22(b) 所示。由图量得合力 R 的长度为 5.5 个单位长度，即得 $R = 5.5 \times 300 = 1650$(N) $= 1.65$(kN)。

设以合力作用线和 x 轴的夹角 φ 表示合力的方向，由图 1-22(b) 用量角器量得 $\varphi = 16°10'$。

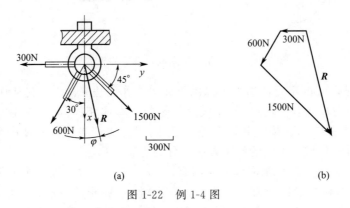

图 1-22 例 1-4 图

（2）平面汇交力系合成的解析法。几何法是直接用矢量加法来求合力与各分力之间的关系，解析法则是将力矢量进行投影来表示合力与各分力之间的关系。

① 力在轴上的投影。设在刚体上的 A 点作用一力 F，如图 1-23 所示。在力所在的平面内取 x 轴，从力矢 F 的两端 A 和 B 分别向 x 轴作垂线，垂足为 a 和 b，线段 ab 的长度冠以适当

的正负号，就表示这个力在 x 轴上的投影，记作 X。如果从 a 到 b 的指向与投影轴 x 的正向一致，则力 F 在 x 轴上的投影 X 规定为正值，如图 1-23（a）所示。反之为负值，如图 1-23（b）所示。若力 F 与 x 轴的正向间的夹角为 α，则有

$$X = F\cos\alpha \tag{1-6}$$

即力在某轴上的投影，等于力的大小乘以力与投影轴正向夹角的余弦。当 α 为锐角时，X 为正值；当 α 为钝角时，X 值为负值。故力在轴上的投影是代数量。

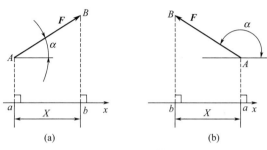

图 1-23 力 F 在 x 轴上的投影

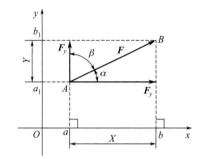

图 1-24 力 F 在直角坐标轴上的投影

若将力 F 分别投影在直角坐标轴 Ox 和 Oy 上，如图 1-24 所示，则有

$$X = F\cos\alpha \qquad Y = F\cos\beta = F\sin\alpha \tag{1-7}$$

如果已知某个力在直角坐标轴上的投影分别为 X 和 Y，则该力的大小和方向为

$$F = \sqrt{X^2 + Y^2} \qquad \cos\alpha = \frac{X}{F} \qquad \cos\beta = \frac{Y}{F} \tag{1-8}$$

式中，α、β 分别表示力 F 与 x 和 y 轴正向间的夹角。

② 合力投影定理。合力投影定理建立了平面汇交力系的合力与分力的投影之间的关系。设由 F_1、F_2、F_3、F_4 组成的平面汇交力系，汇交点为 O，如图 1-25（a）所示。在力系所在平面内取直角坐标系 Oxy，作力多边形求出合力 R，如图 1-25（b）所示。

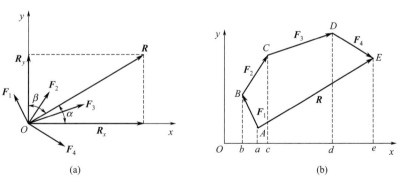

图 1-25 平面汇交力系的合力与分力的投影关系

从图 1-25（b）看出，力系的合力在 x 轴上的投影与各力在同一轴上的投影之间的关系为

$$R_x = X_1 + X_2 + X_3 + X_4$$

合力与各力在 y 轴上的投影之间的关系为

$$R_y = Y_1 + Y_2 + Y_3 + Y_4$$

若平面汇交力系中有任意个力 F_1、F_2、$\cdots$、F_n，应用上述关系则有

$$R_x = X_1 + X_2 + \cdots + X_n = \sum X$$

$$R_y = Y_1 + Y_2 + \cdots + Y_n = \sum Y \tag{1-9}$$

得出以下结论：合力在任一轴上的投影，等于组成合力的各力在同一轴上投影的代数和，此即合力投影定理。

③ 平面汇交力系合成的解析法。根据式(1-8)，力 $\boldsymbol{F}$ 的大小和方向可以用在正交轴上的投影 X 和 Y 来求得。同样，合力 $\boldsymbol{R}$ 的大小和方向，也可以用在正交轴上的投影 R_x 和 R_y 来计算，利用合力投影定理，可得合力 $\boldsymbol{R}$ 的大小和方向为

$$R = \sqrt{R_x^2 + R_y^2} = \sqrt{(\sum X)^2 + (\sum Y)^2} \tag{1-10a}$$

$$\cos\alpha = \frac{R_x}{R} = \frac{\sum X}{R} \qquad \cos\beta = \frac{R_y}{R} = \frac{\sum Y}{R} \tag{1-10b}$$

式中，α、β 分别表示合力 $\boldsymbol{R}$ 与 x 和 y 轴正向之间的夹角，如图 1-25(a) 所示。

必须指出，上述各公式只对直角坐标系成立。应用式(1-10) 计算合力的大小和方向的方法，称为平面汇交力系的解析法。

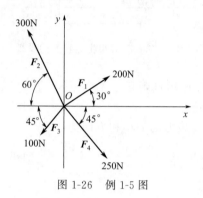

图 1-26　例 1-5 图

例 1-5　求图 1-26 所示平面汇交力系的合力。

解：先用式(1-9) 计算合力在 x 轴和 y 轴上的投影为

$$R_x = \sum X = F_1\cos30° - F_2\cos60° - F_3\cos45° + F_4\cos45°$$
$$= 200 \times \frac{\sqrt{3}}{2} - 300 \times \frac{1}{2} - 100 \times \frac{\sqrt{2}}{2} + 250 \times \frac{\sqrt{2}}{2}$$
$$= 129.27(\text{N})$$

$$R_y = \sum Y = F_1\sin30° + F_2\sin60° - F_3\sin45° - F_4\sin45°$$
$$= 200 \times \frac{1}{2} + 300 \times \frac{\sqrt{3}}{2} - 100 \times \frac{\sqrt{2}}{2} - 250 \times \frac{\sqrt{2}}{2}$$
$$= 112.32(\text{N})$$

再用式(1-10)，计算合力 $\boldsymbol{R}$ 的大小和方向为

$$R = \sqrt{R_x^2 + R_y^2} = \sqrt{(129.27)^2 + (112.32)^2} = 171.25(\text{N})$$

$$\cos\alpha = \frac{R_x}{R} = \frac{129.27}{171.25} = 0.755 \qquad \cos\beta = \frac{R_y}{R} = \frac{112.32}{171.25} = 0.656$$

由此可得：$\alpha = 40.99°$，$\beta = 49.01°$。

2）平面汇交力系的平衡方程

由于平面汇交力系可用其合力来代替，平面汇交力系平衡的必要和充分条件是：该力系的合力等于零。如用矢量等式表示，即

$$\boldsymbol{R} = \sum \boldsymbol{F} = 0 \tag{1-11}$$

平面汇交力系的平衡条件也可表示为两种形式。

（1）几何条件。按照力多边形法则，在合力为零的情况下，力多边形中第一个力矢的起点与最后一个力矢的终点相重合，这种情况称为力多边形自行封闭。平面汇交力系平衡的必要与充分的几何条件是：该力系的力多边形自行封闭。

求解平面汇交力系的平衡问题时可用图解法，即按比例先画出封闭的力多边形，然后，用尺和量角器在图上量得所要求的未知量；也可根据图形的几何关系，用三角公式计算出所要求的未知量，这种解题方法称为几何法。

例 1-6　如图 1-27(a) 所示，压路机的碾子重力 $P = 20\text{kN}$，半径 $r = 60\text{cm}$。欲使此碾子拉过高 $h = 8\text{cm}$ 的障碍物，在其中心作用一水平拉力 $\boldsymbol{F}$，求此拉力的大小和碾子对障碍物的压力。

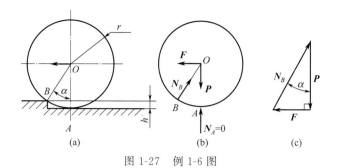

图 1-27 例 1-6 图

解：选碾子为研究对象。碾子在重力 P、地面支承力 N_A、水平拉力 F 和障碍物的约束反力 N_B 的作用下处于平衡，如图 1-27（b）所示。这些力汇交于 O 点，是一个平面汇交力系。欲将碾子拉过障碍物，则表示碾子将离开地面，这时地面对碾子的支承力 $N_A = 0$，同时拉力 F 为最大值，这是碾子越过障碍物的力学条件。

如图 1-27（c）所示的力三角形是一个直角三角形。故可求得

$$F = P\tan\alpha \qquad N_B = \frac{P}{\cos\alpha} \tag{a}$$

由图 1-27（a）中的几何关系，求得

$$\tan\alpha = \frac{\sqrt{r^2 - (r-h)^2}}{r-h} = 0.577 \tag{b}$$

式（b）代入式（a）得 $F = 11.5\text{kN}$ $\qquad N_B = 23.1\text{kN}$

由作用力和反作用力关系知，碾子对障碍物的压力也等于 23.1kN。

（2）解析条件。平面汇交力系平衡的必要与充分条件是：该力系的合力 R 等于零。由式（1-10a）有

$$R = \sqrt{(\sum X)^2 + (\sum Y)^2} = 0 \tag{1-12}$$

要使上式成立，必须同时满足

$$\sum X = 0 \qquad \sum Y = 0 \tag{1-13}$$

平面汇交力系平衡的必要和充分条件也可以表述为：各力在两个坐标轴上投影的代数和分别等于零。式（1-13）称为平面汇交力系的平衡方程。这是两个独立的方程，可以求解两个未知量。

例 1-7 用解析法解例 1-6。

解：首先选碾子为研究对象，画出受力图，如图 1-28 所示。然后取适当的坐标轴，分别列出 x 和 y 轴方向的平衡方程，并联立求解。

根据碾子的受力图可列出平衡方程为：

$$\sum X = 0 \qquad -F + N_B\sin\alpha = 0 \tag{a}$$
$$\sum Y = 0 \qquad N_B\cos\alpha - P = 0 \tag{b}$$

由（b）式得

$$N_B = \frac{P}{\cos\alpha} = 23.1\text{kN}$$

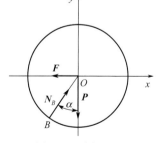

图 1-28 例 1-7 图

代入（a）式得

$$F = P\tan\alpha = 11.5\text{kN}$$

例 1-8 如图 1-29（a）所示，重物 $P = 20\text{kN}$，用钢丝绳挂在支架的滑轮 B 上，钢丝绳的

另一端缠绕在铰车 D 上。杆 AB 与 BC 铰接，并以铰链 A、C 与墙连接。如两杆和滑轮的自重不计，并忽略摩擦和滑轮的大小，试求平衡时杆 AB 和 BC 所受的力。

解：（1）AB、BC 两杆都是二力杆。假设杆 AB 受拉力，杆 BC 受压力，如图 1-29(b) 所示。为了求出这两个未知力，可通过求两杆对滑轮的约束反力来解决。因此选取滑轮 B 为研究对象。

（2）滑轮受到钢丝绳的拉力 T_1 和 T_2，如图 1-29（c）所示。已知 $T_1 = T_2 = P$。此外杆 AB 和 BC 对滑轮的约束反力为 S_{AB} 和 S_{BC}。由于滑轮的大小可忽略不计，可看作是汇交力系。

（3）选取坐标轴如图 1-29(c) 所示。为使每个未知力只在一个轴上有投影，在另一轴上的投影为零，坐标轴应尽量取在与未知力作用线相垂直的方向。

（4）列平衡方程：

$$\sum X = 0, \; -S_{AB} + T_1\cos60° - T_2\cos30° = 0 \tag{a}$$

$$\sum Y = 0, \; S_{BC} - T_1\cos30° - T_2\cos60° = 0 \tag{b}$$

（5）求解方程：由（a）式得 $S_{AB} = -0.366P = -7.32\text{kN}$

由（b）式得 $S_{BC} = 1.366P = 27.32\text{kN}$

所求结果 S_{BC} 为正值，表示该力的假设方向与实际方向相同，即杆 BC 受压。S_{AB} 为负值，表示该力的假设方向与实际方向相反，即杆 AB 也受压。

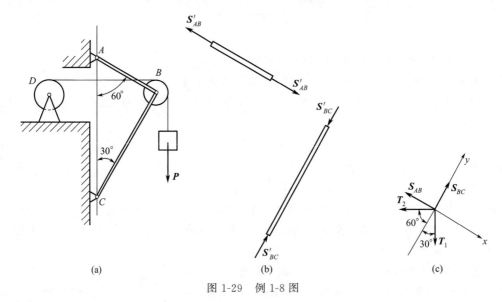

图 1-29　例 1-8 图

1.2.2　力矩和平面力偶系

1）力对点之矩与合力矩定理

（1）力对点之矩。用扳手拧螺母时，螺母的轴线固定不动，轴线在平面上的投影为点 O，如图 1-30 所示。若在扳手上作用一个力 F，该力在垂直于固定轴的平面内。由经验可知，拧动螺母的作用效果不仅与力 F 的大小有关，而且与点 O 到力的作用线的垂直距离 h 有关。因此力 F 对扳手的作用可用两者的乘积 Fh 来度量。显然力 F 使扳手绕点 O 转动的方向不同，作用效果也不同。

力矩的概念可以推广到普遍的情形。如图 1-31 所示，平面上作用一力 F，在同平面内任取一点 O，点 O 称为矩心，点 O 到力的作用线的垂直距离 h 称为力臂，则在平面问题中力对点之矩的定义如下：力对点之矩是一个代数量，它的绝对值等于力的大小与力臂的乘积。它的正负可按下列方法确定：力使物体绕矩心逆时针方向转动时为正，反之为负。

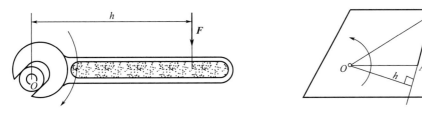

图 1-30　用扳手拧螺母的图示　　　　　　　图 1-31　力矩

力 $\boldsymbol{F}$ 对点 O 之矩以符号 $m_O(\boldsymbol{F})$ 表示，计算公式为

$$m_O(\boldsymbol{F})=\pm Fh \tag{1-14}$$

力矩的单位是 $\mathrm{N \cdot m}$ 或 $\mathrm{kN \cdot m}$。

例 1-9　大小为 $F=150\mathrm{N}$ 的力，按图 1-32 中三种情况作用在扳手的 A 端，试求三种情况下力 $\boldsymbol{F}$ 对 O 点之矩。

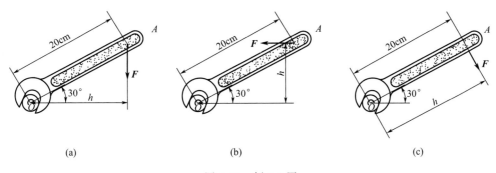

图 1-32　例 1-9 图

解：由式（1-14）计算三种情况下力 $\boldsymbol{F}$ 对 O 点之矩：

$$m_O(\boldsymbol{F})=Fh=-150\times0.20\times\cos30°=-25.98(\mathrm{N \cdot m}) \tag{a}$$

$$m_O(\boldsymbol{F})=Fh=150\times0.20\times\sin30°=15(\mathrm{N \cdot m}) \tag{b}$$

$$m_O(\boldsymbol{F})=Fh=-150\times0.20=-30(\mathrm{N \cdot m}) \tag{c}$$

（2）力矩的性质。

① 力对点之矩不仅与力的大小有关，而且与矩心的位置有关，同一个力，因矩心的位置不同，其力矩的大小和正负都可能不同。

② 力对点之矩不因力的作用点沿其作用线的移动而改变，因为此时力的大小、力臂的长短和绕矩心的转向都未改变。

③ 力对点之矩，在下列情况下等于零：力等于零，或者力的作用线通过矩心，即力臂等于零。

（3）合力矩定理。平面汇交力系的合力对于平面内任一点的矩等于所有各力对于该点的矩的代数和，这就是合力矩定理。即

$$M_O(\boldsymbol{R})=\sum_{i=1}^{n}m_O(\boldsymbol{F}_i) \tag{1-15}$$

例 1-10　力 $\boldsymbol{F}$ 作用于托架点 C 上，如图 1-33 所示。试分别求出这个力对点 A 和点 B 的矩。已知 $F=50\mathrm{N}$，方向如图 1-33 所示。

解： 取坐标系 Axy，力 $\boldsymbol{F}$ 作用点 C 的坐标是

$$x=10\text{cm}=0.1\text{m} \qquad y=20\text{cm}=0.2\text{m}$$

力 $\boldsymbol{F}$ 沿坐标轴 x、y 方向的分力为

$$F_x=50\times\frac{1}{\sqrt{1^2+3^2}}=5\sqrt{10}\,(\text{N}) \qquad F_y=50\times\frac{3}{\sqrt{1^2+3^2}}=15\sqrt{10}\,(\text{N})$$

由合力矩定理求得

$$M_A=m_A(\boldsymbol{F})=m_A(\boldsymbol{F}_x)+m_A(\boldsymbol{F}_y)=xF_y-yF_x=0.1\times15\sqrt{10}-0.2\times5\sqrt{10}$$

$$=0.5\sqrt{10}=1.58(\text{N}\cdot\text{m})$$

$$M_B=m_B(\boldsymbol{F})=m_B(\boldsymbol{F}_x)+m_B(\boldsymbol{F}_y)=0+0.1\times15\sqrt{10}$$

$$=4.74(\text{N}\cdot\text{m})$$

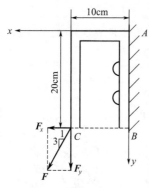

图 1-33　例 1-10 图

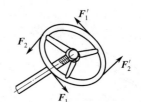

图 1-34　用双手转动方向盘

2）平面力偶理论

（1）力偶。在日常生活及生产实践中，常见到某些物体受到一对大小相等、方向相反、作用线平行但不共线的力的作用。如图 1-34 所示为汽车司机用双手转动方向盘驾驶汽车时的受力，如图 1-35 所示为钳工用两只手转动丝锥在工件上攻螺纹时的受力。

作用在同一物体上的一对等值、反向、不共线的平行力组成的力系称为力偶，以符号（$\boldsymbol{F}$，$\boldsymbol{F}'$）表示，如图 1-36 所示，记作（$\boldsymbol{F}$，$\boldsymbol{F}'$）。力偶所在的平面称为力偶的作用面。力偶的两力之间的垂直距离 d 称为力偶臂。

力偶对刚体的作用仅能产生转动效果。力偶不能合成为一个力，或用一个力来等效替换，力偶也不能用一个力来平衡。

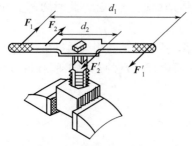

图 1-35　转动丝锥攻螺纹

图 1-36　力偶的表示

（2）力偶矩。力偶由两个力组成，它的作用是改变物体的转动状态，力偶对物体的作用效果，不仅取决于组成力偶的力的大小，而且取决于力偶臂的大小和力偶的转向。力偶对物体的作用效果可用力与力偶臂的乘积 Fd 来度量，称为力偶矩，记作 $M(\boldsymbol{F}, \boldsymbol{F}')$，简写为 M。即

$$M(\boldsymbol{F}, \boldsymbol{F}') = M = \pm Fd \tag{1-16}$$

通常规定：力偶矩是一个代数量，其绝对值等于力的大小与力偶臂的乘积，正负号表示力偶的转向，逆时针转向为正，反之则为负。力偶矩的单位与力矩的单位相同，也是 N·m 或 kN·m。

（3）同平面内力偶的等效定理。

定理：在同平面内的两个力偶，如果力偶矩的大小相等，转向相同（力偶矩相等），则两个力偶等效。

上述定理给出了在同一平面内力偶等效的条件。由此可得推论：

① 任一力偶可以在它的作用面内任意移转，而不改变它对刚体的作用。力偶对刚体的作用与力偶在其作用面内的位置无关。在图 1-34 中，为了转动方向盘，既可用力偶（$\boldsymbol{F}_1$，$\boldsymbol{F}_1'$）作用，也可用力偶（$\boldsymbol{F}_2$，$\boldsymbol{F}_2'$）作用。只要此两力偶之矩相等，则它们使方向盘转动的效果就完全相同。

② 只要保持力偶矩的大小和力偶的转向不变，可以同时改变力偶中力的大小和力偶臂的长短，而不改变力偶对刚体的作用。在图 1-35 中用丝锥攻螺纹时，无论以力偶（$\boldsymbol{F}_1$，$\boldsymbol{F}_1'$）还是（$\boldsymbol{F}_2$，$\boldsymbol{F}_2'$）作用于丝锥上，只要满足条件 $F_1 d_1 = F_2 d_2$，则它们使丝锥转动的效果就相同。

由此可见，力臂的长短和力的大小都不是力偶的特征量，只有力偶矩才是力偶作用的唯一度量。力偶常用图 1-37 所示的符号表示，m 为力偶的矩。

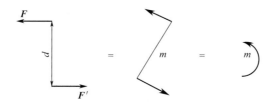

图 1-37　同平面内等效力偶的图示

3）平面力偶系的合成和平衡条件

（1）平面力偶系的合成。作用在刚体上同一平面内的若干个力偶称为平面力偶系。根据力偶的性质，刚体在平面力偶系的作用下也产生转动效果，其转动效果等于各力偶转动效果之和，这样平面力偶系应与一个力偶等效。即平面力偶可合成一个合力偶，合力偶矩等于各个分力偶矩的代数和，即

$$M = \sum_{i=1}^{n} m_i \tag{1-17}$$

（2）平面力偶系的平衡条件。由合成结果可知，力偶系平衡时其合力偶的矩等于零。平面力偶系平衡的必要和充分条件是，所有各个力偶矩的代数和等于零，即

$$\sum_{i=1}^{n} m_i = 0 \tag{1-18}$$

例 1-11　水平梁 AB，长 $l=5$m，受一顺时针转向的力偶作用，其力偶矩的大小 $m=100$kN·m。约束情况如图 1-38(a) 所示。试求支座 A、B 的反力。

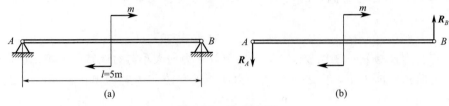

图 1-38　例 1-11 图

解：梁 AB 受一顺时针转向的主动力偶作用。在活动铰链支座 B 处产生支承反力 $\boldsymbol{R}_B$，其作用线在铅垂方向；A 处为固定铰链支座，产生支承反力 $\boldsymbol{R}_A$，方向尚不确定。根据力偶只能由力偶来平衡，所以 $\boldsymbol{R}_A$ 和 $\boldsymbol{R}_B$ 必组成约束反力偶来与主动力偶平衡。$\boldsymbol{R}_A$ 的作用线也在铅垂方向，它们的方向假设如图 1-38(b) 所示。由平衡方程得

$$\sum m_i=0 \qquad 5R_B-m=0 \qquad R_B=\frac{m}{5}=\frac{100}{5}=20(\text{kN})$$

$R_A=R_B=20$kN，假设方向与实际相符。

例 1-12　如图 1-39 所示，电动机通过联轴器与工作轴相连接。联轴器上四个螺栓 A、B、C、D 的孔心均匀地分布在同一圆周上，此圆的直径 $D=150$mm。电动机轴传给联轴器的力偶矩 $m=2.5$kN·m。试求每一螺栓所受的力为多少？

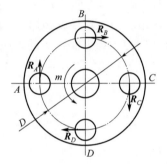

图 1-39　例 1-12 图

解：联轴器受电动机传递的主动力偶矩 m 的作用。工作轴通过四个螺栓对联轴器产生阻碍转动的反力，如图 1-39 所示。若四个螺栓受力均匀，则有 $R_A=R_B=R_C=R_D=R$，$(\boldsymbol{R}_A，\boldsymbol{R}_C)$ 和 $(\boldsymbol{R}_B，\boldsymbol{R}_D)$ 组成了两个阻力偶。由平衡方程得

$$\sum m_i=0 \qquad m-R\times AC-R\times BD=0$$

因 $AB=BD=150$mm，所以 $R=\dfrac{m}{2AC}=\dfrac{2.5}{2\times0.15}=8.33\ (\text{kN})$

1.2.3　平面任意力系

平面任意力系是指各力作用线在同一平面内且任意分布的力系。图 1-40 所示的曲柄滑块机构，受力 $\boldsymbol{P}$、力偶 m 及支座反力 $\boldsymbol{X}_A$、$\boldsymbol{Y}_A$ 和 $\boldsymbol{N}$ 的作用。图 1-41 所示的齿轮传动中的主动齿轮，它上面作用有主动力偶 m、齿轮啮合力 $\boldsymbol{P}$、轮的自重 $\boldsymbol{G}$ 以及 O 处的约束反力 $\boldsymbol{X}_O$、$\boldsymbol{Y}_O$，这两个力系都是平面任意力系。

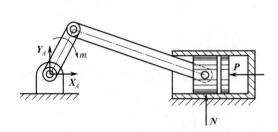

图 1-40　曲柄滑块机构中的机构受力

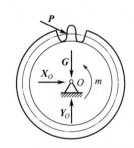

图 1-41　齿轮传动中的主动齿轮受力

1）力的平移定理

在分析或求解力学问题时，有时需要将作用于物体上某些力的作用线从其原位置平行移到另一新位置而不改变物体的运动效果，为此引入力的平移定理。

定理：作用在刚体上点 A 的力 $\boldsymbol{F}$ 可以平行移到另一点 B，但必须附加一个力偶，这个附加力偶的力偶矩等于原来的力 $\boldsymbol{F}$ 对新作用点 B 的矩，这就是力的平移定理。

图 1-42(a) 中的力 $\boldsymbol{F}$ 作用于刚体的 A 点。在刚体上任取一点 B，并在 B 点加上两个等值反向的力 $\boldsymbol{F}'$ 和 $\boldsymbol{F}''$，使它们与力 $\boldsymbol{F}$ 平行，且 $\boldsymbol{F}' = -\boldsymbol{F}'' = \boldsymbol{F}$，如图 1-42(b) 所示。三个力 $\boldsymbol{F}'$、$\boldsymbol{F}''$、$\boldsymbol{F}$ 组成的新力系与原来的一个力 $\boldsymbol{F}$ 等效。这三个力可看作是一个作用在点 B 的力 $\boldsymbol{F}'$ 和一个力偶（$\boldsymbol{F}$，$\boldsymbol{F}''$）。原来作用在点 A 的力 $\boldsymbol{F}$，现在被一个作用在点 B 的力 $\boldsymbol{F}'$ 和一个力偶（$\boldsymbol{F}$，$\boldsymbol{F}''$）等效替换。

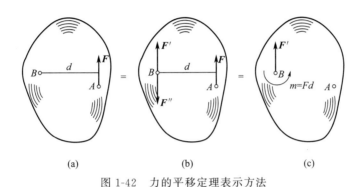

(a)   (b)   (c)

图 1-42　力的平移定理表示方法

力的平移定理不仅是力系向一点简化的依据，而且可用来解释一些实际问题。用丝锥攻螺纹时，用两手握扳手，而且用力要相等。为什么不能用一只手扳动扳手呢？如图 1-43（a）所示。因为作用在扳手 B 端的力 $\boldsymbol{F}$ 可等效替换为作用在 C 点的力 $\boldsymbol{F}'$ 和力偶矩 m，如图 1-43(b) 所示。这个力偶使丝锥转动，而这个力 $\boldsymbol{F}'$ 却往往是折断丝锥的主要原因。

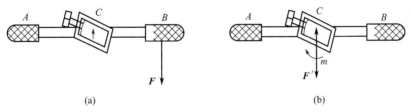

(a)   (b)

图 1-43　用一只手扳动扳手丝锥攻螺纹的图示

2）平面任意力系向平面内一点简化

（1）利用力的平移定理对平面任意力系进行简化。平面任意力系向平面内任一点简化，也就是将平面任意力系中的每个力向平面内任一点平移，然后合成。

设作用在刚体平面内任意力系 $\boldsymbol{F}_1$、$\boldsymbol{F}_2$、$\cdots$、$\boldsymbol{F}_n$，如图 1-44(a) 所示。将力系中的每个力向平面内任意一点 O 平移，O 点称为简化中心。根据力的平移定理，平移后每个力将被一个大小相等、方向相同的力和一个附加力偶等效替换。得到作用于点 O 的平面汇交力系 $\boldsymbol{F}_1'$、$\boldsymbol{F}_2'$、$\cdots$、$\boldsymbol{F}_n'$ 和作用于力系所在平面内的力偶系 m_1、m_2、$\cdots$、m_n，如图 1-44（b）所示。平面汇交力系中各力的大小和方向分别与原力系中对应的各力相同，即

$$\boldsymbol{F}_1' = \boldsymbol{F}_1, \boldsymbol{F}_2' = \boldsymbol{F}_2, \cdots, \boldsymbol{F}_n' = \boldsymbol{F}_n$$

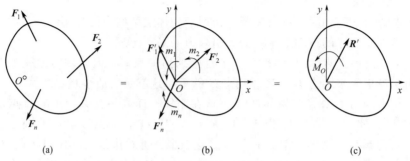

图 1-44　平面任意力系的合成过程

而各附加力偶的力偶矩分别等于原力系中各力对简化中心 O 的矩，即

$$m_1 = m_O(\boldsymbol{F}_1), m_2 = m_O(\boldsymbol{F}_2), \cdots, m_n = m_O(\boldsymbol{F}_n)$$

将平面汇交力系合成，得到作用在 O 点的一个力，这个力的大小和方向等于作用在 O 点的各力的矢量和，也就是等于原力系中各力的矢量和，用 $\boldsymbol{R}'$ 表示，则有

$$\boldsymbol{R}' = \boldsymbol{F}_1' + \boldsymbol{F}_2' + \cdots + \boldsymbol{F}_n' = \boldsymbol{F}_1 + \boldsymbol{F}_2 + \cdots + \boldsymbol{F}_n = \sum \boldsymbol{F} \tag{1-19}$$

把原力系中各力的矢量和 $\boldsymbol{R}'$ 称为该力系的主矢量，简称主矢，如图 1-44(c) 所示。

再将附加力偶系合成，可得到一个合力偶，这个力偶的力偶矩等于各附加力偶矩的代数和，也等于原力系中各力对简化中心 O 的矩的代数和，用 M_O 表示，则有

$$M_O = m_1 + m_2 + \cdots + m_n = m_O(\boldsymbol{F}_1) + m_O(\boldsymbol{F}_2) + \cdots + m_O(\boldsymbol{F}_n) = \sum m_O(\boldsymbol{F}) \tag{1-20}$$

式中，M_O 称为原力系 $\boldsymbol{F}_1$、$\boldsymbol{F}_2$、$\cdots$、$\boldsymbol{F}_n$ 对 O 点的主矩。

结论：在一般情况下，平面任意力系向作用面内任意一点 O 简化，可得到一个通过简化中心的力和一个力偶。这个力称为该力系的主矢，这个力偶的矩称为该力系对于简化中心 O 的主矩。即

$$\boldsymbol{R}' = \sum \boldsymbol{F} \qquad M_O = \sum m_O(\boldsymbol{F})$$

主矢等于各力的矢量和，它与简化中心的选择无关，而主矩等于各力对简化中心的矩的代数和，取不同的点为简化中心，各力的力臂将有改变，则各力对简化中心的矩也有改变，一般情况下，主矩与简化中心的选择有关。

为了求出力系的主矢 $\boldsymbol{R}'$ 的大小和方向，可应用解析法。通过点 O 建立坐标系 Oxy，如图 1-44(c) 所示，则有

$$R_x' = X_1 + X_2 + \cdots + X_n = \sum X$$
$$R_y' = Y_1 + Y_2 + \cdots + Y_n = \sum Y \tag{1-21}$$

式中，R_x' 和 R_y' 以及 X_1、X_2、$\cdots$、X_n 和 Y_1、Y_2、$\cdots$、Y_n 分别为主矢 $\boldsymbol{R}'$ 以及原力系中各力 $\boldsymbol{F}_1$、$\boldsymbol{F}_2$、$\cdots$、$\boldsymbol{F}_n$ 在 x 轴和 y 轴上的投影。

主矢 $\boldsymbol{R}'$ 的大小和方向分别由下列两式决定：

$$R' = \sqrt{(R_x)^2 + (R_y)^2} = \sqrt{(\sum X)^2 + (\sum Y)^2} \tag{1-22}$$

$$\cos\alpha = \frac{R_x'}{R'}, \quad \cos\beta = \frac{R_y'}{R'} \tag{1-23}$$

式中，α、β 分别为主矢与 x 和 y 轴正方向的夹角。

(2) 固定端约束。利用力系向一点简化的方法，分析固定端（插入端）支座的约束反力。固定端是常见的一种约束形式，如图 1-45(a)、(b) 所示，车刀和工件分别夹持在刀架和卡盘上，是固定不动的，这种约束称为固定端（或插入端）支座，其简图如图 1-45(c) 所示。

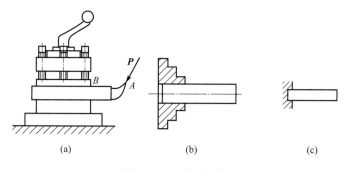

图 1-45　固定端约束

　　固定端支座对物体的作用，是在接触面上作用了一群约束反力。在平面问题中这些力为一平面任意力系，如图 1-46(a) 所示。将这群力向作用平面内点 A 简化得到一个力和一个力偶，如图 1-46(b) 所示。一般情况下这个力的大小和方向均为未知量。可用两个未知分力代替。在平面力系情况下，固定端 A 处的约束反作用可简化为两个约束反力 $\boldsymbol{X}_A$、$\boldsymbol{Y}_A$ 和一个力偶矩为 M_A 的约束反力偶，如图 1-46(c) 所示。

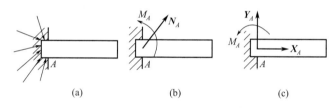

图 1-46　固定端支座对物体的约束

3）平面任意力系的平衡条件

　　已经证明平面任意力系向一点简化得到一个力和一个力偶，这个作用于简化中心的力等于原力系的主矢 $\boldsymbol{R}'$，力偶则等于原力系对简化中心的主矩 M_O。欲使平面任意力系平衡，则必须使此力和力偶分别为零，即 $R'=0$，$M_O=0$ 为平面任意力系平衡的必要条件。

　　平面任意力系平衡的必要和充分条件是：力系的主矢和对于任一点的主矩都等于零，即

$$\begin{cases} R'=0 \\ M_O=0 \end{cases} \tag{1-24}$$

　　这些平衡条件可用解析式表示，即 $R'_x=0$、$R'_y=0$ 和 $M_O=0$，也就是

$$\begin{cases} \sum X=0 \\ \sum Y=0 \\ \sum M_O(\boldsymbol{F})=0 \end{cases} \tag{1-25}$$

　　由此可得平面任意力系平衡的解析条件：所有各力在两个任选的坐标轴中每一轴上的投影的代数和分别等于零，以及各力对于任意一点的矩的代数和也等于零。式(1-25) 称为平面任意力系的平衡方程。

　　例 1-13　起重机的水平梁 AB，A 端以铰链固定，B 端用拉杆 BC 拉住，如图 1-47 所示。梁重 $P=4\text{kN}$，载荷 $Q=10\text{kN}$。梁的尺寸如图 1-47 所示。试求拉杆的拉力和铰链 A 的约束反力。

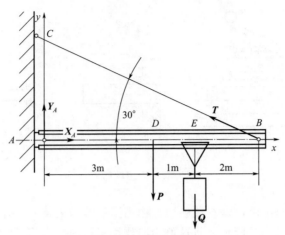

图 1-47　例 1-13 图

解：（1）选取梁 AB 与重物一起为研究对象。

（2）画受力图。梁除了受到已知力 P 和 Q 作用外，还受未知力：拉杆的拉力 T 和铰链 A 的约束反力 R_A 作用。因杆 BC 为二力杆，故拉力 T 沿连线 BC 方向；力 R_A 的方向未知，故分解为两个分力 X_A 和 Y_A。这些力的作用线可认为分布在同一平面内。

（3）列平衡方程。由于梁 AB 处于平衡，因此这些力必然满足平面任意力系的平衡方程。取坐标轴如图所示，应用平面任意力系的平衡方程，得

$$\sum X = 0, X_A - T\cos 30° = 0 \tag{a}$$

$$\sum Y = 0, Y_A + T\sin 30° - P - Q = 0 \tag{b}$$

$$\sum M_A(\boldsymbol{F}) = 0, T \times AB \times \sin 30° - P \times AD - Q \times AE = 0 \tag{c}$$

（4）解联立方程。从式（c）可解得　　$T = 17.33\text{kN}$

把 T 值代入式（a）、（b）可得：$X_A = 15.01\text{kN}$，$Y_A = 5.33\text{kN}$

例 1-14　图 1-48（a）所示为一悬臂梁（一端为固定约束，另一端为自由状态的杆，通常称为悬臂梁），A 为固定端，设梁上受有载荷集度为 q（N/m）的均布载荷作用。在自由端 B 受集中力 P（N）和力偶 M（N·m）作用。梁的跨度为 l（m）。求固定端的约束反力。

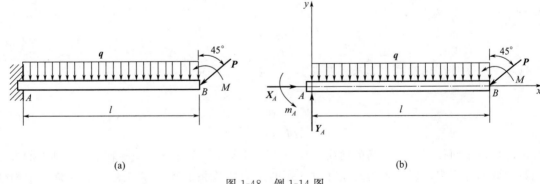

(a)　　　　　　　　　　　　　　　　(b)

图 1-48　例 1-14 图

解：取悬臂梁 AB 为研究对象，AB 梁上的已知力有：自由端 B 处的集中力 P 和一力偶 M 及全梁上集度为 q（N/m）的均布载荷，如图 1-48（b）所示；未知力有固定端 A 处的两个约束反力 X_A、Y_A 和一个约束反力偶 m_A。取坐标轴 Axy，列平衡方程，有

$$\sum X = 0, X_A - P\sin 45° = 0 \tag{a}$$

$$\sum Y = 0, Y_A - ql - P\cos 45° = 0 \tag{b}$$

$$\sum M_A(\boldsymbol{F}) = 0, m_A - ql \times \frac{l}{2} - P\cos 45° \times l + M = 0 \tag{c}$$

由（a）式可得 $\qquad X_A = P\sin 45° = 0.707P(\text{N})$

由（b）式可得 $\qquad Y_A = ql + P\cos 45° = ql + 0.707P(\text{N})$

由（c）式可得 $\qquad m_A = \dfrac{ql^2}{2} + 0.707Pl - M(\text{N} \cdot \text{m})$

4）平面平行力系的平衡方程

力作用线在同一平面内且相互平行的力系，称为平面平行力系，它是平面任意力系的一种特殊情形。如图 1-49 所示，设物体受平面平行力系 $\boldsymbol{F}_1$、$\boldsymbol{F}_2$、$\boldsymbol{F}_3$、$\cdots$、$\boldsymbol{F}_n$ 的作用。

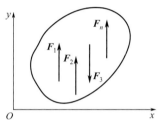

图 1-49　平面平行力系

如选取 x 轴与各力垂直，则不论力系是否平衡，每个力在 x 轴上的投影恒等于零，即 $\sum X \equiv 0$。于是，平面平行力系的独立平衡方程的数目只有两个，即

$$\begin{cases} \sum Y = 0 \\ \sum M_O(\boldsymbol{F}) = 0 \end{cases} \tag{1-26}$$

1.3　摩　　擦

当把物体的接触表面看作绝对光滑，就忽略了物体之间的摩擦。但是完全光滑的表面事实上并不存在，两物体的接触面之间一般都有摩擦，有时摩擦还起着决定性的作用。在实际生活和生产中，往往需要考虑摩擦。

1.3.1　概述

1）摩擦的概念

两个相接触的物体有相对运动或相对运动的趋势时，彼此的运动受到阻碍，这种现象，称为摩擦。而在接触面间阻碍物体运动的力，称为摩擦力。

2）摩擦的分类

按照接触物体之间的运动情况，摩擦可分为滑动摩擦和滚动摩擦。当两物体间有相对滑动或相对滑动趋势时，在接触处的公切面内将受到一定的阻力阻碍其滑动，这种现象称为滑动摩擦。如活塞在气缸中滑动，属于滑动摩擦。当两物体间有相对滚动或相对滚动趋势时的摩擦，称为滚动摩擦。如车轮在地面上滚动，属于滚动摩擦。

1.3.2 滑动摩擦

1）静滑动摩擦力和静滑动摩擦定律

（1）静滑动摩擦力的概念。两个相互接触的物体，当其接触表面之间有相对滑动的趋势，但尚保持相对静止时，彼此作用着阻碍相对滑动的阻力，这种阻力称为静滑动摩擦力，简称静摩擦力，一般用 F 表示。

为了说明静摩擦力的特性，可做一简单实验。在水平平面上放一重量为 G 的物块 A，用一根重量可以不计的细绳跨过滑轮，绳的一端系在物块上，另一端悬挂一个可放砝码的平盘，如图 1-50 所示。当物块平衡时，平盘与砝码的重量 Q 等于绳对物块的拉力 T。当盘中无砝码时，即 $Q \approx 0$，物块处于平衡状态。当 Q 逐渐增大，只要不超过一定限度，物块仍然保持平衡。因为这时平面对物块除了作用有法向反力 N 外，尚有一个与拉力 T 相反的水平力 F 阻止物块滑动，这个力就是静摩擦力，其方向与物体相对滑动趋势的方向相反。可见静摩擦力就是平面对物块作用的切向约束反力，它与一般的约束反力一样，需用平衡方程确定它的大小，即

$$\sum X = 0 \qquad T - F = 0 \qquad F = T = Q$$

由上式可知，静摩擦力 F 的大小随水平力 T 的增大而增大，实验结果表明，静摩擦力并不随力 T 的增大而无限度地增大。当力 T 的大小达到一定数值时，物块处于将要滑动、但尚未开始滑动的临界状态，只要力 T 再增大一点，物块即开始滑动。这个现象说明，当物块处于平衡的临界状态时，静摩擦力达到最大值，称为最大静滑动摩擦力，简称最大静摩擦力，以 F_{max} 表示。如力 T 再继续增大，静摩擦力却不再随之增大，这就是静摩擦力的特点。

综上所述，静摩擦力的大小随主动力的情况而改变，但介于零与最大值之间，即

$$0 \leqslant F \leqslant F_{max} \tag{1-27}$$

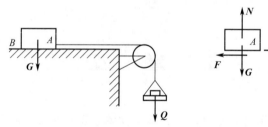

图 1-50 静摩擦力的实验研究

（2）最大静滑动摩擦定律。大量实验证明：最大静摩擦力的方向与相对滑动趋势的方向相反，其大小与两物体间的正压力（即法向反力）成正比，即

$$F_{max} = fN \tag{1-28}$$

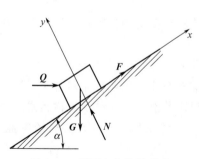

图 1-51 斜面上物块的受力

这就是最大静滑动摩擦定律公式，又称为库仑定律。式中 f 是一个无量纲的比例常数，称为静滑动摩擦系数，简称静摩擦系数。静摩擦系数的大小需由实验测定。它的大小主要与两个相互接触物体的材料和表面状况（如粗糙度、温度和湿度等）有关，而与接触面积的大小无关。

值得注意的是，正压力 N 的大小一般不等于物体的重量，也不一定等于物体重力在接触面法线方向的分力，它的数值要由平衡方程来确定。例如，在图 1-51 中，重 G 的物块放置在倾角 α 的斜面上，受一水平力 Q 作用（图 1-51

中没有画出摩擦力），则物块与斜面间的正压力 N 应由斜面法线方向的平衡方程定出，即

$$\sum Y=0 \qquad N-G\cos\alpha-Q\sin\alpha=0$$

可得

$$N=G\cos\alpha+Q\sin\alpha$$

2）动滑动摩擦定律

由前面的分析可知，当 T 增加到略大于 F_{max} 时，物体开始滑动。当两个相互接触的物体，其接触表面之间有相对滑动时，彼此间作用着阻碍相对滑动的阻力，这种阻力称为动滑动摩擦力，简称动摩擦力，以 F' 表示。

由实践和实验结果，得出以下动滑动摩擦的基本定律：

（1）动摩擦力的方向与接触物体间相对运动速度的方向相反。

（2）动摩擦力的大小与接触物体间的正压力成正比，即

$$F'=f'N \tag{1-29}$$

式中，f' 称为动滑动摩擦系数，它与接触面的材料、表面粗糙度、温度、湿度等有关外，还与物体相对滑动速度有关。一般 f' 小于 f。

1.3.3　考虑摩擦时的平衡问题举例

求解有摩擦时物体的平衡问题，可以应用几何法和解析法。其方法步骤与前面所述的相同，新的问题是：在分析物体受力情况时，必须考虑摩擦力。静摩擦力的方向与相对滑动趋势的方向相反；它的大小在零与最大值之间，是个未知量。要确定这些新增加的未知量，除列出平衡方程外，还需要列出补充方程，即 $F\leqslant fN$，补充方程的数目应与摩擦力的数目相同。

工程实际中有不少问题只需要分析平衡的临界状态，这时静摩擦力等于最大值，补充方程中只取等号。

例 1-15　用绳拉重量为 $G=500\mathrm{N}$ 的物体，物体与地面的摩擦系数 $f=0.2$，绳与水平面间的夹角 $\alpha=30°$，如图 1-52(a) 所示。试求：（1）当物体处于平衡，且拉力 $P=100\mathrm{N}$ 时，求摩擦力 F 的大小；（2）如使物体产生滑动，求拉力的最小值 P_{min}。

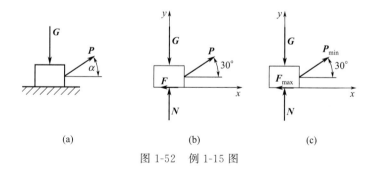

(a)　　　　　　　(b)　　　　　　　(c)

图 1-52　例 1-15 图

解：（1）对物体作受力分析。它受拉力 P、重力 G、法向反力 N 和滑动摩擦力 F 作用，由于在主动力作用下，物体相对地面有向右滑动的趋势，所以 F 的方向应向左，受力图如图 1-52(b) 所示，并由题意已知处于平衡状态。

以水平方向为 x 轴，铅垂方向为 y 轴，若不考虑物体的尺寸，则组成一个平面汇交力系。

列出平衡方程 $\qquad\qquad \sum X=0 \qquad P\cos\alpha-F=0$

可得 $\qquad\qquad\qquad F=P\cos\alpha=100\times0.867=86.7(\mathrm{N})$

（2）为求拉动此物体所需的最小拉力 P_{min}，则考虑物体处于将要滑动但未滑动的临界状态，这时的滑动摩擦力达到最大值。受力分析和前面类似，只需将 F 改为 F_{max} 即可。受力如图 1-52（c）所示。列出平衡方程

$$\sum X = 0 \qquad P_{min}\cos\alpha - F_{max} = 0$$
$$\sum Y = 0 \qquad P_{min}\sin\alpha - G + N = 0$$
$$F_{max} = fN$$

联立求解得
$$P_{min} = \frac{fG}{\cos\alpha + f\sin\alpha} = \frac{0.2 \times 500}{\cos30° + 0.2\sin30°} = 103(\text{N})$$

例 1-16　如图 1-53（a）所示为小型起重机的制动器。已知制动器摩擦块 C 与滑轮的滑动摩擦系数为 f，作用在滑轮上的力偶矩为 m，A 和 O 分别是铰链支座和轴承。滑轮半径为 r，求制动滑轮需要的最小力 P_{min}。

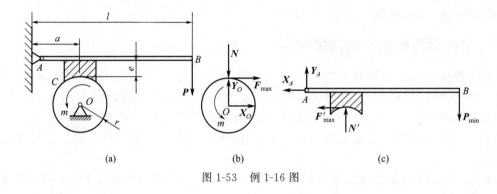

图 1-53　例 1-16 图

解：当滑轮刚刚能停止转动时，P 值最小，而制动块与滑轮之间的滑动摩擦力将达到最大值。以滑轮为研究对象，所受的力有法向反力 N，外力偶 m，摩擦力 F_{max} 及轴承 O 处的约束反力 X_O、Y_O；受力如图 1-53（b）所示。列出一个力矩平衡方程。

$$\sum m_O(\boldsymbol{F}) = 0, \quad m - F_{max}r = 0$$

由此解得
$$F_{max} = \frac{m}{r}$$

因为
$$F_{max} = fN, \quad N = \frac{m}{fr}$$

再以制动杆 AB 和摩擦块 C 为研究对象，画出受力如图 1-53（c）所示，列出一个力矩平衡方程

$$\sum m_A(\boldsymbol{F}) = 0, N'a - F'_{max}e - P_{min}l = 0$$

由于 $F'_{max} = fN'$ 和 $N = N'$，故可解得

$$P_{min} = \frac{m(a - fe)}{frl}$$

━━━━━┤ **技能训练** ├━━━━━

完成技能训练活页单中的"技能训练单 1"。

1-1 什么叫二力构件？分析二力构件受力时与构件的形状有无关系？

1-2 确定约束反力方向的原则是什么？光滑铰链约束有什么特点？

1-3 画出图 1-54 所示物体 A、ABC 或杆 AB、BC 的受力图，各接触面均为光滑面。

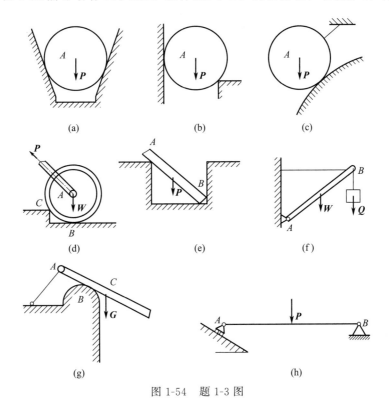

图 1-54 题 1-3 图

1-4 画出图 1-55 所示每个标注字符的物体的受力图。设各接触面均为光滑面，未画重力的物体的重量均不计。

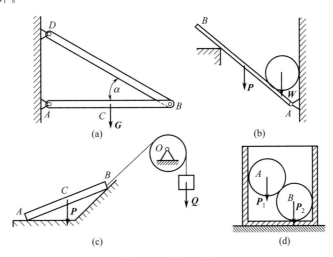

图 1-55 题 1-4 图

1-5 试求图 1-56 所示力 F 对 A 点的矩。已知 $r_1=20\text{cm}$，$r_2=50\text{cm}$，$F=300\text{N}$。

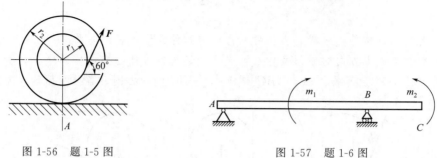

图 1-56　题 1-5 图　　　　　　　　　　图 1-57　题 1-6 图

1-6　如图 1-57 所示，在水平横梁上作用着两个力偶，其中一个力偶矩 $m_1=60\text{kN}\cdot\text{m}$，另一个 $m_2=40\text{kN}\cdot\text{m}$，已知 $AB=3.5\text{m}$，求 A、B 两点的支反力。

1-7　试计算图 1-58 所示各图中力 P 对点 O 的矩。

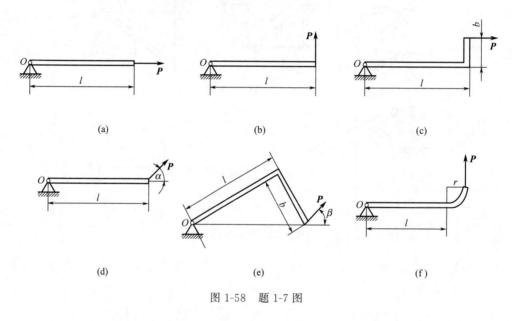

图 1-58　题 1-7 图

1-8　已知梁 AB 上作用一力偶，力偶矩为 M，梁长为 l。求在图 1-59(a)、(b)、(c) 三种情况下，支座 A 和 B 的约束反力。

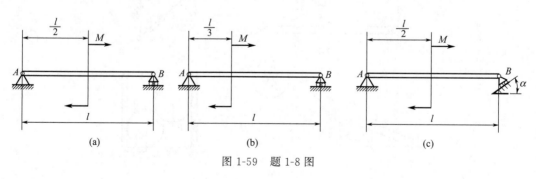

图 1-59　题 1-8 图

1-9 铰链四杆机构 $OABO_1$ 在图示位置平衡，如图 1-60 所示，已知：$OA = 40\text{cm}$，$O_1B = 60\text{cm}$，作用在 OA 上的力偶的力偶矩 $m_1 = 1\text{N·m}$。试求力偶矩 m_2 的大小和杆 AB 所受的力 S。各杆的重量不计。

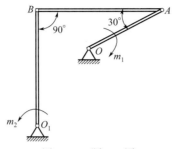

图 1-60　题 1-9 图

1-10 梁 AB 的支座如图 1-61 所示。在梁的中点作用一力 $P = 20\text{kN}$，力和梁的轴线成 45°角。如梁的重量略去不计，试分别求（a）和（b）两种情形下的支座反力。

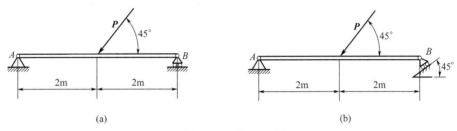

(a)　　　　　　　　　　　　　　(b)

图 1-61　题 1-10 图

1-11 水平梁支承和载荷如图 1-62 所示。已知力 F、力偶矩为 M 的力偶和集度为 q 的均布载荷。求支座 A 和 B 处的约束反力。

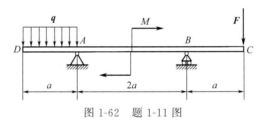

图 1-62　题 1-11 图

1-12 已知物块重量 $Q = 100\text{N}$，斜面的倾角 $\alpha = 30°$，如图 1-63 所示。物块与斜面间的摩擦系数 $f = 0.38$。求物块沿斜面向上运动的最小力 P。

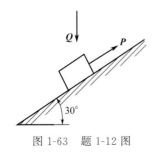

图 1-63　题 1-12 图

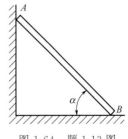

图 1-64　题 1-13 图

1-13　梯子 AB 重为 $W=200N$，靠在光滑墙上，如图 1-64 所示。已知梯子与地面间的摩擦系数为 0.25，今有重为 650N 的人沿梯子向上爬，试问人到达最高点 A，而梯子保持平衡的最小角度 α 为多少？

1-14　两物块 A 和 B 重叠地放在水平面上，如图 1-65(a) 所示。已知物块 A 重量 $W=500N$，物块 B 重量 $Q=200N$，物块 A 与 B 间静摩擦系数 $f_1=0.25$，B 块与水平面间的静摩擦系数 $f_2=0.2$，求拉动物块 B 的最小水平力 P 的大小。若 A 块被一绳拉住，如图 1-65(b) 所示，此最小力 P 应为多少？

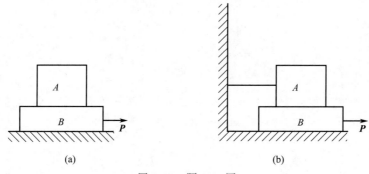

(a)　　　　　　　　　(b)

图 1-65　题 1-14 图

✐ 学习笔记 ··

第2章　拉伸与压缩

为保证机械或工程结构的安全性，每一组成部分（也称构件）都应有足够的承载能力。这种承载能力主要由以下三方面来衡量。

（1）构件应有足够的强度。例如，冲床的曲轴，在工作冲压力作用下不应折断。又如，储气罐或氧气瓶，在规定压力下不应爆破。可见，所谓强度是指构件在载荷作用下抵抗破坏的能力。

（2）构件应有足够的刚度。在载荷作用下，构件的形状和尺寸必将发生变化，称为变形。但某些构件的变形，不能超过正常工作允许的限度。如齿轮轴的变形过大时，将使轴上的齿轮啮合不良，并引起轴承的不均匀磨损。因而，所谓刚度是指构件在外力作用下抵抗变形的能力。

（3）构件应有足够的稳定性。有些细长直杆，如内燃机中的挺杆、千斤顶中的螺杆，在压力作用下有被压弯的可能。为了保证其正常工作，要求构件原有的直线平衡形态保持不变。所以，所谓稳定性是指构件保持其原有平衡形态的能力。

材料力学的任务就是在满足强度、刚度和稳定性的要求下，以最经济的代价，为构件确定合理的形状和尺寸，选择适宜的材料，为构件设计提供必要的理论基础和计算方法。但就一个具体构件而言，对上述三项要求往往有所侧重。例如，氧气瓶以强度要求为主，车床主轴以刚度要求为主，而挺杆则以稳定性要求为主。

在研究构件的强度、刚度和稳定性时，常对其作某些假设，把它抽象成理想模型。基本假设有：连续性假设、均匀性假设、各向同性假设、小变形条件假设。

作用于构件上的外力有各种情况，随外力解除而消失的变形称为弹性变形。外力解除后不能消失的变形称为塑性变形，也称为残余变形或永久变形。一般情况下，要求构件只发生弹性变形，而不希望发生塑性变形。对构件的变形进行仔细分析，就可以把构件的变形归纳为四种基本变形中的一种，或者某几种基本变形的组合。四种基本变形形式是：拉伸与压缩、剪切与挤压、扭转、弯曲。第2章～第6章将分别介绍，解决构件发生这四种基本变形时的强度、刚度等方面的问题。

【内容概述】▶▶▶

首先从分析杆件承受的外力开始，然后利用截面法或突变规律绘制杆件的内力图，从而确定出危险截面及其应力，进行强度计算；再观察杆件的变形，得到应力和应变之间的关系。本章的分析方法和计算公式虽然都很简单，但涉及的基本概念和基本方法都将贯穿于整个材料力学中，是材料力学研究的基本方法，必须很好地掌握，这对后续章节的学习是非常重要的。

【思政与职业素养目标】▶▶▶

运用力学强度理论分析、研究工程建筑结构，在欣赏古代经典建筑过程中理解结构力学原理，同时逐步树立民族自豪感，增强爱国主义情怀。

2.1　杆件发生轴向拉压的受力和变形特点

生产实践中经常遇到承受拉伸或压缩的杆件。如图 2-1 所示，简易起重机起吊重物 G 时，钢丝绳受拉力，斜杆 AB 和水平杆 BC 分别受拉力和压力。又如图 2-2 所示，内燃机的连杆在燃气爆炸冲程中受压。再如紧固的螺栓，拉床的拉刀在拉削工件时，都承受拉力；螺旋千斤顶的螺杆在顶起重物时受到压力。本章只讨论直杆的轴向拉伸与压缩。

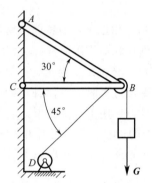

图 2-1　简易起重机起吊重物时的示意图

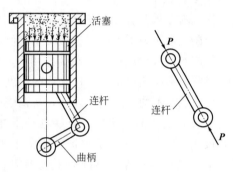

图 2-2　内燃机工作时的示意图及连杆受力图

这些受拉或受压的杆件虽然外形各异，加载方式也不相同，但是它们共同的受力特点是：作用在杆件上的外力合力的作用线与杆件轴线重合。杆件的变形特点是：杆件产生沿轴线方向的伸长或缩短。所以，若把这些杆件的形状和受力情况进行简化，都可简化成如图 2-3 所示的受力简图。图中用实线表示受力前的形状，虚线表示变形后的形状。

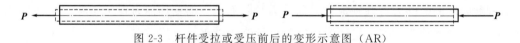

图 2-3　杆件受拉或受压前后的变形示意图（AR）

2.2　绘制轴向拉压杆件的内力图

物体因受外力而变形，其内部各部分之间的相互作用力就是内力，也称轴力。随外力的变化而变化，到达某一限度时就会引起构件的破坏，因而内力与构件的强度是密切相关的。

2.2.1　分析内力的通用方法——截面法

截面法是假想地用一截面将杆件截开，从而揭示和确定内力的方法。截面法是材料力学中求内力的通用方法，也适用于其他变形时的内力计算。截面法包括三个步骤：假想截开、保留代换（画出内力）、平衡求解。

如图 2-4(a) 所示，在杆的两端沿轴线方向作用一对拉力 **P**，杆件发生拉伸变形。为了求得杆件的任一横截面 m—m 上的内力，可假想将此杆沿该横截面"截开"，分为左、右两部分，将其内力"暴露"出来。杆件左、右两段在横截面 m—m 上相互作用的内力是一个分布力系，如图 2-4（b）、（c）所示，其合力为 N。在图中用 $N（N'）$ 表示被移去的一段对留下的另一段的作用力。由于原来的直杆处于平衡状态，所以截开后的各段仍然处于平衡状态，即作用于横截面 m—m 上的内力 $N（N'）$ 与外力平衡。因此，可根据静力学平衡条件计算出横截面 m—m 上的内力。

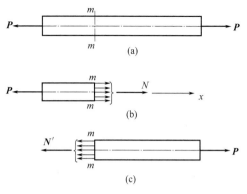

图 2-4　截面法求杆件内力的示意图

如考虑左段杆，如图 2-4（b）所示，由该部分的平衡方程 $\sum X = 0$，可得

$$N - P = 0$$

即

$$N = P$$

如果考虑右段杆，如图 2-4（c）所示。则可由该部分的平衡方程 $\sum X = 0$，得到

$$P - N' = 0$$

即

$$N' = P$$

由此可见，不论研究横截面的左侧或右侧部分，所得内力的数值是一致的，但方向相反，因为它们是作用力与反作用力的关系。

为了使同一个截面上求得的内力的数值和正负号都相同。对内力（轴力）的正负号规定如下：杆件被拉伸时，内力的指向"离开"横截面，规定为正；杆件被压缩时，内力"指向"横截面，规定为负。轴力的单位为 N 或 kN。

2.2.2　绘制内力图

当杆件受到多个外力作用时，不同横截面上的内力也不同，应根据外力的变化对杆件进行分段，然后用截面法计算出各段上的内力。内力图（也称轴力图）是用平行于轴线的横坐标表示横截面的位置，以垂直于杆件轴线的纵坐标表示横截面上的内力。内力图可以清楚地表示出杆件各段上的内力、内力的最大值及其所在的横截面。

1）利用截面法绘制内力图

例 2-1　一直杆受外力作用如图 2-5（a）所示，试求各段横截面上的内力（轴力），并画出轴力图。

解：根据外力的作用位置，将直杆分成 3 段：AB 段、BC 段、CD 段。

（1）计算杆各段上的轴力。AB 段：沿截面 1—1 将杆假想地截开，取受力数量较少的左侧为研究对象，假设该截面上的轴力 N_1 为拉力，如图 2-5（b）所示。由平衡方程

$$\sum X = 0, \quad N_1 - P_1 = 0$$

得

$$N_1 = P_1 = 5 \text{kN}$$

结果为正值，表示假设 N_1 为拉力是正确的。

BC 段：研究截面 2—2 左侧的平衡，假设轴力 N_2 为拉力，如图 2-5（c）所示。

由

$$\sum X = 0, \quad N_2 + P_2 - P_1 = 0$$

得

$$N_2 = P_1 - P_2 = (5 - 20) \text{kN} = -15 \text{kN}$$

结果为负值，表示所设 N_2 的方向与实际受力方向相反，即为压力。

CD 段：截面 3—3 的右侧受力数量较少，作为研究对象比较简单，如图 2-5（d）所示。仍假设该截面的轴力 N_3 为拉力，由

$$\sum X = 0, P_4 - N_3 = 0$$

得 $$N_3 = 10\text{kN}$$

结果为正值，表示假设 N_3 为拉力是正确的。

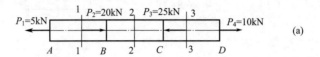

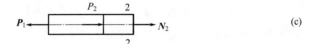

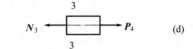

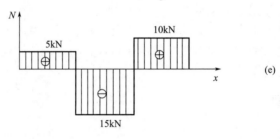

图 2-5　例 2-1 图

（2）画轴力图。取平行于杆轴线的 x 轴为横坐标轴，以坐标 x 表示横截面的位置；取垂直于 x 轴的 N 轴为纵坐标轴，以坐标 N 表示相应截面的轴力。按适当比例将正值轴力绘于 x 轴的上侧，负值轴力绘于 x 轴的下侧，可得轴力图，如图 2-5（e）所示。由图可见，绝对值最大的轴力在 BC 段内，其值为

$$|N|_{\text{max}} = 15\text{kN}$$

由此例可看出，在利用截面法求某截面的轴力或画轴力图时，总是在切开的截面上先假设轴力 N 是拉力，即为正号，称为轴力设正法，采用设正法一般不会出现符号上的混淆。

2）利用突变规律绘制内力图

利用突变规律绘制内力图，可简化作图过程。突变规律是指在有外力作用的截面处，内力大小会发生突变，突变的数值就是这个外力的数值；没有外力作用时，内力没有突变，画水平线。

具体方法是：从杆的左端开始向右画，如左端外力指向左，则由 x 轴上代表此受力面的相应点开始竖直向上突变（反之，如左端外力指向右，则由 x 轴上的相应点竖直向下突变），突变的数值就是这个左端外力的数值；没有外力作用时画水平线；对于其他受力面上的外力，如与左端外力同方向，则突变方向相同（反之，突变方向相反），突变的数值依然是各受力面上所受外力的数值。

例 2-2 如图 2-6 所示，利用突变规律绘制杆件的内力图。

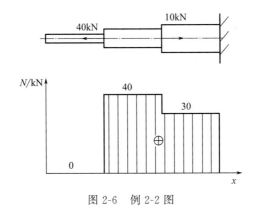

图 2-6　例 2-2 图

2.3　轴向拉压杆的强度条件

轴向拉压杆的强度不仅与内力的大小有关，而且与杆件的横截面面积有关。因此，工程中常用单位面积上的内力（称作应力）作为尺度来比较和判断杆件的强度。

2.3.1　确定轴向拉压杆的应力

根据"平面假设"：直杆在轴向拉（压）时，横截面仍保持为平面。可知，内力在横截面上是均匀分布的，若杆的内力为 N，横截面面积为 A，则单位面积上的内力，即横截面上的应力为

$$\sigma = \frac{N}{A} \tag{2-1}$$

应力的基本单位为 N/m^2，又可表示为 Pa。在实际应用中，Pa 这个单位太小，往往取 $10^6 Pa$（即 MPa，兆帕），有时也可用 $10^9 Pa$（即 GPa，吉帕）表示。

由于轴力 N 是垂直于横截面的，故应力 σ 也必垂直于横截面。这种垂直于横截面的应力称为正应力。其正负号的规定和轴力的符号一样，拉伸正应力为正，压缩正应力为负。

例 2-3 夹钳依靠 D、E 处的摩擦力，通过钢丝绳将重量 $P = 50kN$ 的工件提起，如图 2-7（a）所示，试求 AB、AC 杆的轴力。若夹钳的 AB、AC 杆的横截面为边长 $a = 50mm$ 的正方形截面，试计算横截面上的应力。

解：（1）求 AB、AC 杆的轴力。用截面 1—1 和 2—2 将 AB、AC 杆截开。考虑上半部分的平衡，由于载荷及结构的对称性，故 AB、AC 杆的轴力 N 应相等，如图 2-7（b）所示。根据受力分析，可列平衡方程求解

$$\sum Y = 0, \quad P - 2N\cos 60° = 0$$

得

$$N = \frac{P}{2\cos 60°} = \frac{50}{2 \times 0.5} = 50(kN)（正值表示受拉力作用）$$

（2）求应力。已知轴力 $N = 50kN$，横截面面积 $A = a^2 = 50^2 \times 10^{-6} = 2500 \times 10^{-6}(m^2)$

$$\sigma = \frac{N}{A} = \frac{50 \times 10^3}{2500 \times 10^{-6}} = 20 \times 10^6(N/m^2) = 20MPa（正值表示拉应力）$$

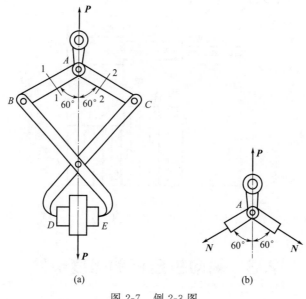

图 2-7　例 2-3 图

2.3.2　轴向拉压杆的强度计算

为确保轴向拉伸（压缩）杆件有足够的强度能正常工作，把许用应力作为杆件实际工作应力的最高限度。即必须使杆件的最大工作应力不超过材料的许用应力。于是，杆件受轴向拉伸（压缩）时的强度条件式为

$$\sigma_{\max} = \frac{N_{\max}}{A} \leqslant [\sigma] \tag{2-2}$$

1）许用应力 $[\sigma]$

考虑到材料缺陷、载荷估计误差、计算公式误差、制造工艺水平以及构件的重要程度等因素，设计时必须有一定的强度储备。因此，许用应力是材料的极限应力 σ^0 除以一个大于 1 的安全系数，即

$$[\sigma] = \frac{\sigma^0}{n} \tag{2-3}$$

极限应力（或危险应力）是指材料破坏时的应力，塑性材料以屈服为破坏标志，脆性材料以断裂为破坏标志，因此

$$\sigma^0 = \begin{cases} \sigma_s(\sigma_{0.2}) & \text{（对塑性材料）} \\ \sigma_b & \text{（对脆性材料）} \end{cases}$$

一般机械设计中，安全系数 n 的选取范围大致为：

$$n = \begin{cases} 1.2 \sim 1.5 & \text{（对塑性材料）} \\ 2.0 \sim 4.5 & \text{（对脆性材料）} \end{cases}$$

多数塑性材料拉伸和压缩时的 σ_s 相同，因此许用应力 $[\sigma]$ 对拉伸和压缩可以不加区别。对脆性材料，拉伸和压缩的 σ_b 不相同，因而许用应力亦不相同。通常用 $[\sigma_l]$ 表示许用拉应力，用 $[\sigma_y]$ 表示许用压应力。

2）轴向拉伸或压缩时的强度计算

利用强度条件式(2-2)，可以解决强度校核、截面设计、确定许用载荷等三类工程中的强

度计算问题。

（1）强度校核。若已知载荷、杆件的截面尺寸和材料（即已知 N、A 和 $[\sigma]$），就可用式(2-2)来判断杆件的强度是否满足要求。这点常用于分析现场故障。若 $\sigma \leqslant [\sigma]$，则杆件安全可靠，具有足够的强度；若 $\sigma > [\sigma]$，则杆件的强度不够。

（2）截面设计。若已知载荷，同时又选定了杆件的材料（即已知 N 和 $[\sigma]$），就可用下式算出杆件所需的横截面面积。

$$A \geqslant \frac{N_{max}}{[\sigma]} \tag{2-4}$$

（3）确定许用载荷。若已知杆件的截面尺寸及材料（即已知 A 和 $[\sigma]$），就可用下式算出杆件所能承受的最大内力。然后根据杆件的受力情况，确定相应的许用载荷。

$$N_{max} \leqslant [\sigma]A \tag{2-5}$$

下面举例说明上述三种类型的强度计算问题。

例 2-4　M8 螺栓，螺纹小径为 6.4mm，如图 2-8 所示。其材料为 Q235 钢，许用应力 $[\sigma]=40\text{MPa}$。若起重滑轮起吊重量 $F=700\text{N}$，试问吊环螺栓是否安全？

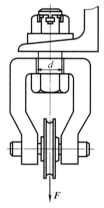

图 2-8　例 2-4 图

解： 螺栓根部的正应力为

$$\sigma = \frac{N}{A} = \frac{700}{\frac{\pi}{4} \times (0.0064)^2} = 21.8 \times 10^6 \text{Pa} < [\sigma]$$

由强度条件式可知，吊环螺栓是安全的。

例 2-5　如图 2-9 所示起重机的起重链条由圆钢制成，受到最大的拉力为 $P=15\text{kN}$。已知圆钢材料为 Q255 钢，许用应力 $[\sigma]=40\text{MPa}$。若只考虑链环两边所受的拉力，试确定圆钢的直径 d。

解： 根据式(2-4)，注意到链环的横截面有两个圆面积，可得到所需的圆钢横截面面积为

$$A \geqslant \frac{N}{[\sigma]} = \left(\frac{15 \times 10^3}{2 \times 40 \times 10^6} \right) \text{m}^2 = 0.1875 \times 10^{-3} \text{m}^2$$

得链环的圆轴直径为

$$d \geqslant \sqrt{\frac{4 \times 0.1875 \times 10^{-3}}{\pi}} \text{m} = 0.0155\text{m} = 15.5\text{mm}$$

可选 $d=16\text{mm}$ 的圆钢。

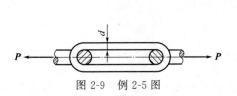

图 2-9 例 2-5 图

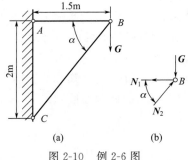

图 2-10 例 2-6 图

例 2-6 如图 2-10(a) 所示钢杆 AB 的截面为圆形，直径 $d=16\text{mm}$，许用应力 $[\sigma]_1=150\text{MN/m}^2$；木杆 BC 的截面为 $10\text{mm}\times10\text{cm}$ 的正方形，许用应力 $[\sigma]_2=8\text{MPa}$。试求在节点 B 处所能承受的许用载荷。

解： (1) 求两杆的轴力与载荷的关系。取节点 B 为研究对象，设钢杆 AB 的轴力为 N_1（拉力），木杆 BC 的轴力为 N_2（压力），G 为载荷，其受力图如图 2-10(b) 所示。由平衡可得

$$\sum X=0, \quad -N_1+N_2\cos\alpha=0$$
$$\sum Y=0, \quad N_2\sin\alpha-G=0$$

由此求得

$$N_1=\frac{3}{4}G \quad \text{及} \quad N_2=\frac{5}{4}G$$

(2) 计算许用载荷。由式(2-5)，可得钢杆 AB 的许用轴力为

$$[N]_1=[\sigma]_1A_1=\left(150\times10^6\times\frac{\pi}{4}\times16^2\times10^{-6}\right)\text{N}=30.2\text{kN}$$

所以节点 B 处的许用载荷为

$$[G]\leqslant\frac{4}{3}[N]_1=\frac{4}{3}\times30.2\text{kN}=40.3\text{kN}$$

同样，对于木杆 BC 可得

$$[N]_2=[\sigma]_2A_2=8\times10^6\times10^2\times10^{-4}\text{kN}=80\text{kN}$$

所以

$$[G]\leqslant\frac{4}{5}[N]_2=\frac{4}{5}\times80\text{kN}=64\text{kN}$$

由此可知，在节点 B 处能承受的载荷为 40.3kN。

2.3.3 应力集中的概念

在工程上，由于实际需要，常在一些构件上钻孔、开槽（如退刀槽、键槽等）及车削螺纹等，还有些构件需要做成阶梯形杆，以致这些部位上的截面尺寸发生急剧变化。根据试验研究可知，杆件在截面突变处附近的小范围内，应力的数值急剧增加，而离开这个区域较远处，应力就大为降低，并趋于均匀分布，这种现象称为应力集中。

若截面尺寸的改变越急剧，应力集中的现象就越明显，对零件的强度有严重的影响，往往是零件破坏的根源。所以，零件上要尽量避免开孔或开槽；在截面尺寸改变处，如阶梯杆或凸肩，要用圆弧过渡，避免截面尺寸的突变。

2.4　计算轴向拉压杆的变形

杆件在轴向拉伸或压缩时，所产生的变形是沿轴向的伸长或缩短（称为纵向变形）。与此同时，杆的横向尺寸还会有缩小或增大（称为横向变形）。

2.4.1　纵向变形

设一等直杆的原长度为 l，如图 2-11 所示，横截面面积为 A。在轴向拉力 P 的作用下，长度由 l 变为 l_1，杆件在轴线方向的伸长为

$$\Delta l = l_1 - l \tag{2-6}$$

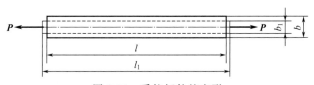

图 2-11　受拉杆件的变形

Δl 是杆件的绝对变形。在轴向拉伸中，Δl 称为绝对伸长，并为正值；在轴向压缩中，称为绝对缩短，并为负值。

为了确切表达杆件的变形程度，引入相对变形的概念，将 Δl 除以杆件的原长 l，以消除原始长度的影响，可得

$$\varepsilon = \frac{\Delta l}{l} \tag{2-7}$$

式中，ε 表示单位杆长的变形，称为纵向线应变（简称线应变或应变），它是一个无量纲的量。ε 的符号规定与 Δl 一致，即伸长时取正值，称为拉应变；缩短时取负值，称为压应变。

2.4.2　胡克定律

胡克定律可简述为：若应力未超过材料的某一限度时，线应变与正应力成正比。具体公式为

$$\sigma = E\varepsilon \tag{2-8}$$

比例常数 E 称为材料的弹性模量，它表示构件在受到拉、压时，材料抵抗弹性变形的能力。若其他条件相同，则 E 值越大，杆件的伸长或缩短就越小。常用材料的弹性模量值见表 2-1。

将式(2-1) 及式(2-7) 代入式(2-8)，就可得到胡克定律的另一形式：

$$\Delta l = \frac{Nl}{EA} \tag{2-9}$$

EA 越大，Δl 就越小，故 EA 称为杆件的抗拉刚度或抗压刚度。

2.4.3　横向变形

拉、压杆在纵向发生伸长（或缩短）变形的同时，横向发生缩短（或伸长）变形。如图 2-11 所示的受拉杆，变形前和变形后的横向尺寸分别用 b 和 b_1 表示，则其横向缩短为

$$\Delta b = b_1 - b \tag{2-10}$$

横向线应变

$$\varepsilon' = \frac{\Delta b}{b} \tag{2-11}$$

实验指出，当应力不超过比例极限时，横向线应变与纵向线应变之比的绝对值为一常数，即

$$\mu = \left| \frac{\varepsilon'}{\varepsilon} \right| \tag{2-12}$$

μ 称为横向变形系数或泊松比。因为 ε 与 ε' 的符号总是相反的，所以又可写为

$$\varepsilon' = -\mu\varepsilon \tag{2-13}$$

μ 和弹性模量 E 都是表示材料力学性质的弹性常数。常用材料的 E 和 μ 值见表 2-1。

表 2-1 弹性模量 E 及横向变形系数 μ

材料名称	弹性模量 E		横向变形系数 μ
	$10^6 \, \text{kgf/cm}^2$	$10^9 \, \text{Pa}$	
碳钢	2.0～2.1	200～210	
合金钢	1.9～2.2	190～220	0.24～0.33
铸铁	1.15～1.6	115～160	0.23～0.27
球墨铸铁	1.6	160	0.25～0.29
铜及合金	0.74～1.3	74～130	0.31～0.42
铝及铝合金	0.72	72	0.33
木材(顺纹)	0.1～0.12	10～12	
混凝土	0.146～0.36	14.6～36	0.16～0.18
橡胶	0.0008	0.08	0.47

例 2-7 M12 的螺栓如图 2-12 所示，内径 $d_1 = 10.1\text{mm}$，拧紧时在计算长度 $l = 80\text{mm}$ 上产生的总伸长为 $\Delta l = 0.03\text{mm}$。钢的弹性模量 $E = 210 \times 10^9 \text{N/m}^2$，试计算螺栓内的应力和螺栓的预紧力。

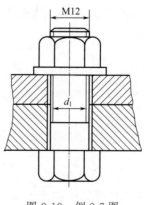

图 2-12 例 2-7 图

解： 拧紧后螺栓的应变为

$$\varepsilon = \frac{\Delta l}{l} = \frac{0.03}{80} = 0.000375$$

由胡克定律求出螺栓的拉应力为

$$\sigma = E\varepsilon = 210 \times 10^9 \times 0.000375 = 78.8 \times 10^6 (\text{N/m}^2)$$

螺栓的预紧力为

$$P = \sigma A = 78.8 \times 10^6 \times \frac{\pi}{4} \times (10.1 \times 10^{-3})^2 = 6.3(\text{kN})$$

以上问题求解时，也可先由胡克定律的另一表达式 $\Delta l = \dfrac{Pl}{EA}$，求出预紧力 P，然后再由 P 计算应力 σ。

┤ 技能训练 ├

完成技能训练活页单中的"技能训练单2"。

┤ 习　题 ├

2-1　试绘出图 2-13 所示各杆的内力图。

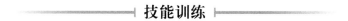

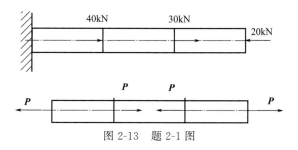

图 2-13　题 2-1 图

2-2　试求图 2-14 所示的钢杆各段横截面上的应力和杆的总变形，设杆的横截面面积等于 1cm^2，钢的弹性模量 $E = 200\text{GN/m}^2$。

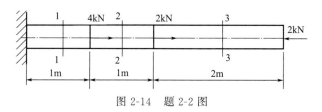

图 2-14　题 2-2 图

2-3　阶梯形杆所受载荷如图 2-15 所示。杆左段及中段是铜的，横截面面积 $A_1 = 20\text{cm}^2$，$E_1 = 100\text{GN/m}^2$；右段是钢的，横截面面积 $A_2 = 10\text{cm}^2$，$E_2 = 200\text{GN/m}^2$。试绘出杆的内力图，求各段内横截面上的应力，并计算杆的总变形。

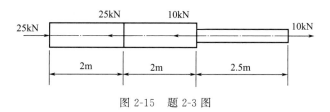

图 2-15　题 2-3 图

2-4 如图 2-16 所示的三角形构架 ABC，由 AC 及 BC 两杆组成，在点 C 受到载荷 P 作用。已知：杆 AC 由两根 10 号槽钢组成，$[\sigma]_{AC} = 160\text{MN/m}^2$，杆 BC 由 20a 工字钢所组成，$[\sigma] = 100\text{MN/m}^2$。试求许用载荷 P。（20a 工字钢截面积为 35.578cm^2，10 号槽钢截面积为 12.748cm^2）

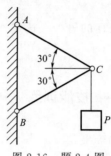

图 2-16 题 2-4 图

✎ 学习笔记

第3章 剪切与挤压

【内容概述】▶▶▶

　　键、销、铆钉、螺栓、螺钉等连接零件在工作过程中，会产生剪切与挤压变形。本章主要介绍这类连接件的受力特点和变形特点，利用剪切强度条件和挤压强度条件解决一些工程实际问题。

【思政与职业素养目标】▶▶▶

　　请列举在日常生活或工程实际中的剪切与挤压实例，培养用力学思维解决工程实际问题的能力。

3.1 剪切的概念与实例

　　工厂里用剪床剪断钢板［如图 3-1（a）所示］和日常生活中用剪刀剪纸的情况是类似的。剪钢板时，剪床的上下两个刀刃以大小相等、方向相反、作用线相距很近的力 P 作用于钢板上，如图 3-1（b）所示，随着外力 P 的增加，迫使钢板在 m—m 截面的左右两部分沿 m—m 截面发生相对错动，直到最后被剪断。机器中的许多连接件，如铆钉（图 3-2）、销钉（图 3-3）和键（图 3-4）等都是承受剪切的构件。如图 3-4（a）所示为轮与轴之间的键连接，由于作用在轮和轴上的两个力偶大小相等、方向相反，于是键上的受力情况如图 3-4（b）所示。作用于键的左右两个侧面上的力，可以简化成一对力 P，将使键的上下两部分有沿 m—m 截面发生相对错动的变形趋势。

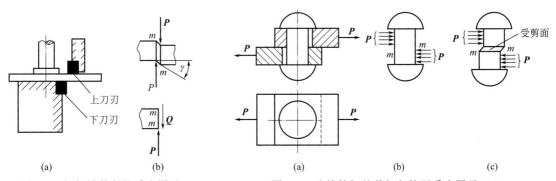

(a)	(b)	(a)	(b)	(c)
图 3-1　钢板被剪断的受力图示		图 3-2　连接铆钉的剪切与挤压受力图示（AR）		

　　m—m 截面称为剪切面，可见剪切的受力特点是：外力作用在构件两侧面上或与构件的轴线垂直，大小相等、方向相反、作用线相距很近。其变形特点是：使构件两部分有沿剪切面发

生相对错动的变形趋势。

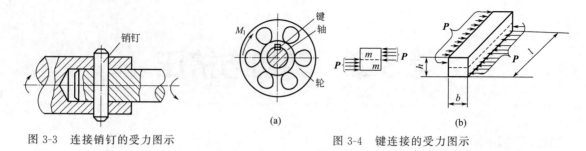

图 3-3　连接销钉的受力图示　　　　　　图 3-4　键连接的受力图示

3.2　剪切的强度条件

3.2.1　剪应力和剪应变

现在讨论图 3-5 所示的铆钉在外力作用下的剪应力和剪切变形问题。

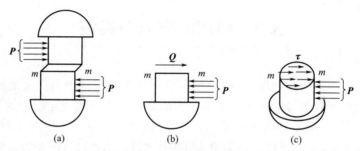

图 3-5　铆钉受剪时的内力及剪应力的图示

1）剪应力

首先要计算剪切面上的内力。应用截面法，沿截面 $m—m$ 假想地将铆钉分成上下两部分，并取任一部分作为研究对象。Q 是剪切面上分布内力的合力，称为剪力。根据静力平衡条件可得

$$Q=P$$

在工程上计算剪应力时，通常采用实用计算方法，得到剪切面上的平均剪应力。假设应力在剪切面内是均匀分布的，若 A 为剪切面面积，则应力为

$$\tau=\frac{Q}{A} \tag{3-1}$$

τ 同剪力 Q 一样，与剪切面相切。

2）剪应变

构件承受剪切作用时，受剪切部分相邻截面相互错动，设截面相互错动时倾斜的角度为 γ。γ 的大小可反映剪切变形程度，称为剪应变，如图 3-1（b）所示。实验表明，当剪应力 τ 不超过材料的剪切比例极限 τ_p 时，剪应力 τ 与剪应变 γ 成正比。即

$$\tau=G\gamma \tag{3-2}$$

上式称为剪切胡克定律。式中的比例常数 G 是材料的剪切弹性模量，是表示材料抵抗切向变形能力的量，它的单位与应力相同。

3.2.2 剪切强度条件

如图 3-5 所示，为了保证铆钉安全可靠地工作，要求工作时的剪应力不得超过规定的许用值。因此得到铆钉的剪切强度条件为

$$\tau = \frac{Q}{A} \leqslant [\tau] \tag{3-3}$$

式中，$[\tau]$ 为材料的许用剪应力。

对于塑性材料，$[\tau] = (0.6 \sim 0.8)[\sigma]$；对于脆性材料，$[\tau] = (0.8 \sim 1.0)[\sigma]$。利用这一关系，可根据许用拉应力来估算许用剪应力之值。

3.3 挤压的强度条件

3.3.1 挤压应力

螺栓、销钉、键、铆钉等连接件，除了承受剪切外，在连接件和被连接件的接触面上还将相互压紧，这种现象称为挤压。例如在图 3-4 所示的键连接中，键左侧面的上半部分与轮毂相互挤压，而右侧面的下半部分与轴相互压紧，所以键也可能因挤压而破坏。例如图 3-6 所示的铆钉连接中，钢板上的铆钉孔被挤压成长圆孔。所以，对上述这些连接件还需进行挤压的强度计算。

同剪切的实用计算一样，即计算时假定挤压面上的应力是均匀分布的。如以 P_{jy} 表示挤压面上的作用力，A_{jy} 表示挤压面上受挤压的面积，则挤压应力

$$\sigma_{jy} = \frac{P_{jy}}{A_{jy}} \tag{3-4}$$

关于挤压面面积的计算，要根据接触面的情况而定。在图 3-4 所示的键连接中，其接触面是平面，就以接触面面积为挤压面面积 $A_{jy} = \frac{b}{2}l$ ［见图 3-7(a) 中阴影线的面积］。螺

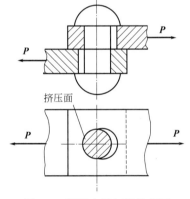

图 3-6　钢板上铆钉孔被挤压成长圆孔的示意图

栓、铆钉、销钉等与它所连接的零件的接触面是圆柱面的一部分，挤压应力的分布情况如图 3-7(b) 所示。为了使求得的挤压应力与理论分析所得的最大应力大致相等，以圆孔或圆钉的直径平面面积 $A_{jy} = dh$，作为挤压面的计算面积 ［见图 3-7(c) 中画阴影线的面积］。

3.3.2 挤压强度条件

为了保证连接件的正常工作，要求其工作时所引起的挤压应力不得超过规定的许用值，因此挤压强度条件为

$$\sigma_{jy} = \frac{P_{jy}}{A_{jy}} \leqslant [\sigma_{jy}] \tag{3-5}$$

式中，$[\sigma_{jy}]$ 为材料的许用挤压应力，其值可由有关设计规范中查得。根据实验，许用挤压应力 $[\sigma_{jy}]$ 与许用拉应力 $[\sigma]$ 之间的关系是：对于塑性材料，$[\sigma_{jy}]=(1.5\sim2.5)[\sigma]$；对于脆性材料，$[\sigma_{jy}]=(0.9\sim1.5)[\sigma]$。

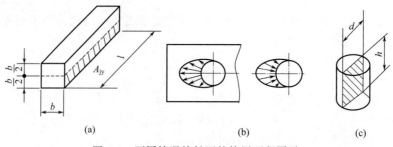

(a)　　　　　(b)　　　　　(c)

图 3-7　不同情况接触面的挤压面积图示

与拉、压杆的强度条件一样，剪切和挤压的强度条件也可以分别解决强度校核、截面设计、确定许用载荷等三类工程中的强度计算问题。

例 3-1　一铸铁带轮，通过平键与轴连接在一起，如图 3-8(a) 所示，已知带轮传递的力偶矩 $m=350\mathrm{N\cdot m}$，轴的直径为 $d=40\mathrm{mm}$，键的尺寸 $b=12\mathrm{mm}$，$h=8\mathrm{mm}$，初步确定键长 $l=35\mathrm{mm}$。若键材料的许用应力 $[\tau]=60\mathrm{MPa}$，铸铁的许用挤压应力 $[\sigma_{jy}]=80\mathrm{MPa}$。试校核键连接的强度。

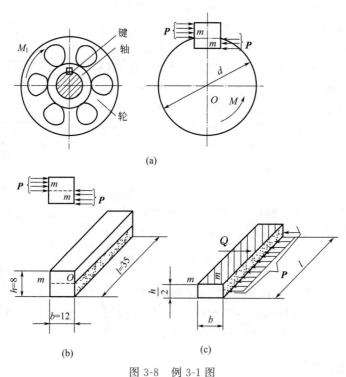

(a)

(b)　　　　　(c)

图 3-8　例 3-1 图

解：由于力偶矩 m 作用，使键上受到的力为 $\boldsymbol{P}$，如图 3-8(b) 所示

$$P=\frac{m}{\dfrac{d}{2}}=\frac{2m}{d}$$

（1）校核键的剪切强度。如图 3-8(c) 所示，剪力为 $Q=P=\dfrac{m}{\dfrac{d}{2}}=\dfrac{2m}{d}$，剪切面面积为 $A=bl$，根据式(3-3) 得剪切面上的剪应力为

$$\tau=\frac{Q}{A}=\frac{2m}{bld}=\left(\frac{2\times350}{12\times35\times40\times10^{-9}}\right)\mathrm{Pa}=41.7\mathrm{MPa}$$

可见 $\tau<[\tau]$，说明是安全的。

（2）校核挤压强度。挤压发生在键与轴及键与带轮之间，如图 3-8(b) 所示。由于键和轴为钢制，而带轮为铸铁，带轮抗挤压能力较差，故应校核带轮的挤压强度。

挤压力为 $P_{\mathrm{jy}}=P=2m/d$，挤压面积为 $A_{\mathrm{jy}}=hl/2$。根据式(3-5)，得作用于带轮上的挤压应力

$$\sigma_{\mathrm{jy}}=\frac{P_{\mathrm{jy}}}{A_{\mathrm{jy}}}=\frac{4m}{dhl}=\left(\frac{4\times350}{40\times8\times35\times10^{-9}}\right)\mathrm{Pa}=125\mathrm{MPa}$$

可见 $\sigma_{\mathrm{jy}}>[\sigma_{\mathrm{jy}}]$，说明挤压强度不够。为此，应根据挤压强度重新计算键的长度，如图 3-8(c) 所示。由上述可知，欲保证挤压强度足够，应使 $\sigma_{\mathrm{jy}}=\dfrac{4m}{dhl}\leqslant[\sigma_{\mathrm{jy}}]$。故得键的长度

$$l\geqslant\frac{4m}{dh[\sigma_{\mathrm{jy}}]}=\left(\frac{4\times350}{4\times8\times10^{-6}\times80\times10^{6}}\right)\mathrm{m}=0.055\mathrm{m}$$

最后查标准，选取 $l=55\mathrm{mm}$。

例 3-2 拖车挂钩用销钉来连接，如图 3-9(a) 所示。已知挂钩部分的钢板厚度 $t=8\mathrm{mm}$，销钉的材料为 20 钢，其许用剪应力 $[\tau]=60\mathrm{MPa}$，许用挤压应力 $[\sigma_{\mathrm{jy}}]=100\mathrm{MPa}$，若拖车的拖力 $P=15\mathrm{kN}$。试设计销钉的直径 d。

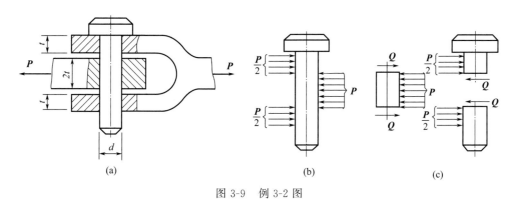

图 3-9 例 3-2 图

解：（1）剪切强度计算。首先计算剪切面上的剪力。由图 3-9(b) 所示的销钉受力情况可知，销钉有两个剪切面。用截面将销钉沿剪切面切开，如图 3-9(c) 所示，根据静力平衡条件，可得剪切面上的剪力为

$$Q=\frac{P}{2}=\frac{15000}{2}\mathrm{N}=7500\mathrm{N}$$

再计算销钉的直径。由于销钉的剪切面积为 $A=\dfrac{\pi d^{2}}{4}$，代入式(3-3)，即得

$$\tau = \frac{Q}{A} = \frac{4Q}{\pi d^2} \leqslant [\tau]$$

所以
$$d \geqslant \sqrt{\frac{4Q}{\pi[\tau]}} = \sqrt{\frac{4 \times 7500}{\pi \times 60 \times 10^6}}\, \text{m} = 0.013\text{m}$$

（2）挤压强度计算。首先计算挤压力 $P_{jy} = \frac{P}{2}$，挤压面面积 $A_{jy} = dt$，代入式（3-5），即得

$$\sigma_{jy} = \frac{P}{2td} \leqslant [\sigma_{jy}]$$

所以
$$d \geqslant \frac{P}{2t[\sigma_{jy}]} = \frac{15000}{2 \times 8 \times 100 \times 10^6}\, \text{mm} = 0.009\text{m}$$

综合考虑剪切和挤压强度，并根据标准直径，决定选取销钉直径为 14mm。

例 3-3 两块厚度 $t=10$mm、宽度 $b=60$mm 的钢板，用两个直径 $d=17$mm 的铆钉搭接在一起，钢板受拉力 $P=60$kN，如图 3-10(a) 所示。已知钢板和铆钉为同一材料，其许用应力分别为：$[\tau]=140$MPa，$[\sigma_{jy}]=280$MPa，$[\sigma]=160$MPa，试校核铆钉和钢板的强度。

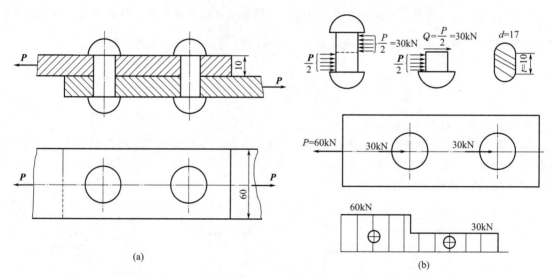

图 3-10 例 3-3 图

解：（1）校核铆钉的剪切强度。假设每个铆钉的受力相等，则每个铆钉的受力是 $\frac{P}{2} = \frac{60\text{kN}}{2} = 30$kN，如图 3-10(b) 所示。铆钉剪切面上的剪力

$$Q = \frac{P}{2} = 30\text{kN}$$

$$\tau = \frac{Q}{A} = \frac{30 \times 10^3}{\dfrac{\pi \times 17^2 \times 10^{-6}}{4}}\, \text{N/m}^2 = 132\text{MN/m}^2 < [\tau] = 140\text{MN/m}^2$$

所以，铆钉的剪切强度足够。

（2）校核铆钉的挤压强度。如图 3-10(b) 所示，挤压力 $P_{jy} = P/2 = 30$kN，挤压面积 $A_{jy} = dt = 170 \times 10^{-6}\, \text{m}^2$。

$$\sigma_{jy}=\frac{P_{jy}}{A_{jy}}=\left(\frac{30\times10^3}{170\times10^{-6}}\right)\text{N/m}^2=176\text{MPa}<[\sigma_{jy}]=280\text{MPa}$$

所以，铆钉的挤压强度足够。

（3）校核钢板的拉伸强度。如图 3-10（b）所示为上钢板的受力图。危险截面上的内力 $N=P=60\text{kN}$，截面面积

$$A=(b-d)t=\left[(60-17)\times10\times10^{-6}\right]\text{m}^2=430\times10^{-6}\text{m}^2$$

拉应力

$$\sigma=\frac{N}{A}=\frac{60\times10^3}{430\times10^{-6}}=140\text{MPa}<[\sigma]=160\text{MPa}$$

所以，钢板的拉伸强度也足够。

最后得出结论：该结构的强度是足够的。

┤ 技能训练 ├

完成技能训练活页单中的"技能训练单3"。

┤ 习　题 ├

3-1　一个直径 $d=40\text{mm}$、端头直径 $D=60\text{mm}$ 的螺栓受拉力 $P=100\text{kN}$。已知材料的许用应力 $[\tau]=60\text{MN/m}^2$，$[\sigma_{jy}]=100\text{MN/m}^2$。求如图 3-11 所示螺栓端头所需的高度 h 并校核挤压强度。

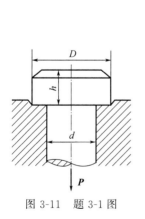

图 3-11　题 3-1 图

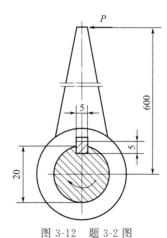

图 3-12　题 3-2 图

3-2　手柄与轴用平键连接，已知键的长度 $l=35\text{mm}$，横截面为正方形，边长 $a=5\text{mm}$，轴的直径 $d=20\text{mm}$。如图 3-12 所示。材料的许用应力 $[\tau]=100\text{MN/m}^2$，$[\sigma_{jy}]=220\text{MN/m}^2$。试求作用在手柄上的力 P 的最大许可值。

3-3　图 3-13 所示为两块钢板，用 3 个铆钉连接。已知 $P=50\text{kN}$，板厚 $t=6\text{mm}$，材料的许用应力 $[\tau]=100\text{MN/m}^2$，$[\sigma_{jy}]=280\text{MN/m}^2$。试求：（1）设计铆钉直径 d；（2）若用直径 $d=12\text{mm}$ 的铆钉，则铆钉数 n 应该是多少？

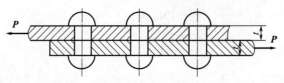

图 3-13　题 3-3 图

3-4　齿轮与轴用平键连接，如图 3-14 所示。已知轴的直径 $d=70\text{mm}$，所用平键尺寸为：$b=20\text{mm}$，$h=12\text{mm}$，$l=100\text{mm}$。传递的力偶矩 $M_e=2\text{kN·m}$。键材料的许用应力 $[\tau]=80\text{MN/m}^2$，$[\sigma_{jy}]=220\text{MN/m}^2$。试校核平键的强度。

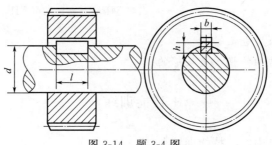

图 3-14　题 3-4 图

✎ 学习笔记 ··

第4章 扭 转

【内容概述】▶▶▶

首先分析发生扭转变形的轴的受力特点和变形特点，然后利用突变规律绘制轴的内力图，从而确定出危险截面及其应力，再利用强度条件解决一些工程实际问题。

【思政与职业素养目标】▶▶▶

收集实际工程中的扭转实例，分析其发生扭转变形的受力情况和变形特点，将扭转突变理论厚植于工程实际，提高工程建筑的安全性，从中提高安全意识和责任，并培养一丝不苟的工匠精神。

4.1 扭转的概念与实例

以扭转为主要变形的杆件，工程中常称为轴。如图 4-1 所示，驾驶员通过方向盘把力偶作用于转向轴的 A 端，在转向轴的 B 端，则受到来自转向器的阻抗力偶的作用，这样，轴 AB 产生扭转变形。再如图 4-2 所示，攻螺纹时，通过绞杠把力偶作用于丝锥的上端，在丝锥的下端，则受到来自工件的阻抗力偶的作用，丝锥产生扭转变形。又如图 4-3 所示搅拌机中的搅拌轴也产生扭转变形。

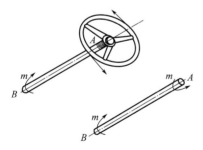

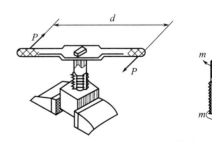

图 4-1　汽车方向盘的转向轴受力情况（AR）　　　图 4-2　攻螺纹时丝锥的受力情况

工程实际中，还有很多零件，如车床的光杠、汽车的传动轴等，都是受扭零件。其受力特点是：杆件两端在垂直于杆轴线的平面内，作用两个大小相等、转向相反的外力偶。其变形特点是：杆件的任意两个横截面都将发生绕轴线的相对转动。其受力简图如图 4-4 所示。任意两横截面上相对转过的角度，称为扭转角，用 φ 表示。

在工程实际中，有些发生扭转变形的杆件往往还伴随着其他形式的变形。如图 4-5（a）所示的转轴，除扭转外还伴随着弯曲，受力情况如图 4-5（b）所示。本章只讨论工程中最常见的等直圆杆（简称圆轴）的扭转问题。

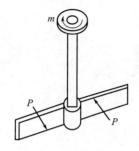

图 4-3 搅拌机中的搅拌轴受力情况

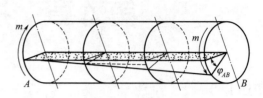

图 4-4 杆件扭转的受力简图及变形示意图

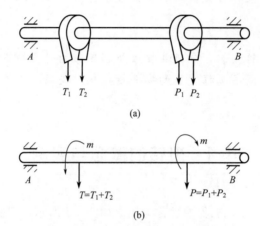

(a)

(b)

图 4-5 受扭的转轴同时发生弯曲变形

4.2 绘制扭转圆轴的内力图——扭矩图

研究圆轴扭转时的强度和刚度问题，首先必须计算作用于轴上的外力偶矩 m 及横截面上的内力（也称扭矩）。

4.2.1 计算轴的外力偶矩

已知轴的转速 n（单位 r/min）和轴所传递的功率 P（单位 kW），则外力偶矩的计算公式为

$$m = 9550 \times \frac{P}{n} (\text{N} \cdot \text{m}) \tag{4-1}$$

若功率 P 的单位是马力（1 马力＝735.5W）时，外力偶矩 m 的计算公式为

$$m = 7024 \times \frac{P}{n} (\text{N} \cdot \text{m}) \tag{4-2}$$

4.2.2 绘制轴的内力图

为了清楚地表示内力（即扭矩）随横截面位置的变化情况，通常以横坐标 x 表示横截面的位置，纵坐标表示相应截面上的扭矩 M_T 的大小，从而作出扭矩随截面位置而变化的图线，

就称为内力图（即扭矩图）。

图 4-6(a) 所示的 AB 轴，两端作用着一对大小相等、方向相反的外力偶 m，如求任意横截面 C—C 上的内力，可假想将轴沿该截面切开，分为左、右两段，并取左段为研究对象，如图 4-6(b) 所示。为保持平衡，C—C 截面上的分布内力必组成一个力偶 M_T。它是右段对左段作用的力偶。由平衡条件

$$\sum M_x = 0 \quad M_T - m = 0$$

可得
$$M_T = m$$

式中，M_T 是横截面上的内力偶矩，称为扭矩。

如取右段为研究对象，如图 4-6(c) 所示，求得 C—C 截面上的扭矩 M_T，与上述取左段求同一截面的扭矩大小相等，但方向相反。为使取左段或右段所求出的同一截面上的扭矩不仅数值相等，而且正负号一致，对扭矩的正负号做了如下的规定：采用右手螺旋法则，若以右手的四指沿着扭矩的旋转方向卷曲，当大拇指的指向与该扭矩所作用的横截面的外法线方向一致时，则扭矩为正，反之为负，如图 4-7 所示。按照上述规定，图 4-6(b) 和 (c) 所示的 C—C 横截面上的扭矩 M_T 均为正号。

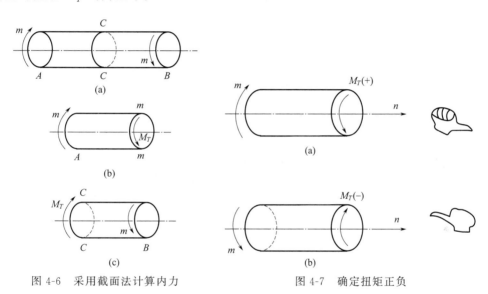

图 4-6　采用截面法计算内力　　　　图 4-7　确定扭矩正负

例 4-1　如图 4-8(a) 所示为一传动轴，带轮 A 用带直接与原动机连接，带轮 B 和 C 与工作机连接。已知带轮传递功率为 44kW，带轮 B 传递给工作机的功率为 25kW。轴的转速为 $n = 150\text{r/min}$。若略去轴承的摩擦力，试计算轴横截面 1—1 和 2—2 上的扭矩，并画出扭矩图。

解：因带轮 A 与原动机连接，故它是主动轮，轴的旋转方向应与轮 A 的外力偶 m_A 转动方向一致。带轮 B 及 C 通过轴获得功率，它们是从动轮。作用在轮 B 及 C 上的外力偶 m_B 及 m_C 的转向则与轴的旋转方向相反，轴的受力如图 4-8(b) 所示。

因为轴以等速转动，原动机给予带轮 A 的功率应等于带轮 B 及 C 传给工作机的功率之和。由此可知，带轮 C 应传递功率为 $(44-25)\text{kW} = 19\text{kW}$。

按式(4-1)，计算作用在带轮 A、B 及 C 上的外力偶矩分别为

$$m_A = 9550 \times \frac{44}{150} \text{N} \cdot \text{m} = 2801 \text{N} \cdot \text{m}$$

$$m_B = 9550 \times \frac{25}{150} \text{N} \cdot \text{m} = 1591 \text{N} \cdot \text{m}$$

$$m_C = 9550 \times \frac{19}{150} \text{N} \cdot \text{m} = 1210 \text{N} \cdot \text{m}$$

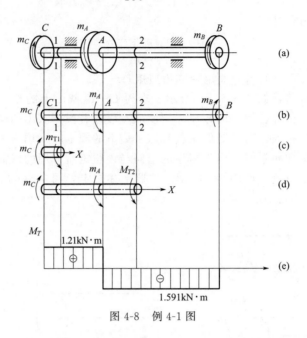

图 4-8　例 4-1 图

应用截面法，在带轮 A、C 之间假想将轴沿 1—1 截面切开，取左段为研究对象，如图 4-8（c）所示，假设横截面上作用着正扭矩 M_{T1}，由平衡方程

$$\sum M_x = 0 \qquad -m_C + M_{T1} = 0$$

得到

$$M_{T1} = m_C = 1210 \text{N} \cdot \text{m}$$

在带轮 A、B 之间假想将轴沿 2—2 横截面切开，取左段为研究对象，如图 4-8（d）所示，仍设横截面上作用着正扭矩 M_{T2}，由平衡方程

$$\sum M_x = 0 \qquad m_A - m_C + M_{T2} = 0$$

得到

$$M_{T2} = -m_A + m_C = -2801 + 1210 = -1591 \text{N} \cdot \text{m}$$

这里的负号说明实际扭矩的方向与图上假设的方向相反。根据右手螺旋法则，扭矩 M_{T1} 为正号，扭矩 M_{T2} 为负号。根据上述结果绘制扭矩图，如图 4-8（e）所示，由图可见，最大扭矩在轴 AB 段内。

$$M_{T\max} = |M_{T2}| = 1591 \text{N} \cdot \text{m}$$

4.3　扭转圆轴的强度条件

4.3.1　计算扭转圆轴的应力

圆轴扭转时，求得横截面上的扭矩后，还应进一步研究横截面上的应力分布规律，以便求出最大应力，解决强度问题。根据变形几何关系、应力和应变间的物理关系（图 4-9），得横截面上任一点处的剪应力计算公式：

$$\tau_\rho = \frac{M_T \rho}{I_p} \tag{4-3}$$

式中，M_T 是所求截面上的扭矩；ρ 是任一点到横截面中心 O 的距离；I_p 是横截面对圆心的极惯性矩，它是仅与截面形状和尺寸有关的量。

下面对式(4-3)作进一步的讨论。

1）横截面上扭转剪应力的分布情况和最大剪应力 τ_{max}

当横截面一定时，该截面的扭矩 M_T 和极惯性矩 I_p 就是不变的量，所以剪应力 τ_ρ 的分布是 ρ 的函数，距离中心越近的点，剪应力越小，反之剪应力越大。显然，中心点处剪应力等于零，而最外边缘处，即当 $\rho = \rho_{max}$，得该横截面上的最大剪应力：

$$\tau_{max} = \frac{M_T \rho_{max}}{I_p}$$

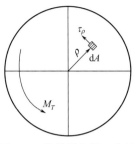

图 4-9 横截面上任一点处的剪应力图示

为方便，将 ρ_{max} 和 I_p 合并成一个量，令 $W_p = \dfrac{I_p}{\rho_{max}}$，得该截面上最大剪应力的计算公式：

$$\tau_{max} = \frac{M_T}{W_p} \tag{4-4}$$

W_p 越大，τ_{max} 就越小。因此，W_p 是表示横截面抵抗扭转能力的几何量，称为抗扭截面模量，其单位是 mm^3 或 cm^3。

2）圆轴极惯性矩 I_p 和抗扭截面模量 W_p 的计算公式

轴的横截面通常采用实心圆和空心圆两种形状，它们的极惯性矩 I_p 和抗扭截面模量 W_p 都是反映圆轴横截面几何性质的量。计算公式如下：

实心圆截面如图 4-10(a) 所示，D 为圆截面的直径。

$$I_p = \int_A \rho^2 dA = \int_0^{\frac{D}{2}} 2\pi \rho^3 d\rho = \frac{\pi D^4}{32} \tag{4-5}$$

$$W_p = \frac{I_p}{R} = \frac{I_p}{D/2} = \frac{\pi D^3}{16} \tag{4-6}$$

空心圆截面如图 4-10(b) 所示，$a = d/D$，D 和 d 分别为外径和内径，R 为外半径。

$$I_p = \int_A \rho^2 dA = 2\pi \int_{\frac{d}{2}}^{\frac{D}{2}} \rho^3 d\rho = \frac{\pi}{32}(D^4 - d^4) = \frac{\pi D^4}{32}(1 - a^4) \tag{4-7}$$

$$W_p = \frac{I_p}{R} = \frac{\pi}{16D}(D^4 - d^4) = \frac{\pi D^3}{16}(1 - a^4) \tag{4-8}$$

例 4-2 有一钢制实心轴，直径 $d = 20mm$，两端作用外力偶，其矩 $m = 60N \cdot m$，如图 4-11 所示。试求横截面上半径 $\rho_A = 5mm$ 处的剪应力及横截面上的最大剪应力。

解：（1）$\rho_A = 5mm$ 处的剪应力。根据式(4-3)，可以求得

$$\tau_\rho = \frac{M_T \rho}{I_p} = \frac{60 \times 5 \times 10^{-3}}{\frac{\pi}{32} \times 20^4 \times 10^{-12}} = 19.1 \times 10^6 (N/m^2)$$

（2）最大剪应力 τ_{max}。由公式(4-4)，可得

$$\tau_{max} = \frac{M_{Tmax}}{W_p} = \frac{60}{\frac{\pi}{16} \times 20^3 \times 10^{-9}} = 38.2 \times 10^6 (N/m^2)$$

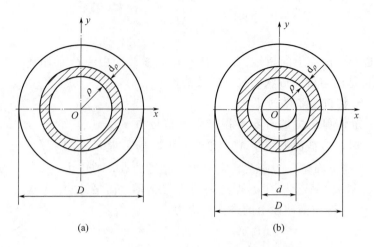

图 4-10　实心圆截面和空心圆截面

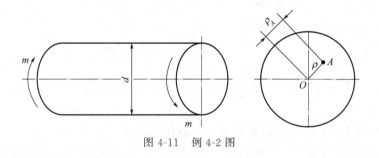

图 4-11　例 4-2 图

4.3.2　扭转圆轴的强度计算

为了保证圆轴工作时安全可靠，要求轴内的最大工作应力 $\tau_{\max}$ 不超过材料的许用剪应力 $[\tau]$。对于等截面直轴，$\tau_{\max}$ 发生在最大扭矩 $M_{T\max}$ 所在截面的边缘上，故强度条件为

$$\tau_{\max}=\frac{M_{T\max}}{W_{\mathrm{p}}}\leqslant[\tau] \tag{4-9}$$

在静载荷作用下，扭转许用剪应力 $[\tau]$ 与许用拉应力 $[\sigma]$ 之间存在下列关系：对于塑性材料，$[\tau]=(0.5\sim0.6)[\sigma]$；对于脆性材料，$[\tau]=(0.8\sim1.0)[\sigma]$。

注意：对于工程中常用的阶梯圆轴，因各段的 W_{p} 不相等，故 $\tau_{\max}$ 不一定发生于 $M_{T\max}$ 所在的截面上，这就要综合考虑扭矩 M_T 和抗扭截面模量 W_{p} 两者的变化情况来确定 $\tau_{\max}$。

例 4-3　汽车主传动轴传递的最大扭矩 $M_T=1930\mathrm{N\cdot m}$，传动轴用外径 $D=89\mathrm{mm}$、壁厚 $\delta=2.5\mathrm{mm}$ 的钢管制成，材料为 20 钢，其许用剪应力 $[\tau]=70\mathrm{MN/m^2}$。试校核此轴的强度。

解：（1）计算抗扭截面模量 $\alpha=\dfrac{d}{D}=\dfrac{8.9-2\times0.25}{8.9}=0.944$，代入式(4-8)，得

$$W_{\mathrm{p}}=\frac{\pi\times8.9^3}{16}\times(1-0.944^4)=28.5(\mathrm{cm^3})$$

（2）强度校核。由强度条件式(4-9)，得

$$\tau_{\max}=\frac{M_{T\max}}{W_{\mathrm{p}}}=\frac{1930}{28.5\times10^{-6}}=67.7\times10^6(\mathrm{N/m^2})=67.7\mathrm{MN/m^2}<[\tau]$$

所以传动轴满足强度条件。

讨论： 如果传动轴不用钢管而采用实心圆轴，使其与钢管有同样的强度（即两者的最大应力相同）。试确定实心圆轴的直径，并比较实心轴和空心轴的重量。

由
$$\tau_{max}=\frac{M_{T\,max}}{W_p}=\frac{1930}{28.5\times10^{-6}}=67.7\times10^{6}(N/m^2)=67.7MN/m^2$$

实心圆轴 $W_p=\frac{\pi D^3}{16}$，得 $d=\sqrt[3]{\frac{1930\times16}{\pi\times67.7\times10^6}}=0.0526(m)$

实心轴横截面面积为
$$A_{实}=\frac{\pi d^2}{4}=\frac{\pi\times0.0526^2}{4}=21.7\times10^4(m^2)$$

空心轴截面积为
$$A_{空}=\frac{\pi(D^2-d^2)}{4}=\frac{\pi\times(89^2-84^2)}{4}\times10^{-6}=6.79\times10^4(m^2)$$

在两轴长度相等、材料相同的情况下，两轴重量之比等于截面面积之比，得
$$\frac{G_{空}}{G_{实}}=\frac{A_{空}}{A_{实}}=\frac{6.79}{21.7}=0.313$$

由此可见，在材料相同、载荷相同的条件下，空心轴的重量只有实心轴的 31.3%，其减轻重量、节约材料的效果是非常明显的。这是因为圆轴扭转时横截面上的剪应力沿半径按线性规律分布，如图 4-12(a) 所示，当截面边缘处的最大剪应力达到许用剪应力值时，圆心附近各点处的剪应力还很小，这部分材料没有充分发挥作用。如果将轴心附近的材料移向边缘处，即制成空心轴，如图 4-12(b) 所示，同样的截面面积，其 I_p 和 W_p 都将大幅增大，从而大大提高了轴的承载能力，充分利用材料。因此，工程中常采用空心圆轴。

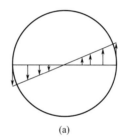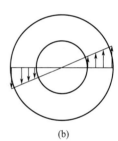

图 4-12　实心轴和空心轴横截面上的剪应力分布对比图

------- **技能训练** -------

完成技能训练活页单中的"技能训练单 4"。

------- **习　题** -------

4-1　绘制图 4-13 所示各杆的扭矩图，并确定哪一段最危险。

4-2　如图 4-14 所示，实心圆轴的直径 $d=100mm$，长 $l=1m$，两端受力偶矩 $m=14kN\cdot m$ 的作用，求：

(1) 最大剪应力 τ_{max}；

(2) 图示截面上 A、B、C 三点剪应力的数值及方向。

4-3　一直径为 20mm 的钢轴，若 $[\tau]=100MN/m^2$，此轴能传递的扭矩是多少？如转速为 100r/min，此轴能传递的功率是多少？

4-4　如图 4-15 所示，阶梯形圆轴直径 $d_1=4cm$，$d_2=7cm$，轴上装有三个带轮。已知由

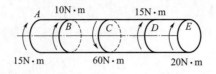

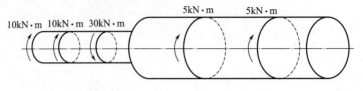

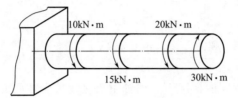

图 4-13　题 4-1 图

轮 3 输入的功率为 $P_3 = 30\mathrm{kW}$，轮 1 输出的功率为 $P_1 = 13\mathrm{kW}$，轴做匀速转动，转速 $n = 200\mathrm{r/min}$，材料的许用剪应力 $[\tau] = 60\mathrm{MN/m}^2$。试校核轴的强度。

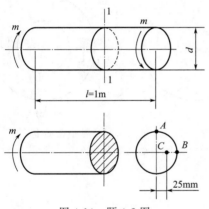

图 4-14　题 4-2 图

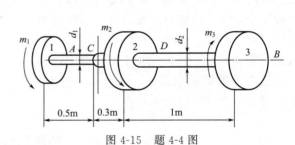

图 4-15　题 4-4 图

第5章 弯曲变形

【内容概述】 ▶▶▶

　　首先分析发生弯曲变形的梁的受力特点和变形特点，然后利用计算法则求得弯曲梁的剪力方程和弯矩方程，从而绘制剪力图、弯矩图，确定出危险截面及其应力，再利用强度条件解决一些工程实际问题。并可通过合理安排梁的受力情况、采用合理的截面形状等方法，提高梁的抗弯强度。

【思政与职业素养目标】 ▶▶▶

　　桥梁建筑、起重设备等物体经常因弯曲变形而发生事故，特别是构件的强度计算关系到设备能否正常工作，通过分析典型的机械安全事故，培养严谨的科学态度，增强历史使命感和责任心。

5.1　弯曲的概念与实例

　　生产实践中，经常遇到发生弯曲变形的杆件。如图 5-1 所示，桥式起重机的大梁在被吊物体的重力 P 和梁自重的作用下发生弯曲变形；如图 5-2 所示，火车轮轴在车厢重力的作用下发生弯曲变形；如图 5-3 所示，房屋建筑的楼面梁，在楼面载荷作用下发生弯曲变形。它们共同的受力特点是：作用于这些杆件上的外力都垂直于杆件的轴线，这种外力称为横向力；在横向力作用下，杆的轴线将弯曲成一条曲线。凡是以弯曲为主要变形的杆件习惯上称为梁。另外，如图 5-4 所示，镗刀加工工件内孔时，镗刀杆在切削力作用下，不但有弯曲变形，还有扭转变形。

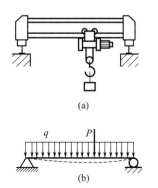

图 5-1　桥式起重机大梁的受力及变形

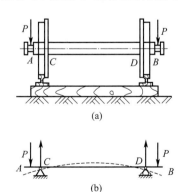

图 5-2　火车轮轴的受力及变形

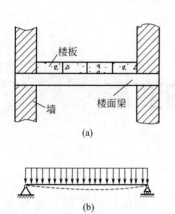

图 5-3 楼面梁的受力及变形

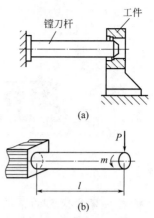

图 5-4 镗刀杆的受力及变形

工程问题中，绝大部分受弯杆件的横截面都有一根对称轴，如图 5-5(a) 所示，因而整个梁有一个包含轴线的纵向对称平面。上面提到的桥式起重机大梁、火车轮轴等都属于这种情况。当作用于杆件上的所有外力都在纵向对称面内时，如图 5-5(b) 所示，弯曲变形后的轴线也将位于这个对称面内的一条平面曲线上，这种情况称为平面弯曲，它是弯曲问题中最简单的，也是最常见的情况。本章将讨论平面弯曲梁的内力、应力和强度计算问题。

工程实际中，为便于分析和计算，对于梁所受载荷和支承情况，必须进行合理的简化，并作出梁的计算简图。

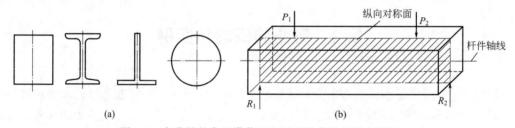

图 5-5 弯曲梁的常见横截面和平面弯曲梁的受力图示

5.1.1 简化梁的载荷

作用在梁上的载荷，按其作用方式的不同，可简化为三种形式。

（1）集中力（或集中载荷）。当外力在梁上的分布范围远小于梁的长度时，便可简化为作用于一点的集中力。如图 5-2 所示，作用在火车轮轴上的外力 P。单位为 N 或 kN。

（2）分布载荷。沿梁全长或部分长度连续分布的力。通常以沿梁轴线每单位长度上所受的力，即载荷集度 q 来表示，单位为 N/m，或 kN/m。分布载荷又可分为均匀分布与非均匀分布两种。例如图 5-1 所示桥式吊车横梁的自重，是均布载荷。

（3）集中力偶。作用在微小梁段的外力偶称为集中力偶。如图 5-4(b) 所示力偶矩为 m 的力偶。力偶矩的单位为 N·m 或 kN·m。

5.1.2 简化梁的支座

梁的支座按其对梁的约束情况，可以简化为以下三种基本形式。

（1）固定铰链支座。这种支座可阻止梁在支承处沿水平和垂直方向的移动，但不能阻止梁绕铰链中心的转动，故有两个约束反力，即水平反力 H 和垂直反力 V，如图 5-6(a) 所示。

（2）活动铰链支座（辊轴支座）。这种支座能阻止梁沿垂直于支承面方向的移动，但不能阻止梁沿支承面的移动和梁绕铰链中心的转动。故只有一个约束反力，即通过铰链中心并垂直于支承面的反力 V，如图 5-6(b) 所示。

（3）固定端支座。这种支座使梁的端面既不能沿水平和垂直两方向移动，也不能绕某一点转动，故相应的约束反力有三个，即水平反力 H、垂直反力 V 和反力偶矩 m，如图 5-6(c) 所示。

以上所述是三种常见的理想支承情况。实际的支座应该简化成为哪一种基本形式，还要根据具体情况而定。如图 5-7 所示，车床上的车刀及其刀架，车刀一端用螺钉压紧固定于刀架上，使车刀压紧部分对刀架既不能有相对移动，也不能有相对转动，故可把刀架对车刀的约束简化为固定端支座。

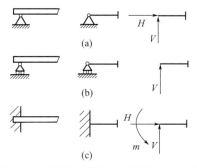

图 5-6　不同形式的支座对梁的约束反力

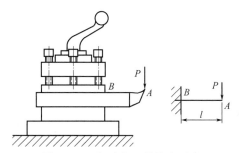

图 5-7　刀架对车刀的约束反力

5.1.3　梁的基本简化形式

根据梁的支承情况，一般可把梁简化为下列三种类型。

（1）简支梁。梁的一端为固定铰链支座，另一端为活动铰链支座，如图 5-1(b) 所示。

（2）外伸梁。梁有一个固定铰链支座和一个活动铰链支座，而梁的一端或两端伸出支座之外，如图 5-2(b) 所示。

（3）悬臂梁。梁的一端固定，另一端自由，如图 5-7 所示。

简支梁或外伸梁的两个铰链支座之间的距离称为跨度，用 l 来表示。悬臂梁的跨度是固定端到自由端的距离。以上三种梁，其支座反力均可用静力平衡条件求出，故也称为静定梁。

5.2　计算弯曲梁的内力——剪力和弯矩

5.2.1　弯曲梁横截面上的剪力和弯矩

为了计算梁的应力和变形，必须先确定梁横截面上的内力。当梁上所有外力均为已知时，即可用截面法来确定梁任意横截面上的内力。

设一简支梁 AB，受集中力 P_1、P_2 和 P_3 作用，如图 5-8(a) 所示。现求距 A 端为 x 处横截面 C—C 上的内力。

先用平衡方程求出梁的支反力 R_A 和 R_B；然后沿截面 C—C 假想地将梁分成两部分，一

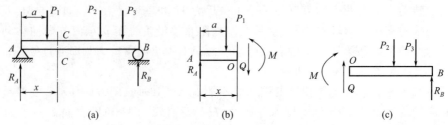

图 5-8　求弯曲梁横截面上的剪力和弯矩图示

般选择外力比较简单或者可避免求未知约束反力的那一侧进行研究，故取左侧为研究对象，如图 5-8(b) 所示。截面 $C—C$ 上有两种内力存在，即剪力 Q 和弯矩 M。

用截面法计算横截面上的剪力和弯矩，是求内力的基本方法。在这一方法的基础上，可以总结出直接由外力求剪力和弯矩的计算法则。

（1）某截面上的剪力等于截面一侧所有外力的代数和。即 $Q=\sum F$。截面左侧向上的外力为正，向下的外力为负。截面右侧情况与此相反，可以概括为"左上右下为正"。

剪力的符号规定是：外力代数和为正时，剪力为正，即剪力对该截面作"顺时针转"，反之为负。

（2）某截面上的弯矩等于截面一侧所有外力对该截面形心之矩的代数和。即 $M=\sum M_O(F)$。截面左侧外力对截面形心之矩（包括外力偶）为顺时针转向时为正，逆时针转向时为负；截面右侧情况与此相反，可以概括为"左顺右逆"为正。

弯矩的符号规定是：在横截面 1—1 处，梁的弯曲变形凸向下时，这一横截面上的弯矩为正，反之为负，如图 5-9 所示。

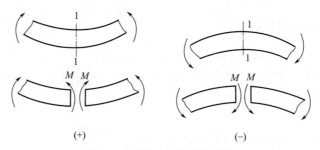

图 5-9　弯矩正负符号的判定

运用此法则，得

$$Q=R_A-P_1 \quad （若得数为正,则剪力为正）$$

$$M=R_Ax-P_1(x-a) \quad （因梁的弯曲变形是凸向下,弯矩为正）$$

例 5-1　如图 5-10 所示简支梁 AB，在点 C 处作用一集中力 $P=10kN$，求距 A 端 0.8m 处截面 $n—n$ 上的剪力和弯矩。

解：（1）求支座反力。由静力平衡方程

$$\sum M_A=0,\quad R_B\times 4-P\times 1.5=0$$

得

$$R_B=3.75kN$$

$$\sum Y=0,\quad R_A+R_B-P=0 \quad 得 \quad R_A=6.25kN$$

（2）求截面 $n—n$ 上的剪力 Q 和弯矩 M。运用计算法则，得

$$Q=R_A=6.25kN$$

$$M = R_A \times 0.8 = 6.25 \times 0.8 \text{kN} \cdot \text{m} = 5 \text{kN} \cdot \text{m}$$

如果考虑截面以右部分，结果相同，读者可以自己验证。由以上的分析计算可以看出，弯曲时任一截面上既有剪力又有弯矩，而且不同的截面上有不同的剪力和弯矩，情况比较复杂。为了了解剪力和弯矩的变化情况，并获得最大剪力和最大弯矩，解决梁的强度和刚度计算问题，一般需画剪力图和弯矩图。

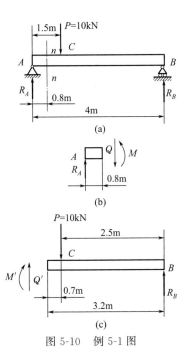

图 5-10　例 5-1 图

5.2.2　绘制剪力图和弯矩图

以横坐标 x 表示横截面在梁轴线上的位置，则各横截面上的剪力和弯矩可以表示为 x 的函数，称为梁的剪力方程和弯矩方程，即

$$\text{剪力}\quad Q = Q(x)$$
$$\text{弯矩}\quad M = M(x)$$

列方程时，一般取梁的左端点为坐标原点，x 向右为正方向。也可将梁的右端点取为坐标原点，x 向左为正方向。

画剪力图和弯矩图的基本方法是列出剪力方程和弯矩方程，然后根据方程作图。下面用例题来具体说明这种方法。

例 5-2　一悬臂梁，在自由端受集中力 P 作用，如图 5-11(a) 所示，试作此梁的剪力图和弯矩图。

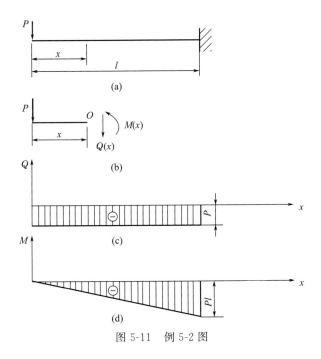

图 5-11　例 5-2 图

解：（1）列剪力方程和弯矩方程。取梁的左端点为坐标原点。取距离左端为 x 的任意横截的左侧为研究对象，不必求出梁的右端约束反力，如图 5-11(b) 所示。运用计算法则，得：

$$Q(x) = -P \quad (0 \leqslant x \leqslant 1) \tag{a}$$
$$M(x) = -Px \quad (0 \leqslant x \leqslant 1) \tag{b}$$

式（a）和式（b）就是剪力方程和弯矩方程，在式后的括号内，写出了方程的适用范围。

（2）画剪力图和弯矩图。式（a）表明，剪力 Q 与 x 无关，故剪力图是位于 x 轴下方的水平线，如图 5-11（c）所示。式（b）表明，弯矩 M 是 x 的一次函数，故弯矩图是一条斜直线，需要由图线的两个点来确定这条直线。

当：
$$x = 0 \text{ 时}, \ M = 0$$
$$x = 1 \text{ 时}, \ M = -Pl$$

由此可画出梁的弯矩图，如图 5-11（d）所示。由图可见，此悬臂梁的绝对值最大的弯矩出现在固定端，其值为 $|M|_{\max} = Pl$。

此最大弯矩在数值上等于梁固定端的约束反力偶矩。

例 5-3 简支梁 AB，在 C 点处受集中力 P 作用，如图 5-12（a）所示。试作此梁的弯矩图。

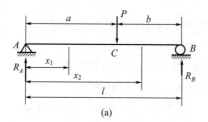

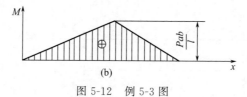

图 5-12　例 5-3 图

解：（1）求支座反力。由平衡方程
$$\sum M_B(P) = 0, \quad Pb - R_A l = 0$$
$$\sum Y = 0, \quad R_B + R_A - P = 0$$

得

$$R_A = \frac{Pb}{l}, \quad R_B = \frac{Pa}{l}$$

（2）列弯矩方程。以梁的左端为坐标原点。由于 C 处有集中力 P 作用，AC 和 CB 两段的弯矩方程不同，故必须分 AC 和 CB 两段。

AC 段：在距 A 端 x_1 处假想截断，取截面左侧为研究对象，运用计算法则，得弯矩方程
$$M(x_1) = R_A x_1 = \frac{Pb}{l} x_1 \quad (0 \leqslant x_1 \leqslant a) \tag{a}$$

CB 段：在距 A 端 x_2 处假想截断，仍取截面左侧为研究对象，运用计算法则，得弯矩方程
$$M(x_2) = R_A x_2 - P(x_2 - a) = \frac{Pb}{l} x_2 - P(x_2 - a) = \frac{Pa}{l}(l - x_2) \quad (a \leqslant x_2 \leqslant l) \tag{b}$$

（3）画弯矩图。由式（a）、式（b）可知，两段梁的弯矩图都是倾斜直线，故对每一段

梁只要算出两个端点处的弯矩值，就可画出弯矩图。对于 AC 段，$x_1=0$ 时，$M_A=0$；$x_1=a$ 时，$M_C=\dfrac{Pab}{l}$。对于 CB 段，$x_2=a$ 时，$M_C=\dfrac{Pab}{l}$；$x_2=1$ 时，$M_B=0$。分别画出两段梁的弯矩图，如图 5-12（b）所示。由图可见，在集中力作用处截面上的弯矩最大，其值为 $M_{max}=\dfrac{Pab}{l}$。

若集中力 P 作用于梁的中点，即 $a=b=\dfrac{l}{2}$ 时，则 $M_{max}=\dfrac{Pl}{4}$，这是最常见的情况。

例 5-4 如图 5-13（a）所示简支梁 AB，受均布载荷 q 的作用，试作此梁的剪力图和弯矩图。

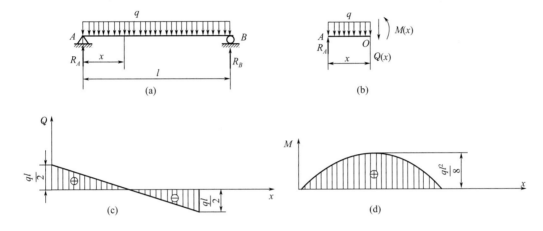

图 5-13 例 5-4 图

解：（1）求支座反力。由载荷及支座反力的对称性可知，两个支座反力相等，故

$$R_A=R_B=\frac{ql}{2}$$

（2）列剪力方程和弯矩方程。以左端点 A 为坐标原点，在距 A 点为 x 的任意横截面上：

剪力方程 $\qquad Q(x)=R_A-qx=\dfrac{ql}{2}-qx \qquad (0\leqslant x\leqslant l)$ （a）

弯矩方程 $\qquad M(x)=R_Ax-qx\times\dfrac{x}{2}=\dfrac{qlx}{2}-\dfrac{qx^2}{2} \qquad (0\leqslant x\leqslant l)$ （b）

（3）画剪力图和弯矩图。由剪力方程知，剪力是 x 的一次函数，故剪力图是一条斜直线，只需确定两端点的剪力值。$x=0$ 时，$Q_A=\dfrac{ql}{2}$；$x=l$ 时，$Q_B=-\dfrac{ql}{2}$。得剪力图如图 5-13（c）所示。

由剪力图可知，最大剪力在 A、B 两端面处，$|Q|_{max}=\dfrac{ql}{2}$。

由弯矩方程知，弯矩是 x 的二次函数，故弯矩图是一条二次抛物线，为了画出此抛物线，要适当地确定曲线上几个点的弯矩值，如：

$x=0$ 时，$M=0$；$x=\dfrac{l}{4}$ 时，$M=\dfrac{ql}{2}\times\dfrac{l}{4}-\dfrac{q}{2}\left(\dfrac{l}{4}\right)^2=\dfrac{3}{32}ql^2$

$$x = \frac{l}{2} \text{ 时}, \quad M = \frac{ql}{2} \times \frac{l}{2} - \frac{q}{2} \left(\frac{l}{2} \right)^2 = \frac{1}{8} ql^2; \quad x = \frac{3l}{4} \text{ 时}, \quad M = \frac{ql}{2} \times \frac{3l}{4} - \frac{q}{2} \left(\frac{3l}{4} \right)^2 = \frac{3}{32} ql^2$$

$$x = l \text{ 时}, \quad M = \frac{ql}{2} l = \frac{1}{2} ql^2 = 0$$

通过这几个点，就可较准确地画出梁的弯矩图，如图 5-13(d) 所示。由图可知，在跨度中点横截面上的弯矩最大，其值为 $M_{max} = \frac{ql^2}{8}$，而在此截面上的剪力 $Q = 0$。

以上研究了列剪力方程和弯矩方程、画剪力图和弯矩图的方法。但在实际工程计算中，由于剪力对梁的强度和刚度的影响比弯矩小，一般情况下剪力不必考虑，只画弯矩图。

由以上例题的剪力图和弯矩图，可归纳出以下特点。

(1) 梁上没有均布载荷作用的部分，剪力图为水平线，弯矩图为倾斜直线。

(2) 梁上有均布载荷作用的一段，剪力图为斜直线，均布载荷向下时，直线由左上向右下倾斜；弯矩图为抛物线，若均布载荷向下时，抛物线开口向下，反之，抛物线开口向上。

(3) 在集中力作用处，剪力图上有突变，突变值即为该处集中力的大小，突变的方向与集中力的方向一致；弯矩图上在此处出现折角（即两侧斜率不同）。

(4) 梁上集中外力偶作用处剪力图不变，弯矩图有突变，突变的值即为该处集中外力偶的力偶矩。若外力偶为顺时针转向，弯矩图向上突变；反之，弯矩图向下突变（自左至右）。

(5) 绝对值最大的弯矩总在下述截面上：集中力作用处、集中力偶作用处和剪力为零的截面。

利用上述特点，不仅可以检查弯矩图、剪力图的正确性，而且可以直接画出梁的弯矩图。

5.3　弯曲梁的强度条件

纯弯曲梁的横截面上一般存在两种内力：剪力和弯矩。与此相对应的应力也有两种：与剪力相对应的剪应力和与弯矩相对应的正应力。为了进行梁的强度校核和设计工作，必须进一步研究梁横截面上的应力情况。

5.3.1　纯弯曲梁的正应力

为便于研究，取一段在横截面上只有弯矩而无剪力的梁作为研究对象。如图 5-14(a) 中，简支梁上的两个外力 P 对称地作用于梁的纵向对称面内。剪力图和弯矩图已分别表示于图 5-14(b)、(c) 中，在 CD 段内，任一横截面上的剪力为零（即无剪力）而弯矩为常量。凡只有弯矩而无剪力作用的弯曲梁称为纯弯曲梁。首先研究梁在纯弯曲时横截面上的正应力。

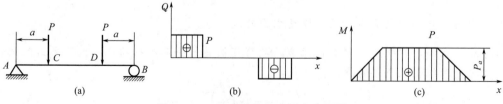

图 5-14　一简支梁的剪力图和弯矩图

在 CD 段内，取一段梁如图 5-15 所示，该段梁的两端受力可简化为只受到一对外力偶矩 $m(m=Pa)$ 的作用，显然该段梁的弯曲为纯弯曲。根据矩形截面梁的纯弯曲实验，作出如下假设：

（1）各横截面始终保持为平面，并垂直于梁轴，横截面之间无相互错动的变形。

（2）纵向纤维之间没有相互挤压，每根纵向纤维只受到简单拉伸或压缩。

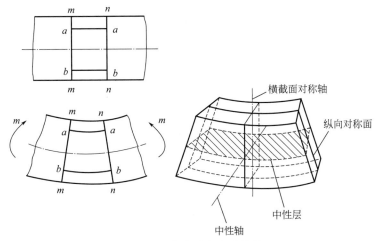

图 5-15　梁在纯弯曲时的变形情况（AR）

如图 5-15 所示，梁的底部各纵向纤维伸长，顶部各纵向纤维缩短。从伸长区到缩短区，中间必有一层纤维既不伸长也不缩短，这一长度不变的过渡层称为中性层。中性层与横截面的交线称为中性轴。中性轴通过截面形心，并与横截面对称轴垂直。

由变形几何关系、应力与应变之间的物理关系和静力平衡关系，得任一点处的正应力：

$$\sigma=\frac{My}{I_z} \tag{5-1}$$

式中，M 为横截面上的弯矩；y 为横截面上的任一点到中性轴的距离，如图 5-16（a）所示；I_z 为横截面对中性轴 z 的惯性矩。

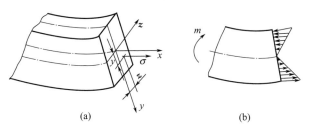

图 5-16　纯弯曲梁的正应力分布示意图

计算公式(5-1)表明，横截面上的正应力沿截面高度呈线性分布，如图 5-16(b) 所示。在中性轴上各点的正应力为零，在中性轴上下两侧，一侧受拉，另一侧受压。在实际计算中，可以用 M 和 y 的绝对值计算正应力 σ 的数值，再根据梁的变形情况直接判断 σ 是拉应力还是压应力。即以中性轴为界，靠凸边一侧为拉应力，靠凹边一侧为压应力。

对于横截面关于中性轴对称的梁，当 $y=y_{max}$，即在横截面上距离中性轴最远的上、下边缘各点的弯曲正应力最大，其值为

$$\sigma_{\max} = \frac{My_{\max}}{I_z} \tag{5-2}$$

若令 $\dfrac{I_z}{y_{\max}} = W_z$，则有

$$\sigma_{\max} = \frac{My}{I_z / y_{\max}} = \frac{M}{W_z} \tag{5-3}$$

式中，W_z 是仅与截面形状和尺寸有关的几何量，称为抗弯截面模量，单位为 cm^3 或 m^3。

若梁的横截面不对称于中性轴，如图 5-17 所示的 T 形截面，设弯矩为正，y_1 不等于 y_2，则最大拉应力和最大压应力并不相等，这时利用式(5-2)，分别令 $y_1 = y_{lmax}$ 和 $y_2 = y_{ymax}$，计算出该截面的最大拉应力 σ_{lmax} 和最大压应力 σ_{ymax}，分别为 $\sigma_{lmax} = \dfrac{My_1}{I_z}$ 和 $\sigma_{ymax} = \dfrac{My_2}{I_z}$。

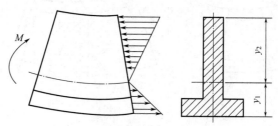

图 5-17　T 形截面梁的正应力分布示意图（AR）

例 5-5　一矩形截面梁，如图 5-18 所示。计算 1—1 截面上 A、B、C、D 各点处的正应力，并指明是拉应力还是压应力。

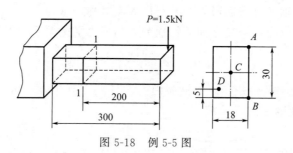

图 5-18　例 5-5 图

解：（1）计算 1—1 截面上弯矩

$$M_1 = -P \times 200 = (-1.5 \times 10^3 \times 200 \times 10^{-3})\text{N} \cdot \text{m} = -300\text{N} \cdot \text{m}$$

（2）计算 1—1 截面惯性矩

$$I_z = \frac{bh^3}{12} = \frac{1.8 \times 3^3}{12}\text{cm}^4 = 4.05\text{cm}^4 = 4.05 \times 10^{-8}\text{m}^4$$

（3）计算 1—1 截面上各指定点的正应力

$$\sigma_A = \frac{M_1 y_A}{I_z} = \frac{300 \times 1.5 \times 10^{-2}}{4.05 \times 10^{-8}}\text{N/m}^2 = 111 \times 10^6\text{N/m}^2\,(拉应力)$$

$$\sigma_B = \frac{M_1 y_B}{I_z} = \frac{300 \times 1.5 \times 10^{-2}}{4.05 \times 10^{-8}}\text{N/m}^2 = 111 \times 10^6\text{N/m}^2\,(压应力)$$

$$\sigma_C = \frac{M_1 y_C}{I_z} = \frac{M_1 \times 0}{I_z} \text{N/m}^2 = 0 \text{N/m}^2$$

$$\sigma_D = \frac{M_1 y_D}{I_z} = \frac{300 \times 1 \times 10^{-2}}{4.05 \times 10^{-8}} \text{N/m}^2 = 74.1 \times 10^6 \text{N/m}^2 \text{（压应力）}$$

5.3.2 弯曲正应力强度条件

对等截面直梁来说，弯曲时的正应力强度条件为

$$\sigma_{\max} = \frac{M_{\max}}{W_z} \leqslant [\sigma] \tag{5-4}$$

对抗拉和抗压强度相等的塑性材料（如碳钢），只要使梁内绝对值最大的正应力不超过许用应力即可；对抗拉和抗压强度不相等的脆性材料（如铸铁），则要求最大拉应力不超过材料的弯曲许用拉应力 $[\sigma_1]$，同时最大压应力也不超过弯曲许用压应力 $[\sigma_y]$。

关于材料的许用弯曲正应力 $[\sigma]$，一般可近似用拉伸（压缩）许用拉（压）应力来代替，或按设计规范选取。

正应力强度条件可用来解决强度校核、设计截面尺寸和确定许可载荷这三类问题。

例 5-6 一螺旋压板夹紧装置如图 5-19（a）所示，已知压紧工件的力 $P=3\text{kN}$，$a=50\text{mm}$，材料的许用弯曲应力 $[\sigma]=150\text{MN/m}^2$。试校核压板 AC 的强度。

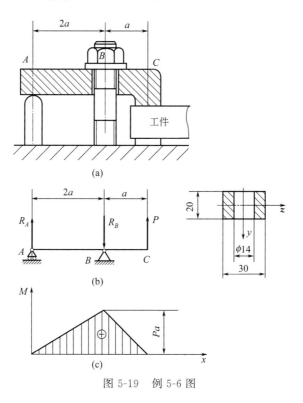

图 5-19 例 5-6 图

解： 压板可简化为一外伸梁，如图 5-19（b）所示。绘制弯矩图如图 5-19（c）所示。最大弯矩在截面 B 上

$$M_{\max} = Pa = 3 \times 10^3 \times 0.05 \text{N} \cdot \text{m} = 150 \text{N} \cdot \text{m}$$

欲校核压板的强度，需计算 B 处截面对其中性轴的惯性矩

$$I_z = \left(\frac{30 \times 20^3}{12} - \frac{14 \times 20^3}{12} \right) \text{mm}^4 = 10.67 \times 10^{-9} \text{m}^4$$

抗弯截面模量为

$$W_z = \frac{I_z}{y_{max}} = \frac{10.67 \times 10^{-9}}{0.01} \text{m}^3 = 1.067 \times 10^{-6} \text{m}^3$$

最大正应力则为

$$\sigma_{max} = \frac{M_{max}}{W_z} = \frac{150}{1.067 \times 10^6} \text{N/m}^2 = 141 \text{MN/m}^2 < 150 \text{MN/m}^2$$

故压板的强度足够。

例5-7 某设备中需要一根支承物料重量的梁，该梁可简化为受均布载荷的简支梁，如图 5-20 所示。已知梁的跨长 $l = 2.83 \text{m}$，所受均布载荷的集度 $q = 23 \text{kN/m}$，材料为 45 钢，许用弯曲正应力 $[\sigma] = 140 \text{MN/m}^2$，问该梁选用几号工字钢。

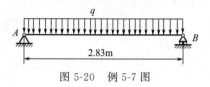

图 5-20　例 5-7 图

解： 这是一个梁的截面设计问题。为此，需求出梁的抗弯截面模量。在梁跨度中点的横截面上的最大弯矩为

$$M_{max} = \frac{1}{8} q l^2 = \frac{23 \times (2.83)^2}{8} \text{kN} \cdot \text{m} = 23 \text{kN} \cdot \text{m}$$

所需的抗弯截面模量至少为

$$W_z = \frac{M_{max}}{[\sigma]} = \frac{23 \times 10^3}{140 \times 10^6} \text{m}^3 = 164 \text{cm}^3$$

查型钢规格表，选用 18 号工字钢，$W_z = 185 \text{cm}^3$。

例5-8 一起重量原为 50kN 的吊车，其跨度 $l = 10.5 \text{m}$，如图 5-21(a) 所示，由 45a 号工字钢制成。为发挥其潜力，现欲将起重量提高到 $Q = 70 \text{kN}$，试校核梁的强度。若强度不足，再计算其可能承载的起重量。设梁的材料为 Q235 钢，许用应力 $[\sigma] = 140 \text{MN/m}^2$，电动葫芦自重 $G = 15 \text{kN}$，梁的自重不计。

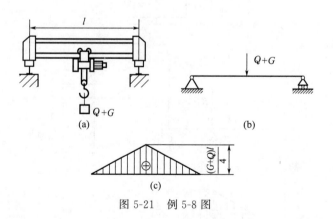

图 5-21　例 5-8 图

解： 可将吊车简化为一简支梁，如图 5-21(b) 所示。显然，当电动葫芦行至梁中点时，所引起的弯矩最大，这时的弯矩图如图 5-21(c) 所示。在中点处横截面上的弯矩为

$$M_{max} = \frac{(Q+G)}{4} \times 10.5 \text{kN} \cdot \text{m} = \frac{1}{4} \times (70+15) \times 10.5 \text{kN} \cdot \text{m} = 223 \text{kN} \cdot \text{m}$$

由型钢表查得 45a 号工字钢的抗弯截面模量为 $W_z = 1430 \text{cm}^3$。故梁的最大工作应力为

$$\sigma_{max} = \frac{M_{max}}{W_z} = \frac{223 \times 1000}{1430 \times 10^{-6}} \text{N/m}^2 = 156 \text{MN/m}^2 > 150 \text{MN/m}^2$$

故不安全，所以不能将起重量提高到 70kN。

梁允许的最大弯矩为

$$M_{max} = [\sigma]W_z = (140 \times 10^6) \times (1430 \times 10^{-6}) \text{N} \cdot \text{m}$$
$$= 2 \times 10^5 \text{N} \cdot \text{m} = 200 \text{kN} \cdot \text{m}$$

由于

$$M_{max} = \frac{(Q+G)l}{4}$$

得

$$Q = \frac{4M_{max}}{l} - G = \frac{4 \times 200}{10.5} - 15 = 61.2 (\text{kN})$$

故按梁的强度要求，原吊车最大允许吊运 61.2kN 的重量。

5.4 提高梁弯曲强度的主要措施

一般情况下，梁的强度是由弯曲正应力控制的。从弯曲正应力强度条件可以看出，提高梁的承载能力应从两个方面考虑，一方面是合理安排梁的受力情况，以降低 M_{max} 的数值；另一方面是采用合理的截面形状，以提高 W_z 的数值，充分利用材料的性能。下面分几点进行讨论。

5.4.1 选择合理的截面形状

如图 5-22(a) 所示，如把截面竖放，则 $W_{z1} = \dfrac{bh^2}{6}$。如把截面平放，则 $W_{z2} = \dfrac{b^2h}{6}$。两者之比是 $\dfrac{W_{z1}}{W_{z2}} = \dfrac{h}{b} > 1$，所以竖放比平放有更高的抗弯强度，更为合理。因此，房屋和桥梁等建筑物中的矩形截面梁，一般都是竖放的。

可以用比值 $\dfrac{W_z}{A}$ 来衡量截面形状的合理性和经济性。比值 $\dfrac{W_z}{A}$ 较大，则截面的形状就较为合理，也较为经济。

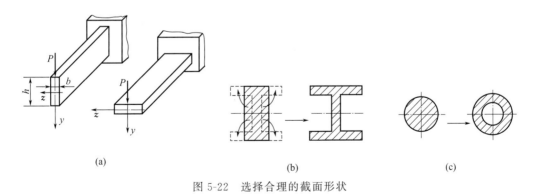

图 5-22 选择合理的截面形状

图 5-22(b) 所示的矩形截面改成工字形，以及图 5-22(c) 所示的实心圆截面改为面积相等的圆环形截面，都可以提高抗弯能力。原因是靠近中性轴处的正应力很小，离中性轴较远处的正应力较大，这样可以充分利用材料。所以工字钢或槽钢比矩形截面经济合理，矩形截面比圆形截面经济合理。

工程中金属梁的成形截面除了工字形以外，还有槽形、箱形，如图 5-23（a）、（b）所示，也可将钢板用焊接或铆接的方法拼接成上述形状的截面。建筑中常采用混凝土空心预制板，如图 5-23（c）所示。

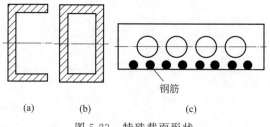

图 5-23　特殊截面形状

对于抗拉和抗压强度相等的塑性材料，宜采用对称于中性轴的截面（如工字形）。对于抗拉和抗压强度不等的材料，如铸铁等脆性材料制成的梁，宜采用不对称于中性轴的截面（如槽形或 T 字形），并使梁的中性轴偏于受拉的一边，如图 5-24 所示，使 $|\sigma_{y max}| > |\sigma_{l max}|$。

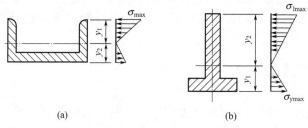

图 5-24　不对称于中性轴的截面

5.4.2　采用变截面梁

为节省材料和减轻重量，可采用变截面梁，即在弯矩较大的部位采用较大的截面，在弯矩较小的部位采用较小的截面。例如图 5-25（a）所示桥式起重机的大梁，两端的截面尺寸较小，中段部分的截面尺寸较大。又如图 5-25（b）所示的阶梯轴，图 5-25（c）所示的铸铁托架等，都是按弯矩分布设计的变截面梁的实例。

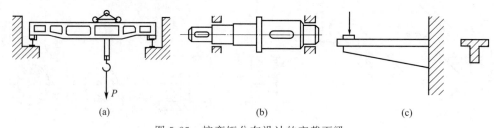

图 5-25　按弯矩分布设计的变截面梁

5.4.3　合理布置载荷和支座位置

改善梁的受力方式，可以降低梁的最大弯矩值。如图 5-26 所示承受集中力 P 作用的简支梁，若使载荷尽量靠近一边的支座，则梁的最大弯矩值比载荷作用在跨度中间时小得多。设计齿轮传动轴时，尽量将齿轮安排得靠近轴承（支座），这样设计的轴，尺寸可相应减小。

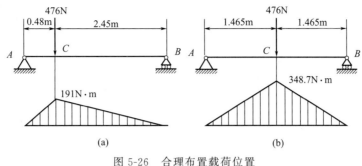

图 5-26　合理布置载荷位置

合理布置支座位置也能有效降低最大弯矩值。如图 5-27(a) 所示的简支梁，受均布载荷作用，其最大弯矩 $M_{\max}=\dfrac{1}{8}ql^2$。若将两端支座向里移动 $0.2l$，使之成为外伸梁，则 $M_{\max}=\dfrac{1}{40}ql^2$，如图 5-27(b) 所示，只有前者的 $\dfrac{1}{5}$，因此梁的截面尺寸也可相应减小。图 5-28 所示的化工卧式容器的支承点向中间移一段距离，就是利用此原理降低了 $M_{\max}$，减轻自重，节省材料。

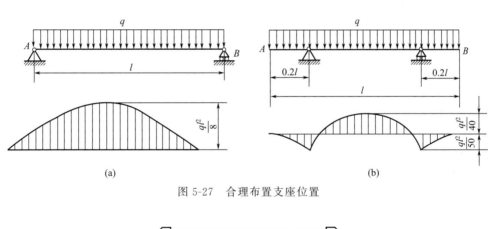

图 5-27　合理布置支座位置

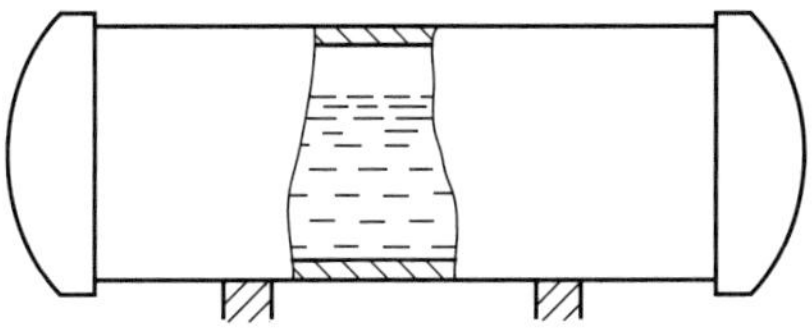

图 5-28　化工卧式容器的支承点位置

5.5　组合变形的概念

实际工程结构中，有很多杆件往往同时存在着几种基本变形。如图 5-29 所示的小型压力机的框架，在外力 P 作用下，立柱就同时产生拉伸和弯曲两种基本变形。又如图 5-30 所示的减速器中的三个转轴，除了扭转变形外，同时还有弯曲变形。这类由两种或两种以上基本变形组合的情况，称为组合变形。常用图形的几何性质见表 5-1。

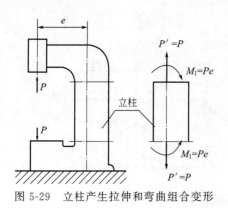

图 5-29　立柱产生拉伸和弯曲组合变形

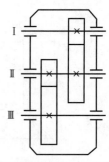

图 5-30　减速器的转轴产生弯扭组合变形

表 5-1　常用图形的几何性质

图形	形心位置 e	惯性矩 I_z	抗弯截面模量 W_z	惯性半径 i_z
	$\dfrac{h}{2}$	$\dfrac{bh^3}{12}$	$\dfrac{bh^2}{6}$	$\dfrac{h}{2\sqrt{3}}=0.289h$
	$\dfrac{d}{2}$	$\dfrac{\pi d^4}{64}$	$\dfrac{\pi d^3}{32}$	$\dfrac{d}{4}$
	$\dfrac{D}{2}$	$\dfrac{\pi}{64}(D^4-d^4)$	$\dfrac{\pi}{32D}(D^4-d^4)$	$\dfrac{1}{4}\sqrt{D^2+d^2}$
	$\approx\dfrac{d}{2}$	$\approx\dfrac{\pi d^4}{64}-\dfrac{bt}{4}(d-t)^2$	$\approx\dfrac{\pi d^2}{32}-\dfrac{bt}{2d}(d-t)^2$	$\sqrt{I_z/A}$

对于组合变形问题，解决的方法是把组合变形分解为一系列基本变形，每一种基本变形都是各自独立、互不影响的。即任一基本变形都不会改变另一种变形所引起的应力和变形。于是分别计算每一种基本变形各自引起的应力和变形，然后求出这些应力和变形的总和，便是杆件在原载荷作用下的应力和变形。这就是叠加原理在组合变形中的应用。

技能训练

完成技能训练活页单中的"技能训练单 5"。

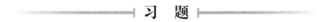

习 题

5-1 试列出图 5-31 所示各梁的剪力方程和弯矩方程，作剪力图和弯矩图。并求出 $|Q|_{\max}$ 和 $|M|_{\max}$。

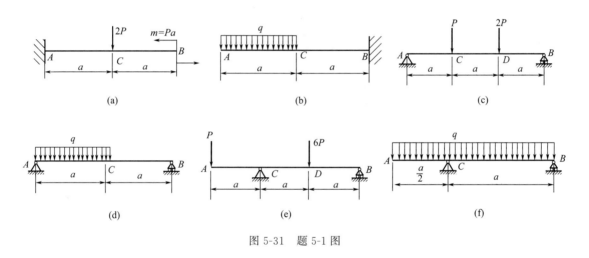

图 5-31 题 5-1 图

5-2 一矩形截面简支梁如图 5-32 所示。试求：（1）A 截面上 a、b 两点的正应力值；（2）A 截面上最大拉、压正应力值；（3）全梁的最大拉、压正应力值，并问各发生在何处？

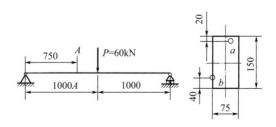

图 5-32 题 5-2 图

5-3 T 形截面的铸铁梁如图 5-33 所示，设已知该截面对中性轴 z 的惯性矩为 $I_z = 2304\text{cm}^4$，试求梁内最大拉、压应力。画出危险截面上的正应力分布图。

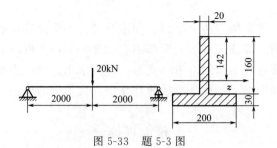

图 5-33 题 5-3 图

5-4 某车间需安装一台行车，如图 5-34 所示。行车大梁选用 32a 工字钢，$W_z = 692 \text{cm}^3$，长为 8m，其单位长度的重量为 517N/m，材料为 Q235 钢，许用应力为 $[\sigma] = 120 \text{MN/m}^2$。若起重量为 29.4kN，试按正应力强度条件校核该梁的强度。

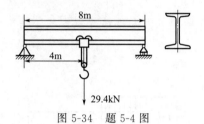

图 5-34 题 5-4 图

5-5 一矩形截面梁如图 5-35 所示。已知 $P = 2 \text{kN}$，横截面的高宽比 $h/b = 3$，材料为松木，其许用应力 $[\sigma] = 8 \text{MN/m}^2$。试选择截面尺寸。

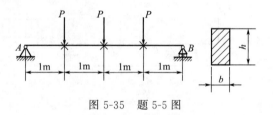

图 5-35 题 5-5 图

5-6 梁的支承和受力情况如图 5-36 所示，采用 20a 工字钢，其许用应力 $[\sigma] = 160 \text{MN/m}^2$，$W_z = 237 \text{cm}^3$，试求许可的载荷 P。

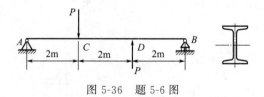

图 5-36 题 5-6 图

✎ 学习笔记 ....

模块2

机械设计基础

第6章 机械设计概述

【内容概述】▶▶▶

本章扼要阐述机械设计的基本要求以及设计计算准则等。

【思政与职业素养目标】▶▶▶

机械零件是组成机器的基本单元，机械设计的基本要求和计算准则是机械设计基础，任何机器的设计都是从整体规划到单独零件的设计。通过本章的学习，不但要掌握机械设计的基本要求，还要学会定目标、做规划，养成自我管理的良好习惯。

6.1 机械设计的基本要求

机械设计包括以下两种设计：应用新技术、新方法开发创造新机械；在原有机械的基础上重新设计或进行局部改造，从而改变或提高原有机械的性能。设计质量直接关系到机械产品的性能、价格及经济效益。

机械零件是组成机器的基本单元，在讨论机械设计的基本要求之前，首先应初步了解设计机械零件的一些基本要求。

6.1.1 设计机械零件的基本要求

零件工作可靠并且成本低廉是设计机械零件应满足的基本要求。

零件的工作能力是指零件在一定的工作条件下抵抗可能出现的失效的能力，对载荷而言称为承载能力。失效是指零件由于某些原因不能正常工作。只有每个零件都能可靠地工作，才能保证机器的正常运行。设计机械零件要注意以下几点：

（1）合理选择材料，降低材料费用；

（2）保证良好的工艺性，减少制造费用；

（3）尽量采用标准化、通用化、系列化的设计，可简化设计过程，节省设计和加工费用，从而降低生产成本。

6.1.2 机械设计的基本要求

机械产品设计应满足以下几个方面的基本要求。

（1）实现预定功能。设计的机器能实现预定的功能，并能在规定的工作条件下、规定的工作期限内正常运行。

（2）满足可靠性要求。可靠性是机械在规定的工况条件下、规定的使用期限内，完成规定的预定功能的一种特性。它取决于设计、制造、维护、使用等，设计阶段对机械可靠度起到决定性的影响。目前而言，对机械产品的可靠性还难以提出统一的考核指标。

（3）满足经济性要求。经济性指标是一项综合性指标，要求设计及制造成本低、机器生产率高、能源和材料耗费少。

（4）操作方便，工作安全。操作系统要简便可靠，有利于减轻操作人员的劳动强度，要有各种保险装置以消除由于误操作而引起的危险，避免人身及设备事故发生。

（5）造型美观，减少污染。所设计的机器不仅使用性能好、尺寸小、价格低廉，而且外形美观，富有时代特点。尽可能地降低噪声，减轻对环境的污染。噪声也是反映机械质量的一个重要指标。

6.2　机械零件设计的内容

设计机械零件的一般内容如下：

（1）根据机器的具体运转情况和简化的计算方案确定零件的载荷；

（2）根据零件的工作情况分析，判定零件的失效形式，确定计算准则；

（3）进行主要参数选择，选定材料，根据计算准则求出零件的主要尺寸，考虑热处理及结构工艺性要求等；

（4）进行结构设计；

（5）绘制零件工作图，制订技术要求，编写计算说明书。

6.3　机械零件的失效形式及设计计算准则

机械零件丧失预定功能或预定功能指标降低到许用值以下的现象，称为机械零件的失效。由于强度不够而引起的破坏是最常见的零件失效形式，但并不是零件失效的唯一形式。进行机械零件设计时必须根据零件的失效形式分析失效的原因，提出防止或减轻失效的措施，根据不同的失效形式提出不同的设计计算准则。

6.3.1 失效形式

机械零件常见的失效形式大致有以下几种。

1）断裂

机械零件的断裂通常有以下两种情况：

（1）零件在外载荷的作用下，某一危险截面上的应力超过零件的强度极限时将发生断裂；

（2）零件在循环变应力的作用下，危险截面上的应力超过零件的疲劳强度而发生疲劳断裂。

2）过量变形

当零件上的应力超过材料的屈服极限时零件将发生塑性变形。当零件的弹性变形量过大时也会使机器的工作不正常，如机床主轴的过量弹性变形会降低机床的加工精度。

3）表面失效

表面失效主要有疲劳点蚀、磨损、压溃和腐蚀等形式。表面失效后通常会增加零件的摩擦，使零件尺寸发生变化，最终造成零件的报废。

4）破坏正常工作条件引起的失效

有些零件只有在一定的工作条件下才能正常工作，否则就会引起失效，如带传动因过载发生打滑，使传动不能正常地进行。

6.3.2　设计计算准则

同一零件对于不同失效形式的承载能力也各不相同，根据不同的失效原因而建立起来的工作能力判定条件，称为设计计算准则，主要包括以下几种。

1）强度准则

强度是零件应满足的基本要求，强度是指零件在载荷作用下抵抗断裂、塑性变形及表面失效的能力，强度可分为整体强度和表面强度（接触与挤压强度）。整体强度的判断准则为：零件危险截面处的最大应力不应超过允许的限度，称为许用应力，用 $[\sigma]$ 或 $[\tau]$ 表示，即 $\sigma \leqslant [\sigma]$，或 $\tau \leqslant [\tau]$。

表面接触强度的判断准则为：在反复的接触应力作用下，零件在接触处的接触应力应该小于或等于许用接触应力，即 $\sigma_H \leqslant [\sigma_H]$。

对于受挤压的表面挤压应力不能过大，否则会发生表面塑性变形、表面压溃等，挤压强度的判断准则为：挤压应力应小于或等于许用挤压应力，即 $\sigma_p \leqslant [\sigma_p]$。

2）刚度准则

刚度是指零件受载后抵抗弹性变形的能力。其设计计算准则为零件在载荷作用下产生的弹性变形量应小于或等于机器工作性能允许的极限值。

3）耐磨性准则

设计时应使零件的磨损量在预定限度内不超过允许值，由于磨损机理比较复杂，通常采用条件性的计算准则，即零件的压强不大于零件的许用压强，即 $p \leqslant [p]$。

4）散热性准则

零件工作时如果温度过高将导致润滑剂失去作用，材料的强度极限下降，引起热变形及附加热应力等，从而使零件不能正常工作。散热性准则为：根据热平衡条件，工作温度不应超过许用工作温度，即 $t \leqslant [t]$。

5）可靠性准则

可靠性用可靠度表示，对那些大量生产而又无法逐件试验或检测的产品，更应计算可靠度。零件的可靠度用零件在规定的使用条件下、在规定的时间内能正常工作的概率来表示。或用在规定的寿命时间内能连续工作的件数占总件数的百分比表示。

6.4　机械零件设计的标准化、系列化及通用化

有不少通用零件，如螺纹连接件、滚动轴承等，由于应用范围广、用量大，已经标准化而成为标准件，设计时只需根据设计手册或产品目录选定型号和尺寸，向专业商店或工厂订购。此外有很多零件虽使用范围极为广泛，但在具体设计时随着工作条件的不同，在材料尺寸、结构等方面的选择也各不相同，这种情况可对其某些基本参数规定标准的系列化数列，如齿轮的模数等。

按规定标准生产的零件称为标准件。标准化给机械制造带来的好处是：

（1）由专门化工厂大量生产标准件，能保证质量、节约材料、降低成本；

（2）选用标准件可以简化设计工作，缩短产品的生产周期；

（3）选用参数标准化的零件，在机械制造过程中可以减少刀具和量具的规格；

（4）具有互换性从而简化机器的安装和维修。

设计中选用标准件时，由于要受到标准的限制而使选用不够灵活，若选用系列化产品则从一定程度上解决了这一问题。

通用化是指在不同规格的同类或不同类产品中采用同一结构和尺寸的零部件，以减少零部件的种类，简化生产管理过程，降低成本，缩短生产周期。

由于标准化、系列化、通用化具有明显的优越性，在机械设计中应大力推广"三化"，贯彻采用各种标准。

技能训练

完成技能训练活页单中的"技能训练单 6"。

习　题

6-1　机械零件常见的失效形式有哪几种？

6-2　什么叫工作能力？计算准则是如何得出的？

6-3　标准化的重要意义是什么？

学习笔记

第7章
平面机构的运动简图和自由度

【内容概述】 ▶▶▶

机构是由两个以上具有确定相对运动的构件组成的，根据其各构件的运动范围可分为平面机构和空间机构两类。所有运动构件均在同一平面或相互平行的平面内运动的机构称为平面机构，否则称为空间机构。本章主要讲述平面机构的运动简图和自由度的计算。

【思政与职业素养目标】 ▶▶▶

从古老的灌溉水车和行走的运粮木马等古老设备中，分析其平面机构的运动规律及其自由度，从中可以发现机械设计的奇妙，同时还可以了解中国的传统工艺和文化，由此激发学生的爱国热情。

7.1 平面运动副

7.1.1 平面运动构件的自由度

组成平面机构的构件称为平面运动构件。两个构件用不同的方式连接起来，显然会得到不同形式的相对运动，如转动或移动。为便于进一步分析两构件之间的相对运动关系，引入自由度和约束的概念。如图 7-1 所示，假设有一个构件 2，当它尚未与其他构件连接之前，称之为自由构件，它可以产生 3 个独立运动，即沿 x 轴方向的移动、沿 y 轴方向的移动以及绕任意点 A 的转动，构件的这种独立运动称为自由度。可见，做平面运动的构件有 3 个自由度。如果将硬纸片（构件 2）用钉子钉在桌面（构件 1）上，硬纸片就无法做独立的沿 x 或 y 方向的运动，只能绕钉子转动。这种两构件只能做相对转动的连接称为铰接。对构件某一个独立运动的限制称为约束条件，每加一个约束条件构件就失去一个自由度。

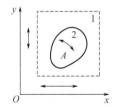

图 7-1 平面运动构件的自由度

7.1.2 运动副的概念

机构是由具有确定相对运动的若干构件组成的，组成机构的构件必然相互约束，相邻两构件之间必定以一定的方式连接起来并实现确定的相对运动，这种两个构件之间的可动连接称为运动副。例如两个构件铰接成运动副后，两构件就只能绕公共轴线在同一平面内做相对转动，称为转动副，如图 7-2 所示。

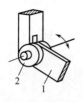

图 7-2　转动副

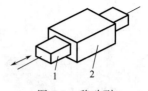

图 7-3　移动副

如图 7-3 所示，一根四棱柱体 1 穿入另一构件 2 大小合适的方孔内，两构件就只能做相对移动，称之为移动副。我们日常所见的门窗合页、折叠椅等均为转动副；推拉门、导轨式抽屉等均为移动副。

7.1.3　运动副的分类

两构件只能在同一平面做相对运动的运动副称为平面运动副。运动副通过点、线或面的接触来实现，按照接触特性，平面运动副可分为低副和高副。

1）低副

两构件之间通过面与面接触而组成的运动副称为低副。两构件组成低副时引入了两个约束条件，也就失去了 2 个自由度，只剩下 1 个自由度，即转动或移动。因此，低副又可分为转动副（图 7-2）和移动副（图 7-3）。

2）高副

两构件以点或线的形式接触而组成的运动副称为高副。如图 7-4(a) 所示的火车轮子 1 与钢轨 2，图 7-4(b) 所示的凸轮机构的凸轮 1 与从动件 2，图 7-4(c) 所示的两个相互啮合的轮齿等，分别组成了高副。两构件组成平面高副时，只引入 1 个约束条件，剩下 2 个自由度。

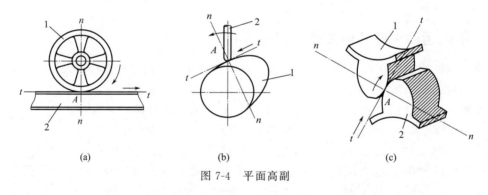

(a)　　　　　　　　　(b)　　　　　　　　　(c)

图 7-4　平面高副

除上述平面运动副之外，机械中还常见到空间运动副，组成空间运动副的两构件间的相对运动是空间运动，如球面副和螺旋副等。

7.1.4　运动链和机构

1）运动链

若干构件通过运动副连接构成的系统称为运动链。各构件构成封闭形式的运动链称为闭式运动链，简称闭链，如图 7-5(a) 所示；各构件不能构成封闭形式的运动链称为开式运动链，简称开链，如图 7-5(b) 所示。

图 7-5 运动链和机构

2）机构

如果将运动链中的一个构件固定，并使另一个或几个构件按给定的规律运动，而且其余构件都能随之做确定的相对运动，则这种运动链就称为机构。通常将被固定的构件称为机架，将按给定规律运动的构件称为原动件，其余构件称为从动件。如图 7-5(c) 中，4 为机架，1 为原动件，2、3 为从动件。

7.2 平面机构的运动简图

7.2.1 机构运动简图的概念

在研究机构运动特性时，为了使问题简化，只考虑与运动有关的运动副的数目、类型及相对位置，不考虑构件和运动副的实际结构和材料等与运动无关的因素。用简单线条和规定符号表示构件和运动副的类型，并按一定的比例确定运动副的相对位置及与运动有关的尺寸。这种表示机构组成和各构件间运动关系的简单图形，称为机构运动简图。

只是为了表示机构的结构组成及运动原理而不严格按比例绘制的机构运动简图，称为机构示意图。

7.2.2 平面机构运动简图的绘制

1）运动副的表示方法

机构运动简图中，运动副的表示方法如图 7-6 所示。

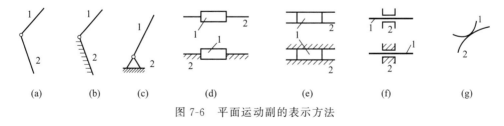

图 7-6 平面运动副的表示方法

转动副用小圆圈表示，小圆圈的中心应画在回转中心处；移动副的导路必须与相对移动方向一致。图 7-6 中画斜线的构件代表固定件（机架）。

2）构件的表示方法

对于轴、杆等构件，常用线段表示。构件的表示方法如图 7-7 所示。图 7-7(a) 表示参与组成两个转动副的构件。图 7-7(b) 表示参与组成一个转动副和一个移动副的构件。图 7-7(c)

表示参与组成三个转动副的构件，为了表示三角形是一个刚性整体，常在三角形内加剖面线或在三个角上涂以焊缝的标记。如果三个转动副中心在一条直线上，则可用图 7-7(d) 表示。超过三个运动副的构件的表示方法可依此类推。对于机械中常用的构件和零件，有时还可采用惯用画法，例如用粗实线或点画线画出一对节圆来表示互相啮合的齿轮，用完整的轮廓曲线来表示凸轮。

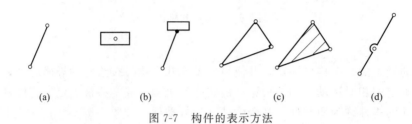

图 7-7　构件的表示方法

3）绘制平面机构运动简图步骤

（1）分析机构的组成和运动情况。观察机构的运动情况，分析机构的具体组成，确定机架、原动件（主动件）和从动件。机架即固定件，任何一个机构中必定只有一个构件为机架；原动件是运动规律为已知的活动构件，通常是驱动力所作用的构件；从动件是机构中随着原动件的运动而运动的其余活动构件，其中输出预期运动的从动件称为输出构件，其他从动件则起传递运动的作用。

从主动件开始，沿着传动路线分析各构件间的相对运动关系，确定机构中构件的数目。

（2）确定运动副的类型及其数目。根据相连两构件间的相对运动性质和接触情况，确定机构中运动副的类型、数目及各运动副的相对位置。

（3）选择视图平面。为了能够清楚地表明各构件间的运动关系，对于平面机构，通常选择与各构件运动平面相平行的平面作为视图平面。

（4）选取适当的长度比例尺 μ_l，绘制机构运动简图。根据机构实际尺寸和图纸大小确定适当的长度比例尺 μ_l，按照各运动副间的距离和相对位置，用规定的符号和线条将各运动副连接起来，即为所要画的机构运动简图。图中各运动副顺次标以大写英文字母，各构件标以阿拉伯数字，用箭头标明主动件的运动方向。

$$\mu_l = \frac{\text{实际尺寸(m)}}{\text{图样尺寸(mm)}}$$

下面举例说明机构运动简图绘制的方法和步骤。

例 7-1　绘制图 7-8 所示颚式破碎机的机构运动简图。

解：（1）分析机构的组成及其运动情况。机构运动由带轮 5 输入，而带轮 5 和偏心轴（又称曲轴）1 连成一体（属同一构件），绕回转中心 A 转动；偏心轴 1 带动动颚 2 运动；肘板 3 的一端与动颚 2 在 C 点相连接，另一端与机架 4 在 D 点相连。这样，当偏心轴 1 转动时便带动动颚 2 做平面运动，从而将矿石轧碎。由此可知，偏心轴 1 为主动件，动颚 2 和肘板 3 为从动件，构件 4 为机架。该机构由机架和三个活动构件组成。

（2）确定运动副的类型及其数目。偏心轴 1 与机架 4 组成转动副 A，偏心轴 1 与动颚 2 组成转动副 B，肘板 3 与动颚 2 组成转动副 C，肘板 3 与机架 4 组成转动副 D。可见该机构共有四个转动副。

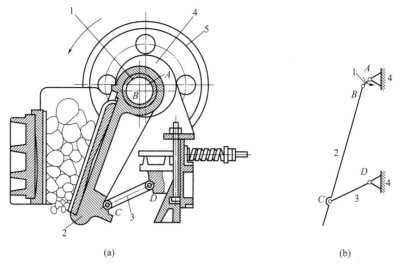

(a)   (b)

图 7-8　颚式破碎机及其机构运动简图（AR）

（3）选择视图平面。由于该机构中各运动副的轴线互相平行，即所有活动构件均在同一平面或相互平行的平面内运动，故选构件的运动平面为绘制简图的平面。

（4）选取适当的比例尺，绘制机构运动简图。选取适当的比例尺 μ_l，按图 7-8(a) 尺寸，确定各运动副的相对位置，并按规定的符号绘出运动副，如图 7-8(b) 所示的四个转动副 A、B、C、D。然后用线段将同一构件上的运动副连接起来代表构件。连接 A、B 为偏心轴 1，连接 B、C 为动颚 2，连接 C、D 为肘板 3。并在图 7-8(b) 的机架 4 上加画斜线，在主动件 1 上标出箭头。这样便绘出了颚式破碎机的机构运动简图。

例 7-2　绘制图 7-9 所示活塞泵机构的机构运动简图。

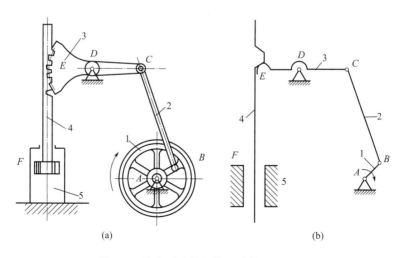

(a)   (b)

图 7-9　活塞泵及其机构运动简图（AR）

解： 活塞泵由曲柄 1、连杆 2、齿扇 3、齿条活塞 4 和机架 5 共五个构件组成。曲柄 1 是原动件，2、3、4 为从动件。当原动件 1 回转时，活塞在气缸中往复运动。

各构件间的连接情况：构件1和5、2和1、3和2、3和5之间为相对转动，分别构成转动副 A、B、C、D。构件3的轮齿与构件4的齿构成平面高副 E。构件4与构件5之间为相对移动，构成移动副 F。

选取适当比例 μ_l，按图 7-9(a) 尺寸，用构件和运动副的规定符号画出机构运动简图，如图 7-9(b) 所示。

绘制机构运动简图时，原动件的位置选择不同，所绘机构运动简图的图形也不同。当原动件位置选择不当时，构件互相重叠或交叉，使图形不易辨认。为了清楚地表达各构件的相互关系，应当选择一个恰当的原动件位置来绘图。

7.3 平面机构的自由度

7.3.1 机构自由度的计算

机构相对于机架所具有的独立运动数目，称为机构的自由度。设一个平面机构由 N 个构件组成，其中必定有1个构件为机架，其活动构件数为 $n=N-1$。这些构件在未组合成运动副之前共有 $3n$ 个自由度，在连接成运动副之后便引入了约束，减少了自由度。设机构共有 P_L 个低副、P_H 个高副，因为在平面机构中每个低副和高副分别限制2个和1个自由度，故平面机构的自由度为

$$F=3n-2P_L-P_H \tag{7-1}$$

如图 7-8 所示颚式破碎机主体机构中，共有4个构件，组成4个低副（转动副）和0个高副，活动构件 $n=3$，则该机构的自由度为

$$F=3n-2P_L-P_H=3\times3-2\times4=1$$

该机构具有一个原动件（曲轴1），原动件数与机构的自由度相等。

如图 7-9 所示活塞泵机构中，共有5个构件，组成5个低副（4个转动副和1个移动副）和1个高副，活动构件 $n=4$，则该机构的自由度为

$$F=3n-2P_L-P_H=3\times4-2\times5-1=1$$

机构的自由度与原动件（曲柄1）数相等。

计算机构自由度时应注意的三种特殊情况如下。

1）复合铰链

两个以上的构件同时在一处用转动副相连接就构成复合铰链。如图 7-10(a) 所示是三个构件汇交成的复合铰链，图 7-10(b) 是它的俯视图。由图 7-10(b) 可以看出，这三个构件共组成两个转动副。依此类推，K 个构件汇交而成的复合铰链应具有 $(K-1)$ 个转动副。在计算机构自由度时应注意识别复合铰链，以免把转动副的个数算错。

例 7-3 计算图 7-10(c) 所示机构的自由度。

解：机构中有5个活动构件，$n=5$，B 处是三个构件汇交的复合铰链，有两个转动副，A、C、D、E 各有一个转动副，构件5和构件6组成移动副，所以共有7个低副，0个高副。由式(7-1) 可得

$$F=3n-2P_L-P_H=3\times5-2\times7=1$$

机构的自由度与原动件数相等。

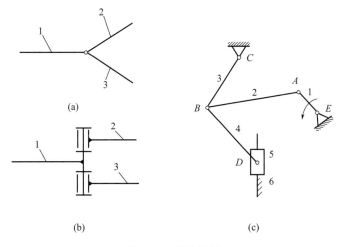

(a)

(b)   (c)

图 7-10   复合铰链

2）局部自由度

在有的机构中为了其他一些非运动的原因，设置了附加构件，这种附加构件的运动是完全独立的，对输出构件的运动毫无影响，把这种独立运动称为局部自由度（或多余自由度）。在计算机构自由度时应略去不计。

例 7-4   计算图 7-11 所示凸轮机构的自由度。

解： 如图 7-11 所示，随着主动件凸轮 1 的顺时针转动，从动件 2 做上下往复运动。为了减少摩擦和磨损，在凸轮 1 和从动杆 2 之间加入滚子 3，应该注意到无论滚子 3 是否绕 A 点转动，都不改变从动杆 2 的运动，因而滚子 3 绕 A 点的转动属于局部自由度，计算机构自由度时可设想将滚子和从动杆焊成一体。

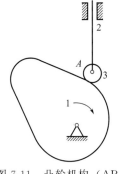

图 7-11   凸轮机构（AR）

所以，$n=2$，$P_L=2$，$P_H=1$。

由式（7-1）得 $F=3n-2P_L-P_H=3\times2-2\times2-1=1$。

机构的自由度与原动件数相等。

3）虚约束

指机构中与其他约束重复，对机构不产生新的约束作用的约束。计算机构自由度时应将虚约束除去不计。虚约束经常出现的场合如下。

（1）两构件间形成多处具有相同作用的运动副。如图 7-12(a) 所示，轮轴 2 与机架 1 在 A、B 两处形成转动副，其实两个构件只能构成一个转动副，这里应按一个转动副计算自由度。又如图 7-12(b) 所示，在液压缸的缸筒 2 与活塞 1、缸盖 3 与活塞杆 4 两处构成移动副，实际上缸筒与缸盖、活塞与活塞杆是两两固连的，只有两个构件而并非四个构件，此两个构件也只能构成一个移动副。

（2）两构件上连接点的运动轨迹重合。例如图 7-13 所示是火车头驱动轮联动装置示意图，其中构件 5 存在与否并不影响平行四边形 $ABCD$ 的运动，是虚约束。进一步可以肯定地说，三构件 AB、CD、EF 中缺省其中任意一个，均对余下机构的运动不产生影响，实际上是因为此三构件的动端点的运动轨迹均与构件 BC 上对应点的运动轨迹重合。应该指出，AB、CD、EF 三构件是互相平行的，否则就形成不了虚约束，机构不能运动。去掉构件 5 后，$n=3$，

$P_L=4$，$P_H=0$，由式(7-1)，$F=3n-2P_L-P_H=3\times3-2\times4=1$。

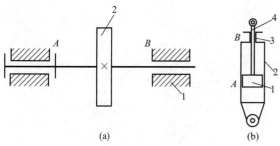

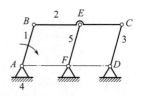

图 7-12　两构件间形成多处运动副的虚约束　　　　图 7-13　两构件上连接点的运动轨迹重合

如果不将虚约束去掉，则 $n=4$，$P_L=6$，$P_H=0$，$F=3n-2P_L-P_H=3\times4-2\times6=0$，显然是错误的。

（3）机构中具有对运动起相同作用的对称部分。例如图 7-14 所示轮系，齿轮 1 经过两个对称布置的小齿轮 2 和 2′ 驱动内齿轮 3，其中有一个小齿轮对传递运动不起作用，是虚约束。

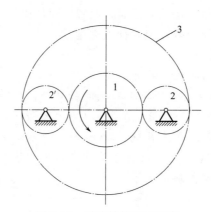

图 7-14　对称结构的虚约束

例 7-5　计算图 7-15 所示筛料机构的自由度。

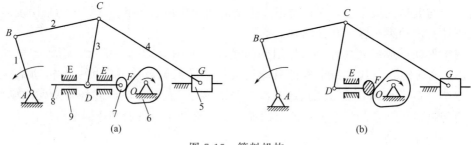

图 7-15　筛料机构

解：（1）工作原理分析。机构中标有箭头的凸轮 6 和曲轴 1 作为原动件分别绕 O 点和 A 点转动，迫使工作构件 5 带动筛子抖动筛料。

（2）处理特殊情况。2、3、4 三构件在 C 点组成复合铰链，此处有两个转动副；滚子 7 的转动为局部自由度，可看成滚子 7 与活塞杆 8 焊接一起；8 和 9 两构件形成两处移动副，其中有一处是虚约束。

（3）计算机构自由度。机构有 7 个活动构件、7 个转动副、2 个移动副、1 个高副，即 $n=7$，$P_{\mathrm{L}}=9$，$P_{\mathrm{H}}=1$，由式（7-1）得 $F=3n-2P_{\mathrm{L}}-P_{\mathrm{H}}=3\times7-2\times9-1=2$。

此机构的自由度等于 2，有两个原动件。

7.3.2　机构具有确定运动的条件

只有机构自由度大于零，机构才有可能运动。因为机构的自由度即是机构所具有的独立运动的数目，所以只有给机构输入的独立运动数目与机构自由度数目相等，机构才能有确定的运动。

如图 7-16 所示为五杆铰链系统，具有 5 个构件构成 5 个转动副，其自由度为 $F=3\times4-2\times5=2$，如果只给定构件 1 的运动规律，则构件 2、3、4 的运动规律并不确定。当给定了构件 1 和 4 的运动规律后，各构件的运动就得到确定。如图 7-17 所示为四杆铰链系统，具有 4 个构件形成 4 个转动副，其自由度为 $F=3\times3-2\times4=1$，当给定构件 1 的运动规律时，各构件的运动已确定。如果同时给定构件 1 和 3 的运动规律，则系统无法运动。

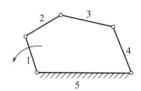
图 7-16　原动件数＜F

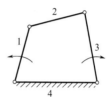
图 7-17　原动件数＞F

由此可见，机构具有确定运动的条件是：机构的自由度 $F>0$，且 F 等于机构的原动件数目。如图 7-15 中的筛料机构，$F=2$，有两个原动件，故该机构有确定的运动。

────────┤ 技能训练 ├────────

完成技能训练活页单中的"技能训练单 7"。

────────┤ 习　题 ├────────

7-1　绘出图 7-18 所示机构的机构运动简图。

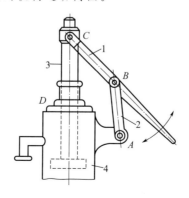
图 7-18　题 7-1 图（AR）

7-2 绘制图 7-19 所示小型刨床六杆机构的运动简图。

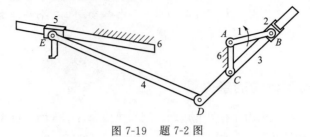

图 7-19 题 7-2 图

7-3 指出图 7-20 各机构运动简图中的复合铰链、局部自由度和虚约束，计算各机构的自由度。

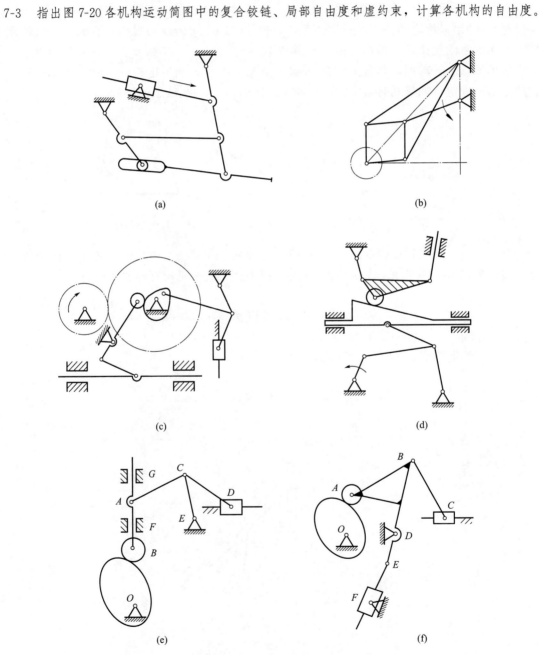

图 7-20 题 7-3 图

7-4 试论证：

（1）图 7-21(a) 所示的构件组合是不能产生相对运动的刚性桁架。

（2）这种构件组合若满足图 7-21(b) 所示尺寸关系：$AB=CD=EF$，$BC=AD$，$BE=AF$，则构件之间可以产生相对运动。

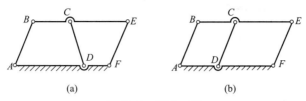

(a)   (b)

图 7-21 题 7-4 图

✐ 学习笔记 ··

第8章 平面连杆机构

【内容概述】▶▶▶

平面连杆机构是由多个刚性构件通过低副（转动副和移动副）连接组成的平面机构，又称为平面低副机构。它是一种应用极为广泛的机构，其中最基本、最常用的是四杆机构。

【思政与职业素养目标】▶▶▶

通过火车驱动机构和起重机吊臂机构，分析各类机构的运动规律，列举出从古至今各类机构的演变和应用，从而培养其创新精神。

8.1 铰链四杆机构

8.1.1 铰链四杆机构的组成和基本形式

1）铰链四杆机构的组成

如图 8-1 所示，铰链四杆机构是由转动副将各构件的首尾连接起来的封闭四杆系统，并使

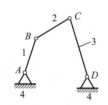

图 8-1 铰链四杆机构

其中一个构件固定而组成。固定件 4 称为机架，与机架直接铰接的两个构件 1 和 3 称为连架杆，不直接与机架铰接的构件 2 称为连杆。能绕机架上的转动副中心做整圈转动的连架杆称为曲柄，只能在小于 360°的某一角度内摆动的连架杆则称为摇杆。

2）铰链四杆机构的类型及应用

铰链四杆机构根据其两个连架杆的运动形式的不同，可以分为曲柄摇杆机构、双曲柄机构和双摇杆机构三种基本形式。

（1）曲柄摇杆机构。在铰链四杆机构中，如果有一个连架杆能做循环的整周匀速转动（曲柄），而另一个连架杆做变速往复摆动（摇杆），则该机构称为曲柄摇杆机构。如图 8-2 所示的雷达天线调整机构，曲柄 1 缓慢地匀速转动，通过连杆 2 使摇杆 3 在一定角度范围内摆动，从而调整天线仰角的大小。

（2）双曲柄机构。在铰链四杆机构中，两个连架杆均能做整周转动，则该机构称为双曲柄机构。如图 8-3 所示惯性筛的工作机构原理是双曲柄机构的应用实例。由于从动曲柄 3 与主动曲柄 1 的长度不同，故当主动曲柄 1 匀速回转一周时，从动曲柄 3 做变速回转一周，机构利用这一特点使筛子 6 做变速往复运动，满足筛分工作要求。

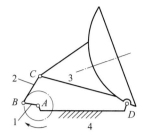

图 8-2　雷达天线调整机构（AR）

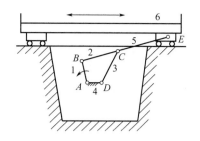

图 8-3　惯性筛工作机构（AR）

当两曲柄的长度相等且平行布置时，就成了平行双曲柄机构（或称平行四边形机构），如图 8-4（a）所示为正平行双曲柄机构，其特点是两曲柄转向相同、转速相等，连杆做平动，因而应用广泛。路灯检修车的载人升斗也利用了平动的特点。如图 8-4（c）为反平行双曲柄机构，具有两曲柄反向不等速的特点，车门的启闭机构利用了两曲柄反向转动的特点。

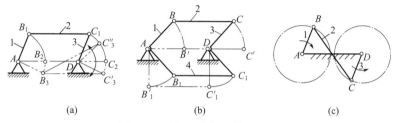

(a)　　　　　　　　　　(b)　　　　　　　　　　(c)

图 8-4　平行双曲柄机构（AR）

图 8-4（a）所示正平行双曲柄机构中，当四个铰链中心处于同一直线（图中 AB_2、C_2D 所示）上时，将出现运动不确定状态。例如当曲柄 1 由 AB_2 转到 AB_3 时，从动曲柄 3 可能转到 DC_3'，也可能转到 DC_3''。为了消除这种运动不确定状态，可以采用两组相同机构彼此错开一定角度而固联组合，如图 8-4（b）所示。当上面一组平行四边形机构转到 AB'、$C'D$ 共线位置时，下面一组平行四边形机构 AB_1'、$C_1'D$ 却处于正常位置，故机构仍然保持确定运动。图 8-5 所示的车轮联动机构，则是利用第三个平行曲柄来消除其运动的不确定状态。

（3）双摇杆机构。两个连架杆均为摇杆的铰链四杆机构称为双摇杆机构。如图 8-6 所示为港口用的起重机吊臂结构原理。其中，$ABCD$ 构成双摇杆机构，AD 为机架，在主动摇杆 AB 的驱动下，随着机构的运动，连杆 BC 的外伸端点 E 获得近似直线的水平运动，使重物能做水平移动，从而大大节省了移动吊重所需要的功率。

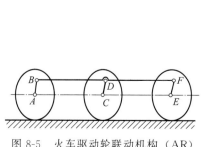

图 8-5　火车驱动轮联动机构（AR）

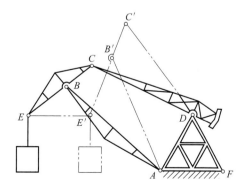

图 8-6　起重机吊臂机构（AR）

8.1.2 铰链四杆机构类型的判断

1）整转副存在的条件

铰链四杆机构的三种基本类型的区别在于机构中是否存在曲柄，以及存在几个曲柄。两构件能相对转动360°的转动副称为整转副。具有整转副的铰链四杆机构才可能存在曲柄。机构中是否具有整转副，与各构件相对尺寸的大小有关系。可以证明，存在整转副的条件为：

（1）最短杆与最长杆长度之和小于或等于其余两杆长度之和；

（2）整转副是由最短杆与其邻边组成的。

2）铰链四杆机构基本类型的判别准则

（1）满足条件一而且以最短杆为机架的是双曲柄机构；

（2）满足条件一而且最短杆为连架杆的是曲柄摇杆机构；

（3）满足条件一但最短杆为连杆的是双摇杆机构；

（4）不满足条件一的是双摇杆机构。

例 8-1 铰链四杆机构 $ABCD$ 的各杆长度如图 8-7 所示。请根据基本类型判别准则，说明机构分别以 AB、BC、CD、AD 各杆为机架时属于何种机构。

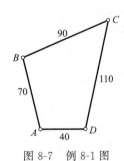

图 8-7　例 8-1 图

解： 分析题目给出的铰链四杆机构可知，最短杆为 $AD＝40$，最长杆为 $CD＝110$，其余两杆 $AB＝70$、$BC＝90$。

因为 $AD＋CD＝40＋110＝150$

$AB＋BC＝70＋90＝160＞150$

故满足曲柄存在的第一个条件。

（1）以 AB 或 CD 为机架时，即最短杆 AD 为连架杆，故为曲柄摇杆机构。

（2）以 BC 为机架时，即最短杆为连杆，故机构为双摇杆机构。

（3）以 AD 为机架时，即以最短杆为机架，机构为双曲柄机构。

8.1.3 铰链四杆机构的演化

在实际应用中，还广泛地采用着其他多种形式的四杆机构，这些机构虽然种类繁多，具体结构也有很大差异，但多数可以看作是由曲柄摇杆机构演化而成的。铰链四杆机构可通过转动副转化成移动副、变更杆件长度、变更机架和扩大转动副等途径演化成其他类型的四杆机构。

1）转动副转化成移动副

如图 8-8(a) 所示的曲柄摇杆机构，铰链中心 C 的轨迹是以 D 为圆心、以 CD 为半径的圆弧 $m\text{-}m$。若 CD 增至无穷大，则如图 8-8(b) 所示，C 点轨迹变成直线，于是摇杆 3 演化为直线运动的滑块，转动副 D 演化为移动副，铰链四杆机构演化为图 8-8(c) 所示的曲柄滑块机构。若 C 点运动轨迹通过曲柄转动中心 A，则称为对心曲柄滑块机构 [图 8-8(c)]；若 C 点运动轨迹 $m\text{-}m$ 的延长线与回转中心 A 之间存在偏距 e [图 8-8(d)]，则称为偏置曲柄滑块机构。曲柄滑块机构广泛应用在活塞式内燃机、空压机、冲床等机械中。

2）扩大转动副

在图 8-9(a) 所示的曲柄摇杆机构中，构件 1 为曲柄，3 为摇杆。如将曲柄销 B 的半径扩

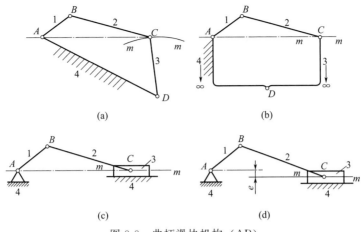

图 8-8　曲柄滑块机构（AR）

大，使其超过曲柄的长度，则如图 8-9（b）所示，曲柄 1 就演变为一个几何中心与回转中心不相重合的圆盘，此圆盘称为偏心轮。该两中心间的距离 e 称为偏心距，e 等于曲柄的长度，这种机构称为偏心轮机构。这种机构只是转动副的尺寸变大，而各构件的相对运动特性不变。

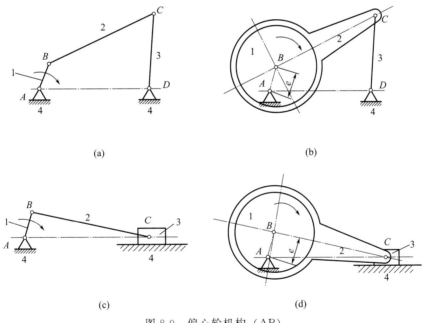

图 8-9　偏心轮机构（AR）

　　偏心轮机构多用于曲柄销承受较大冲击载荷或曲柄长度较短以及曲柄需要装在直轴中部的机器之中，以便增大轴颈的尺寸，提高偏心轴的强度和刚度，简化结构。所以，偏心轮机构广泛用于传力较大的冲床、颚式破碎机、内燃机等机械中。

　　同理，图 8-9（c）所示的曲柄滑块机构也是通过扩大转动副而演化成图 8-9（d）所示的偏心轮机构。

3）取不同构件为机架

　　这是一种变更机架的演化方式。如图 8-10 所示的曲柄摇杆机构中，设相邻两杆间的夹角

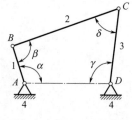

图 8-10 曲柄摇杆机构

分别为 α、β、δ、γ。当曲柄 1 作整圈转动时，角 α 和 β 在 0～360°范围内变化，而 δ 和 γ 的变化范围小于 360°。只要各杆的长度不变，根据相对运动原理，这四个角度的变化范围是不会因为变更机架而改变的。因此，选取不同的构件为机架时，便得到不同形式的铰链四杆机构。同理，曲柄滑块机构也可通过选取不同的构件为机架而获得不同形式的四杆机构。

取不同构件为机架时四杆机构的演化如表 8-1 所示。

表 8-1 取不同构件为机架时四杆机构的演化（AR）

作为机架的构件	铰链四杆机构	转动副 D 转化成移动副后的机构（$e=0$）
1	双曲柄机构	转动导杆机构
2	曲柄摇杆机构	曲柄摇块机构
3	双摇杆机构	移动导杆机构
4	曲柄摇杆机构	曲柄滑块机构

这些演化出的四杆机构，在实际中有很多应用。图 8-11 为应用实例，其中图 8-11（a）为自动送料机构，它是由 4 个构件组成的曲柄滑块机构。图 8-11（b）为卡车车厢自动翻转卸料机构，就是曲柄摇块机构。当油缸 3 中的压力油推动活塞杆 4 运动时，车厢 1 便绕 B 点翻转，当达到一定角度时，物料就自动卸下。图 8-11（c）为应用在手压抽水机上的移动导杆机构，或称定块机构。

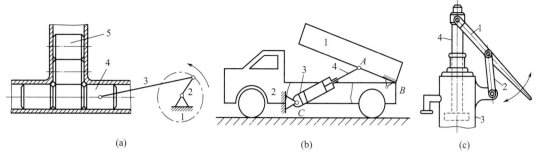

图 8-11　其他类型四杆机构应用实例（AR）

除上述机构以外，生产中常见的某些多杆机构，也可看成是由若干个四杆机构组合扩展形成的。如图 8-12 所示的手动冲床是一个六杆机构。它可以看成是由两个四杆机构组成。一个是原主动摇杆（手柄）1、连杆 2、从动摇杆（臂杆）3 和机架 4 组成的双摇杆机构，另一个是由摇杆（原动件）3、连杆 5、冲杆 6 和机架 4 组成的四杆机构。扳动摇杆 1，冲杆 6 就随着上、下运动。由于采用了六杆机构，根据杠杆原理，经过摇杆 1 和摇杆 3，使扳动摇杆 1 的力获得两次放大，从而增大了冲杆 6 的作用力。这种增力作用也是连杆机构的一个特点。

图 8-13 所示为筛料机的主体机构运动简图。它是一个六杆机构，也可看成是由两个四杆机构组成。一个是由原动曲柄 1、连杆 2、从动曲柄 3 和机架 6 组成的双曲柄机构，另一个是由曲柄 3（原动件）、连杆 4、滑块 5（筛子）和机架 6 组成的曲柄滑块机构。

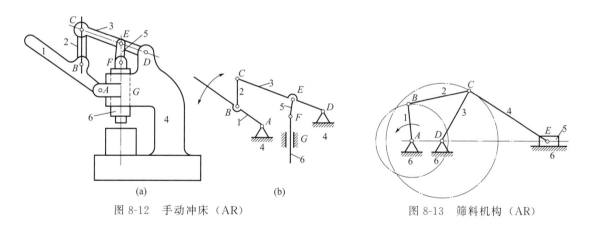

图 8-12　手动冲床（AR）　　　　　　　　图 8-13　筛料机构（AR）

8.2　平面四杆机构的工作特性

8.2.1　运动特性

在图 8-14 所示的曲柄摇杆机构中，设曲柄 AB 为原动件，摇杆 CD 为从动件。曲柄在旋转过程中每周有两次与连杆共线，即图 8-14 中的 B_1AC_1 和 AB_2C_2 两位置。这时的摇杆位置 C_1D 和 C_2D 称为极限位置，C_1D 与 C_2D 的夹角 ψ 称为摇杆的摆角。曲柄的两极限位置 AB_1 和 AB_2 所夹的锐角 θ 称为极位夹角。

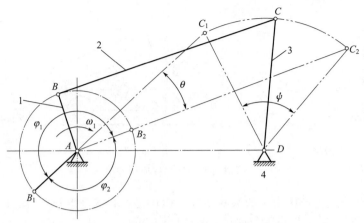

图 8-14　曲柄摇杆机构的急回特性（AR）

设曲柄以等角速度 ω_1 顺时针转动，从 AB_1 转到 AB_2 和从 AB_2 转到 AB_1 所经过的角度分别为 $\varphi_1 = 180° + \theta$ 和 $\varphi_2 = 180° - \theta$，所需的时间分别为 t_1 和 t_2，相应的摇杆上 C 点经过的路线分别为弧 C_1C_2 和弧 C_2C_1，C 点的平均速度分别为 v_1 和 v_2，显然有 $t_1 > t_2$，$v_1 < v_2$。这种返回速度大于推进速度的现象称为急回特性，通常用 v_2 与 v_1 的比值 K 来描述急回特性，K 称为行程速比系数，即

$$K = \frac{v_2}{v_1} = \frac{C_1C_2/t_2}{C_2C_1/t_1} = \frac{t_1}{t_2} = \frac{\varphi_1}{\varphi_2} = \frac{180° + \theta}{180° - \theta} \tag{8-1}$$

或

$$\theta = 180° \frac{K-1}{K+1} \tag{8-2}$$

可见，机构的急回特性取决于极位夹角 θ。θ 越大，K 值就越大，急回特性就越明显。

对于曲柄滑块机构，其中对心曲柄滑块机构的 $\theta = 0$，没有急回特性；而偏置曲柄滑块机构的 $\theta \neq 0$，故具有急回特性。对于导杆机构，由于 $\theta = \psi \neq 0$，故也具有急回特性。

急回特性在生产实际中广泛用于单向工作的场合，常取平均速度较高过程的为空回行程，平均速度较低过程的为生产行程。急回，缩短非生产时间，提高了生产率。例如往复式运输机、送料机、插床、牛头刨床滑枕的运动等，均具有急回特性。设计时可根据需要先设定 K 值，然后算出 θ 值，再由此设计计算出各构件的长度尺寸。

8.2.2　传力特性

1）压力角和传动角

在工程应用中连杆机构除了要满足运动要求外，还应具有良好的传力性能，以减小结构尺寸和提高机械效率。下面在不计重力、惯性力和摩擦作用的前提下，分析曲柄摇杆机构的传力特性。如图 8-15 所示，主动曲柄的动力通过连杆作用于摇杆上的 C 点，由于 BC 杆为二力杆，驱动力 F 必然沿 BC 方向，将 F 分解为切线方向和半径方向两个方向的分力 F_t 和 F_n，切向分力 F_t 与 C 点的运动方向 v_C 同向。

由图 8-15 知　　　　　　　　　　$F_t = F\cos\alpha$　或　　$F_t = F\sin\gamma$

$$F_n = F\sin\alpha \quad 或 \quad F_n = F\cos\gamma$$

α 角是从动摇杆上 C 点所受力 F 的方向与 C 点的绝对速度 v_C 方向之间所夹的锐角，称为机构的压力角。α 角随机构的位置不同有不同的值，它表明了在驱动力 F 不变时，推动摇杆摆

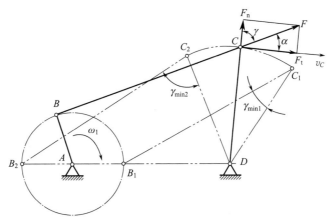

图 8-15　曲柄摇杆机构的压力角和传动角（AR）

动的有效分力 F_t 的变化规律。α 角越小，有效分力 F_t 越大，传力性能越好，效率越高。

　　压力角 α 的余角 γ 是连杆与摇杆所夹的锐角，称为传动角。由于 γ 更便于观察，所以通常用来检验机构的传力性能。传动角 γ 随机构的不断运动而相应变化，为保证机构有较好的传力性能，应控制机构的最小传动角 γ_{min}，一般可取 $\gamma_{min} > 40°$，重载高速场合取 $\gamma_{min} > 50°$。曲柄摇杆机构的最小传动角 γ_{min} 出现在曲柄与机架共线的两个位置之一，如图 8-15 所示的 AB_1 或 AB_2 位置，比较此两位置的 γ_{min1} 和 γ_{min2} 的大小，二者中较小的一个就是该机构的最小传动角。

　　在偏置曲柄滑块机构中，以曲柄为主动件，滑块为工作件，传动角 γ 为连杆与导路垂线所夹锐角，如图 8-16 所示。最小传动角 γ_{min} 出现在曲柄垂直于导路时的位置，并且位于与偏距方向相反一侧。对于对心曲柄滑块机构，即偏距 $e = 0$ 的情况，显然其最小传动角 γ_{min} 出现在曲柄垂直于导路时的位置。

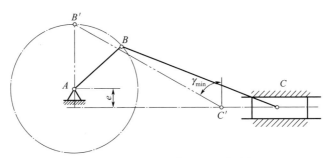

图 8-16　偏置曲柄滑块机构的最小传动角（AR）

　　对以曲柄为主动件的摆动导杆机构（如图 8-17 所示），因为滑块对导杆的作用力始终垂直于导杆，其传动角 γ 恒为 90°，表明导杆机构具有最好的传力性能。

　　2）死点位置

　　对于图 8-14 所示的曲柄摇杆机构，如以摇杆 3 为原动件，而曲柄 1 为从动件，则当摇杆摆到极限位置 C_1D 或 C_2D 时，曲柄 1 与连杆 2 共线，传动角 $\gamma = 0°$。若不计各杆的质量，则这时连杆加给曲柄的力将通过铰链中心 A，此力对 A 点不产生力矩，不论该力有多大，也不

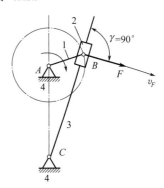

图 8-17　摆动导杆机构的传动角（AR）

能使曲柄转动，这个位置称为机构的死点位置。

四杆机构是否存在死点，取决于从动件是否与连杆共线。如图 8-16 所示的曲柄滑块机构和图 8-17 所示的导杆机构，当分别以滑块和导杆为原动件时，也存在死点位置。

死点位置会使机构的从动件出现卡死或运动不确定现象。为使机构能顺利通过死点而正常运转，必须采取相应的措施：可以对从动曲柄施加外力，或在从动曲柄轴上安装飞轮，利用飞轮的惯性使机构顺利通过死点，例如缝纫机的踏板机构就是借助上下两个带轮转动的惯性，使曲柄冲过死点位置；也可采用多组机构错位排列的办法，避开死点。

工程上有时还利用死点性质来实现特定的工作要求。如图 8-18 所示的飞机起落架机构，飞机着陆时，杆 AB 和杆 BC 成一条直线，此时不管杆 CD 受多大的力，经杆 BC 传给杆 AB 的力通过其回转中心 A，则杆 AB 不会转动，机构处于死点位置。故飞机可安全着陆。如图 8-19 所示的工件夹紧机构，当工件 5 被夹紧后，铰链中心 B、C、D 共线，机构处于死点位置。这样，即使工件加在杆 1 上的反作用力很大，也不能使杆 3 转动，这就保证在去掉外力 P 之后，仍能可靠地夹紧工件。当需要取出工件时，只需向上扳动手柄，即能松开夹具。

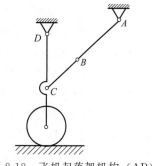

图 8-18　飞机起落架机构（AR）

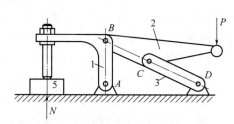

图 8-19　工件夹紧机构（AR）

8.3　平面四杆机构的设计

生产实践中对平面连杆机构所提出的运动要求可分为实现从动件预期的运动规律和轨迹两类问题。因此，设计连杆机构时，首先要根据工作的需要选择合适的机构类型，再按照所给定的运动要求和其他附加要求（如传动角的限制等），确定机构运动简图的尺寸参数（如曲柄、连杆长度及导路偏距 e 等）。

连杆机构运动设计的方法有解析法、作图法和实验法。作图法直观，解析法精确，实验法常需试凑，本节将通过举例阐述作图法。

8.3.1　按照给定的行程速比系数 K 设计四杆机构

在设计具有急回特性的四杆机构时，通常按实际需要先给定行程速比系数 K 的数值，然后根据机构在极限位置的几何关系，结合有关辅助条件确定机构运动简图的尺寸参数。

1）曲柄摇杆机构

已知条件：摇杆长度 l_3、摆角 ψ 和行程速比系数 K。

设计的实质是确定铰链中心点 A 的位置，定出其他三杆的尺寸 l_1、l_2 和 l_4。其设计步骤如下。

① 由给定的行程速比系数 K，按式（8-2）求出极位夹角 θ。

$$\theta = 180° \frac{K-1}{K+1}$$

② 如图 8-20 所示，任选固定铰链中心 D 的位置，由摇杆长度 l_3 和摆角 ψ，作出摇杆两个极限位置 C_1D 和 C_2D。

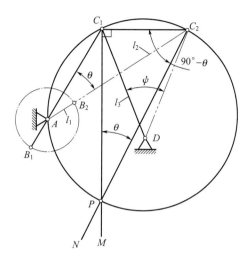

图 8-20　按 K 值设计曲柄摇杆机构

③ 连接 C_1 和 C_2，并作 C_1M 垂直于 C_1C_2。

④ 作 $\angle C_1C_2N = 90° - \theta$，$C_2N$ 与 C_1M 相交于 P 点。由图 8-20 可见，$\angle C_1PC_2 = \theta$。

⑤ 作 $\triangle PC_1C_2$ 的外接圆，在圆上任取一点 A 作为曲柄的固定铰链中心。连接 AC_1 和 AC_2，因同一圆弧的圆周角相等，故 $\angle C_1AC_2 = \angle C_1PC_2 = \theta$。

⑥ 因极限位置处曲柄与连杆共线，故 $AC_1 = l_2 - l_1$，$AC_2 = l_2 + l_1$，从而得曲柄长度 $l_1 = \frac{1}{2}(AC_2 - AC_1)$。再以 A 为圆心和 l_1 为半径作圆，交 C_1A 的延长线于 B_1，交 C_2A 于 B_2，即得 $B_1C_1 = B_2C_2 = l_2$ 及 $AD = l_4$。

由于 A 点是 $\triangle PC_1C_2$ 外接圆上任选的点，所以若仅按行程速比系数 K 设计，可得无穷多解。A 点位置不同，机构传动角的大小也不同。如要获得良好的传动质量，可按照最小传动角最优或其他辅助条件来确定 A 点的位置。

2）导杆机构

已知条件：机架长度 l_{AD}、行程速比系数 K。设计摆动导杆机构。

由图 8-21 可知，导杆机构的极位夹角 θ 等于导杆的摆角 ψ，所需确定的尺寸是曲柄长度 l_{AB}。设计步骤如下。

① 由已知的行程速比系数 K，按式（8-2）求出极位夹角 θ（即摆角 ψ）。

$$\psi = \theta = 180° \frac{K-1}{K+1}$$

② 任选固定铰链中心 D，以夹角 ψ 作出导杆两极限位置 DB_1 和 DB_2。

③ 作摆角 ψ 的平分线 AD，并在线上取 l_{AD}，得固定铰链

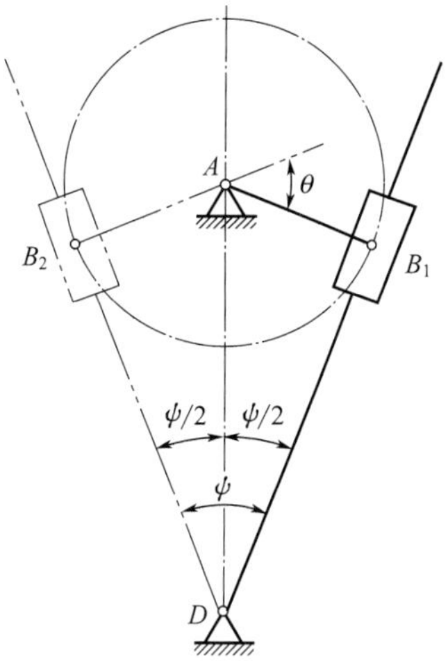

图 8-21　按 K 值设计导杆机构

中心 A 的位置。

④ 过 A 点作导杆极限位置的垂线 AB_1（或 AB_2），即得曲柄长度 l_{AB}。

8.3.2 按照给定的连杆位置设计四杆机构

图 8-22 为一加热炉炉门启闭机构。已知连杆的两个位置（如炉门关闭位置和开启位置应互相垂直，即 $B_1C_1 \perp B_2C_2$），并已知连杆长度为 l_{BC}，试设计该四杆机构，

如图 8-22 所示，因连杆 BC 的长度及位置均已知，即回转副 B、C 已知，只要找出摇杆的回转中心 A 和 D，摇杆长度也就确定了。下面先分析连杆 BC 与回转中心 A 和 D 的关系：连杆自 B_1C_1 运动至 B_2C_2 位置时，其 B 点沿着以 A 为中心的圆弧运动，所以铰链 A 应在 B_1B_2 的垂直平分线 MM 上。同理，C 点的回转中心 D 也应在 C_1C_2 的垂直平分线 NN 上。

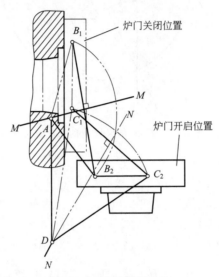

图 8-22　炉门启闭机构

现按下述方法进行作图：首先作出连杆的两个位置 B_1C_1 和 B_2C_2，且 $B_1C_1 = B_2C_2$，然后分别作 B_1B_2 和 C_1C_2 的垂直平分线 MM 和 NN。在 MM 和 NN 线上分别任取一点 A 和 D，即可得到满足已知条件的平面铰链四杆机构 $ABCD$。显然，这个问题具有无限多个答案。设计时往往要引入其他的辅助条件，如可以选择炉体上的 A、D 两回转副在一垂直线上，即得到图 8-22 所示的平面铰链四杆机构 AB_2C_2D。

若给定连杆三个位置，要求设计四杆机构，其设计过程与上述方法基本相同。如图 8-23

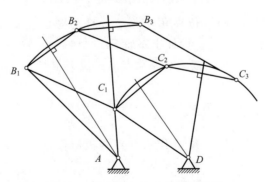

图 8-23　给定连杆三个位置的设计

所示，由于 B_1、B_2、B_3 三点位于以 A 为圆心的同一圆弧上，故运用已知三点求圆心的方法，作 B_1B_2 和 B_2B_3 的垂直平分线，其交点就是固定铰链中心 A。用同样方法，作 C_1C_2 和 C_2C_3 的垂直平分线，其交点就是另一固定铰链中心 D。AB_1C_1D 即为所求四杆机构。

技能训练

完成技能训练活页单中的"技能训练单 8"。

习　题

8-1　试根据图 8-24 中注明的尺寸，判断下列铰链四杆机构是曲柄摇杆机构、双曲柄机构，还是双摇杆机构。

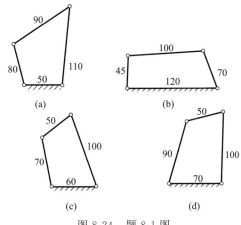

图 8-24　题 8-1 图

8-2　已知某曲柄摇杆机构的曲柄匀速转动，极位夹角 θ 为 $30°$，摇杆工作行程需 7s。试问：（1）摇杆空回行程需几秒？（2）曲柄每分钟转数是多少？

8-3　已知一偏置曲柄滑块机构，已知曲柄 $AB=30\text{mm}$，连杆 $BC=120\text{mm}$，偏心距 $e=15\text{mm}$，用图解法求：（1）滑块的两个极限位置 C_1、C_2；（2）滑块的行程 S；（3）行程速比系数 K。

8-4　设计一脚踏轧棉机的曲柄摇杆机构（图 8-25），要求踏板 CD 在水平位置上下各摆

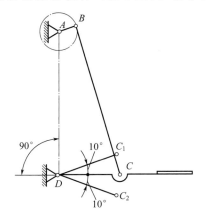

图 8-25　题 8-4 图

$10°$，且 $l_{CD}=500\text{mm}$，$l_{AD}=1000\text{mm}$，试用图解法求曲柄 AB 和连杆 BC 的长度。

8-5　设计一个曲柄滑块机构（图 8-26），已知滑块的行程 $S=50\text{mm}$，偏距 $e=16\text{mm}$，行程速比系数 $K=1.2$，求曲柄和连杆的长度。

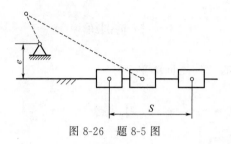

图 8-26　题 8-5 图

8-6　设计一导杆机构。已知机架长度 $l_4=100\text{mm}$，行程速比系数 $K=1.4$，求曲柄长度。

8-7　设计一曲柄摇杆机构。已知摇杆长度 $l_3=80\text{mm}$，摆角 $\psi=40°$，摇杆的行程速比系数 $K=1.4$，且要求摇杆 CD 的一个极限位置与机架间的夹角 $\angle CDA=90°$，试用图解法确定其余三杆的长度。

8-8　设计一铰链四杆机构作为加热炉炉门的启闭机构。已知炉门上两活动铰链的中心距为 50mm，炉门打开后成水平位置时，要求炉门温度较低的一面朝上（如图 8-27 双点画线所示），设固定铰链安装在 $y\text{-}y$ 轴线上，其相关尺寸如图所示，求此铰链四杆机构其余三杆的长度。

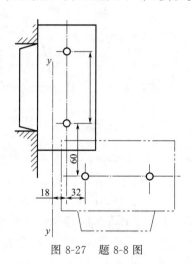

图 8-27　题 8-8 图

✎ 学习笔记 ···

···

···

···

···

第9章 凸轮机构

【内容概述】▶▶▶

凸轮机构用于自动控制系统与自动、半自动的生产线中，其从动件可实现特殊的或较复杂的运动，在电子、机械、自控、计算机等行业中得到广泛的应用。本章在介绍凸轮机构的组成、分类的基础上，主要讨论从动件常用运动规律下盘形凸轮轮廓的设计方法。

【思政与职业素养目标】▶▶▶

通过参观汽车发动机，分析其中凸轮机构的工作原理，在凸轮轮廓的设计过程中，培养精益求精的大国工匠精神。

9.1 从动件常用运动规律下的位移曲线的绘制

9.1.1 凸轮机构的应用、组成和特点

凸轮机构是由凸轮、从动件和机架组成的高副机构，结构简单，只要设计出适当的凸轮轮廓曲线，就可以使从动件实现预期的运动规律。

图 9-1 所示为内燃机配气凸轮机构。凸轮 1 以等角速度回转，它的轮廓驱使从动件 2（阀杆）按预期的运动规律启闭阀门。

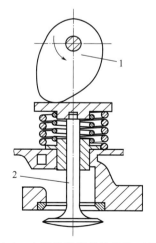

图 9-1 内燃机配气凸轮机构（AR）

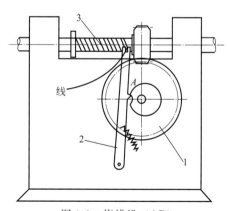

图 9-2 绕线机（AR）

图 9-2 所示为绕线机中用于排线的凸轮机构，当绕线轴 3 快速转动时，经齿轮带动凸轮 1

缓慢地转动，通过凸轮轮廓与尖顶 A 之间的作用，驱使从动件 2 往复摆动，因而使线均匀地缠绕在轴上。

图 9-3 为自动送料机构。当带有凹槽的凸轮 1 转动时，通过槽中的滚子，驱使从动件 2 做往复移动。凸轮每回转一周，从动件就从储料器中推出一个毛坯，送到加工位置。

图 9-4 为应用于冲床上的凸轮机构示意图。凸轮 1 固定在冲头上，当冲头做上下往复运动时，凸轮驱使从动件 2 以一定的规律水平往复运动，从而带动机械手装卸工件。

凸轮机构的优点是只需设计适当的凸轮轮廓，便可使从动件得到所需的运动规律，结构简单、紧凑，设计方便。它的缺点是凸轮轮廓与从动件之间为点接触或线接触，易于磨损，所以通常多用于传力不大而需要实现特殊运动规律的场合。

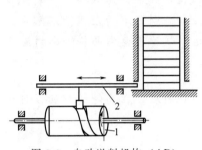

图 9-3　自动送料机构（AR）

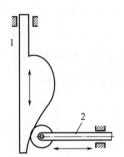

图 9-4　冲床装卸料凸轮机构（AR）

9.1.2　凸轮机构的分类

根据凸轮和从动件的不同形状和形式，凸轮机构可按如下方法分类。

1）按凸轮的形状分

（1）盘形凸轮。它是凸轮的最基本形式。这种凸轮是一个绕固定轴转动并且具有变化半径的盘形零件，如图 9-1、图 9-2 所示。

（2）移动凸轮。当盘形凸轮的回转中心趋于无穷远时，凸轮相对于机架做直线运动，这种凸轮称为移动凸轮，如图 9-4 所示。

（3）圆柱凸轮。将移动凸轮卷成圆柱体即成为圆柱凸轮，如图 9-3 所示。

2）按从动件的形式分

（1）尖顶从动件。如图 9-2 所示，尖顶能与复杂的凸轮轮廓保持接触．因而能实现任意预期的运动规律，但磨损快、效率低，只适用于受力不大的低速凸轮机构。

（2）滚子从动件。如图 9-3、图 9-4 所示，在从动件的前端安装一个滚子，即成为滚子从动件。滚子和凸轮轮廓之间为滚动摩擦，耐磨损，可以承受较大载荷，是最常用的一种形式。

（3）平底从动件。如图 9-1 所示，从动件与凸轮轮廓表面接触的端面为一平面。显然，它不能与凹陷的凸轮轮廓相接触。这种从动件的优点是：当不考虑摩擦时，凸轮与从动件之间的作用力始终与从动件的平底相垂直，传动效率较高，且接触面易于形成油膜，利于润滑，常用于高速凸轮机构。

以上三种从动件都可以相对机架做往复直线移动或做往复摆动。为了使凸轮与从动件始终保持接触，可利用重力、弹簧力（如图 9-1、图 9-2 所示）或凸轮上的凹槽（如图 9-3 所示）来实现。

9.1.3　凸轮与从动件的运动关系

设计凸轮机构时，首先应根据工作要求确定从动件的运动规律，然后按照这一运动规律确定凸轮轮廓线。如图 9-5（a）所示，以凸轮轮廓的最小向径 $r_{\min}$ 为半径所绘的圆称为基圆，基圆与凸轮轮廓线有两个连接点 A 和 D。A 点为从动件处于上升的起始位置，当凸轮以 ω_1 等角速绕 O 点顺时针回转时，从动件从 A 点开始被凸轮轮廓以一定的运动规律推动，由 A 到达距 O 点最远位置 B，从动件由 A 到 B' 的过程称为推程。从动件在推程中所走过的径向距离 h 称为升程，而与推程对应的凸轮转角 δ_t 称为推程运动角。

当凸轮继续以 O 点为中心转过圆弧 BC 时，从动件因与 O 点的距离保持不变而在最远位置停留不动，圆弧 BC 对应的圆心角 δ_s 称为远休止角。凸轮继续回转，曲线 CD 使从动件在弹簧力或重力作用下，以一定的运动规律回到距 O 点最近位置 D，此过程称为回程。曲线 CD 对应的转角 δ_h 称为回程运动角。在凸轮基圆段 DA，从动件保持最近位置不动，基圆段 DA 对应的转角 δ_s' 称为近休止角。当凸轮连续回转时，从动件重复上述运动。如果以直角坐标系的纵坐标代表从动件位移 s_2，横坐标代表凸轮转角 δ_1（通常当凸轮等角速转动时，横坐标也代表时间 t），则可以画出从动件位移 s_2 与凸轮转角 δ_1 之间的关系曲线，如图 9-5（b）所示，它简称为从动件位移线图。

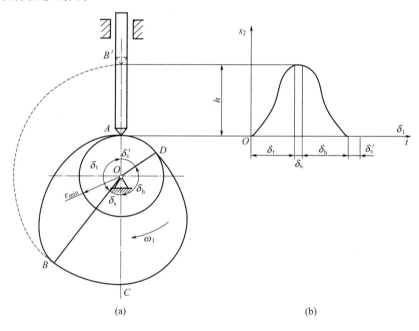

(a)　　　　　　　　　　　　　　(b)

图 9-5　从动件位移线图（AR）

由以上分析可知，从动件的位移线图取决于凸轮轮廓曲线的形状。也就是说，从动件的不同运动规律要求凸轮具有不同的轮廓曲线。

9.1.4　从动件的常用运动规律及 s-δ 曲线绘制

1）等速运动规律

凸轮匀速转动时，在推程或回程段从动件以等速运动规律运动，下面每种运动规律均以推程段为例绘制从动件运动规律曲线。

由图 9-6 可见，从动件运动开始时速度由零突变为 v_0，故 $a_2 = +\infty$；运动终止时，速度由 v_0 突变为零，$a_2 = -\infty$（由于材料有弹性变形，实际上不可能达到无穷大），其惯性力将引起刚性冲击。因此，这种运动规律不宜单独使用，在运动开始和终止段应当用其他运动规律过渡。

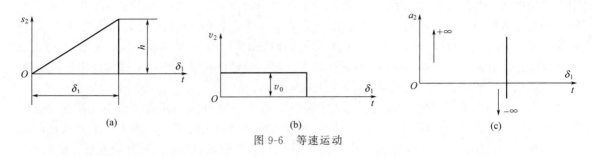

图 9-6 等速运动

2）等加速等减速运动规律

这种运动规律通常指从动件推程的前半行程做等加速运动，后半行程做等减速运动。

由于从动件的位移 s_2 与凸轮转角 δ_1 的平方成正比，所以其位移曲线为一抛物线，如图 9-7（a）所示。速度及加速度如图 9-7（b）、（c）所示，等加速段抛物线可按如下步骤用作图法求得：

① 在横坐标轴上将长度为 $\delta_t/2$ 的线段分成若干等份，如 3 等份，得 1、2、3 三点；

② 过这些点作横轴的垂直线，并从点 3 截取 $h/2$ 高得点 3'；

③ 过 3'点作水平线交纵坐标轴于点 3"；

④ 过 O 点任作一斜线 OO'，任意以适当间距截取 9 个等分点，并使点 9 与 3"点连接，过点 1、4 作直线 93"的平行线交纵轴于点 1"和 2"；

⑤ 过 1"和 2"分别作水平线交过 1、2 点的横轴垂线于 1'、2'点；

⑥ 将 1'、2'、3'点连成光滑曲线便得到前半段等加速运动的位移曲线，用同样方法可求得等减速段的位移曲线。

这种运动规律在 O、m、e 各点加速度出现有限值的突然变化，因而产生有限惯性力的突变，结果将引起所谓柔性冲击。所以等加速运动规律只适用于中速凸轮机构。

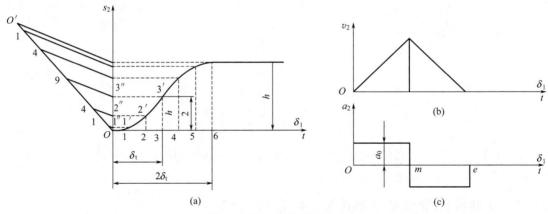

图 9-7 等加速等减速运动

3）简谐运动规律

简谐运动规律位移线图可按如下步骤用作图法求得：

① 把从动件的行程 h 作为直径画半圆，将此半圆分成若干等份，如 6 等分得 1"、2"、3"、4"、5"、6"六点；

② 把凸轮运动角 δ_t 也分成相应等份，得 1～6 六点；

③ 分别过 1″～6″ 和 1～6 各点作水平线和铅垂线得交点 1′、2′、3′、4′、5′、6′；

④ 用光滑曲线连接 1′～6′ 各点，即得从动件的位移线图，如图 9-8(a) 所示。速度及加速度曲线如图 9-8(b)、(c) 所示。由加速度线图可见，一般情况下，这种运动规律的从动件在行程的始点和终点有柔性冲击，只有当加速度曲线保持连续时［如图 9-8(c) 虚线所示］，这种运动规律才能避免冲击。除上述几种运动规律之外，为了使加速度曲线保持连续而避免冲击，工程上还应用正弦加速度、高次多项式等运动规律，或者将几种曲线组合起来加以应用。

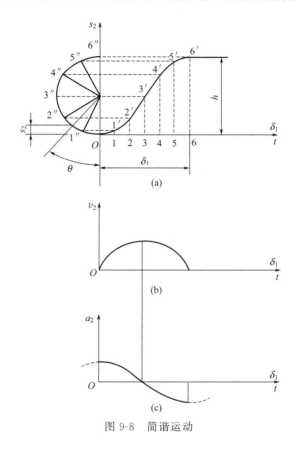

图 9-8　简谐运动

9.2　利用反转法原理用图解法设计凸轮轮廓

从动件的运动规律和凸轮基圆半径确定后，即可进行凸轮轮廓设计。其设计方法有图解法和解析法两种。图解法简便易行，而且直观，但作图误差大、精度较低，适用于低速或对从动件运动规律要求不高的一般精度凸轮设计。对于精度要求高的高速凸轮、靠模凸轮等，必须用解析法列出凸轮轮廓曲线的方程式，借助于计算机辅助设计，精确地设计凸轮轮廓。用图解法设计凸轮轮廓时，首先需要作出从动件运动规律的位移线图，并按照结构所允许的空间和具体要求，初步确定凸轮的基圆半径 $r_{\min}$，然后绘制凸轮的轮廓。

凸轮机构工作时凸轮是运动的，而绘制凸轮轮廓时，却需要凸轮与图纸相对静止，为此，在设计中采用"反转法"。根据相对运动原理，如果给予整个机构加上绕凸轮轴心 O 的公共角速度 $-\omega_1$，机构各构件间的相对运动不变。这样一来，凸轮不动，而从动件一方面随机架和

导路以角速度 $-\omega_1$ 绕 O 点转动，另一方面又在导路中移动。由于尖顶始终与凸轮轮廓相接触，所以反转后尖顶的运动轨迹就是凸轮轮廓。

下面介绍几种盘形凸轮轮廓的绘制方法。

9.2.1 对心尖顶直动从动件盘形凸轮

图 9-9(a) 所示为从动件导路通过凸轮回转中心的对心尖顶直动从动件盘形凸轮机构。已知从动件的位移线图 [图 9-9(b)]，凸轮的基圆半径 $r_{\min}$，凸轮以等角速度 ω_1 顺时针回转，要求绘出此凸轮的轮廓。

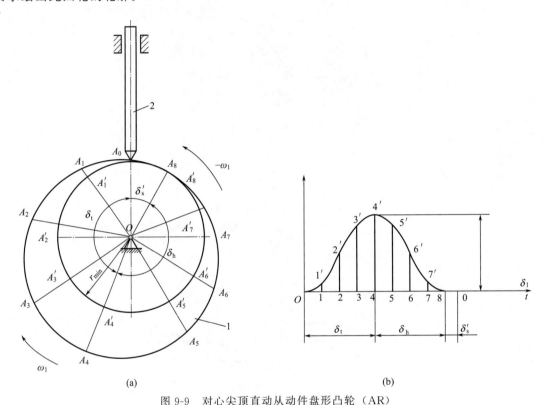

(a)　　　　　　　　　　　　(b)

图 9-9　对心尖顶直动从动件盘形凸轮（AR）

据此，凸轮轮廓可按如下步骤作图求得。

① 以 O 点为圆心、$r_{\min}$ 为半径作基圆。基圆与导路的交点 A_0 便是从动件尖顶的起始位置。

② 自 OA_0 开始沿 ω_1 的相反方向取角度 δ_t、δ_h、δ_s'，并将 δ_t 和 δ_h 各分成若干等份，如 4 等份，得 $A_1' \sim A_8'$ 点。

③ 以 O 为始点分别过 $A_1' \sim A_8'$ 各点作射线，这些射线便是反转后从动件导路的各个位置。

④ 在位移线图上量取各个位移量，并在相应的射线上截取 $A_1A_1' = 11'$、$A_2A_2' = 22'$、…、$A_7A_7' = 77'$，得反转后尖顶的一系列位置 A_1、A_2、…、A_8。

⑤ 将 A_0、A_1、A_2、…、A_8 各点连成光滑的曲线，便得到所要求的凸轮轮廓。

9.2.2 对心滚子直动从动件盘形凸轮

把尖顶从动件改为滚子从动件时，其凸轮轮廓设计方法如图 9-10 所示。首先，把滚子中心看作尖顶从动件的尖顶，按照上面的方法求出一条轮廓曲线 β_0；然后以 β_0 上各点为中心，以滚子半径为半径，画一系列圆；最后作这些圆的包络线 β，它便是使用滚子从动件时凸轮的实际轮廓，而 β_0 称为凸轮的理论轮廓。由作图过程可知，滚子从动件凸轮基圆半径 $r_{\min}$ 应在理论轮廓上度量。

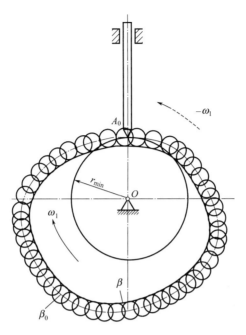

图 9-10 对心滚子直动从动件盘形凸轮

9.2.3 对心平底直动从动件盘形凸轮

平底从动件的凸轮轮廓的绘制方法与上述相似。如图 9-11 所示，将平底与导路中心线的

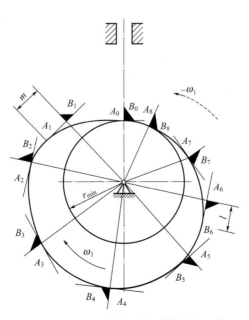

图 9-11 对心平底直动从动件盘形凸轮

交点 A_0 视为尖顶从动件的尖顶,按照尖顶从动件凸轮轮廓绘制的方法,求出理论轮廓上一系列点 A_1、A_2、A_3、…;其次,过这些点画出各个位置的平底 A_1B_1、A_2B_2、A_3B_3、…;然后作这些平底的包络线,便得到凸轮的实际轮廓曲线。图 9-11 中位置 1、6 是平底分别与凸轮轮廓相切于平底的最左位置和最右位置。为了保证平底始终与轮廓接触,平底左侧长度应大于 m,右侧长度应大于 l。

9.2.4 偏置直动从动件盘形凸轮

当凸轮机构的构造不允许从动件轴线通过凸轮轴心时,或者为了获得较小的机构尺寸,机械中有时采用偏置从动件盘形凸轮机构。

如图 9-12 所示,从动件导路的轴线与凸轮轴心 O 的距离称为偏距 e。从动件在反转运动中依次占据的位置,不再是由凸轮回转轴心 O 作出的径向线,而是始终与 O 保持一偏距 e 的直线。因此,若以凸轮回转中心 O 为圆心,以偏距 e 为半径作圆称为偏距圆,则从动件在反转运动中依次占据的位置必然都是偏距圆的切线(图 9-12 中 A_1A_1'、A_2A_2'、A_3A_3'、…),从动件的位移(A_1A_1'、A_2A_2'、A_3A_3'、…)也应沿这些切线量取,这是与对心直动从动件不同的地方。因其余的作图步骤与尖顶对心直动从动件凸轮轮廓线的做法相同,此处不再重复。若采用滚子或平底从动件,则上述连接 $A_0 \sim A_8$ 各点所得的光滑曲线为凸轮的理论轮廓,过这些点作一系列滚子圆或平底,然后作它们的包络线即可求得凸轮的实际轮廓曲线。

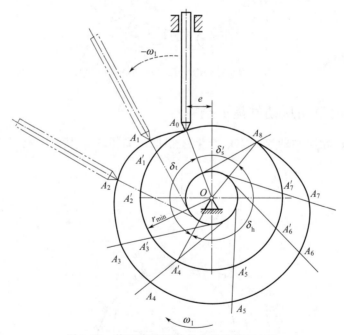

图 9-12　偏置直动从动件盘形凸轮(AR)

9.3　设计凸轮机构应注意的问题

设计凸轮机构时,不仅要保证从动件实现预期的运动规律,还应考虑凸轮机构工作时能保持良好的受力状态和结构紧凑。上节在讲述凸轮轮廓的设计时,其基圆半径和滚子半径均以已知条件给出。而在实际设计中，这些参数需要设计者综合考虑，自行选定。恰当地选定这些参数，对凸轮机构的设计是极为重要的。因此，在设计凸轮机构时应注意以下问题。

9.3.1 滚子半径的选择

从减少凸轮与滚子间的接触应力来看，滚子半径越大越好。但是，必须注意，滚子半径增大后对凸轮实际轮廓曲线有很大影响。如图 9-13 所示，设理论轮廓外凸部分的最小曲率半径为 ρ_{min}，滚子半径为 r_T，则相应位置实际轮廓的曲率半径为 $\rho' = \rho_{min} - r_T$。

当 $\rho_{min} > r_T$ 时，如图 9-13(a) 所示，$\rho' > 0$，实际轮廓为一平滑曲线。

当 $\rho_{min} = r_T$ 时，如图 9-13(b) 所示，$\rho' = 0$，在凸轮实际轮廓曲线上产生了尖点，这种尖点极易磨损，磨损后就会改变原定的运动规律。

当 $\rho_{min} < r_T$ 时，如图 9-13(c) 所示，$\rho' < 0$，实际轮廓曲线发生相交，相交部分的轮廓曲线在实际加工时将被切去，使这一部分运动规律无法实现。为了使凸轮轮廓在任何位置既不变尖更不相交，滚子半径必须小于理论轮廓外凸部分的最小曲率半径 ρ_{min}（理论轮廓内凹部分对滚子半径的选择没有影响）。通常取 $r_T \leqslant 0.8\rho_{min}$，若 ρ_{min} 过小，使滚子半径太小，导致不能满足安装和强度要求，则应把凸轮基圆半径 r_{min} 加大，重新设计凸轮轮廓曲线。

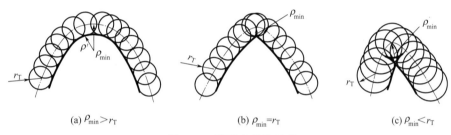

(a) $\rho_{min} > r_T$ (b) $\rho_{min} = r_T$ (c) $\rho_{min} < r_T$

图 9-13　滚子半径的选择

9.3.2 压力角及其许用值

凸轮机构也和连杆机构一样，从动件运动方向和接触轮廓法线方向（受力方向）之间所夹的锐角称为压力角。图 9-14 所示为尖顶直动从动件盘形凸轮机构。当不考虑摩擦时，凸轮给从动件的作用力 F 是沿法线 $n—n$ 方向的，从动件运动方向与力 F 方向之间所夹的锐角 α 即为压力角。F 可分解为沿从动件运动方向的分力 F' 和垂直于从动件运动方向的分力 F''，且

$$F' = F\cos\alpha$$
$$F'' = F\sin\alpha$$
$$F'' = F'\tan\alpha$$

当驱动从动件运动的有效分力 F' 一定时，压力角 α 越大，则侧向分力 F'' 越大，机构的效率越低。当 α 增大到一定程度，使 F'' 所引起的摩擦阻力大于有效分力 F' 时，无论凸轮施加给从动件的作用力多大，从动件都不能运动，这种现象称为自锁。由以上分析可以看出，为了保证凸轮机构正常工作并具有一定的传动效率，必须对压力角加以限制。凸轮轮廓曲线上各点的压力角是变化的，在设计时应使最大压力角不超过许用

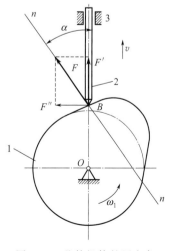

图 9-14　凸轮机构的压力角

值。通常对直动从动件凸轮机构，取许用压力角 $[\alpha]=30°$；对摆动从动件凸轮机构，建议取 $[\alpha]=45°$。常见的依靠外力使从动件与凸轮维持接触的凸轮机构，其从动件是在弹簧力或重力作用下返回的，回程不会出现自锁。因此，对于这类凸轮机构通常只需对推程压力角进行校核。

9.3.3 基圆半径的选择

设计凸轮轮廓时，首先应确定凸轮的基圆半径 r_{min}。由前述可知，基圆半径 r_{min} 的大小，不但直接影响凸轮的结构尺寸，而且还影响到从动件的运动是否"失真"和凸轮机构的传力性能。

基圆半径 r_{min} 愈小，压力角愈大，机构愈紧凑。但基圆半径过小，压力角会超过许用值，而使机构传力性能变差，效率降低，甚至发生自锁。通常在保证最大压力角不超过许用值的前提下，对受力较小而要求结构紧凑的凸轮取较小的基圆半径，对于受力较大而对结构尺寸又没有严格限制的凸轮选较大的基圆半径。

实际设计凸轮时，基圆半径可按下面经验公式选定：

$$r_{min}=(0.8\sim1)d_s$$

式中，d_s 为凸轮轴直径。

9.3.4 凸轮常用材料和结构

1）凸轮机构常用材料及热处理

低速、轻载盘形凸轮机构：凸轮可选 HT250、HT300、QT800-2、QT900-2 等，轮廓表面可进行淬火处理。从动件用中碳钢，高副端表面淬火至 $40\sim50$HRC，也可采用尼龙。

中速、中载凸轮机构：凸轮常用 45、40Cr、20Cr、20CrMn 等，从动件可用 20Cr 等低碳合金钢，经表面淬火，低碳钢应渗碳淬火，渗碳层深 $0.8\sim1.5$mm，硬度达 $56\sim62$HRC。

高速、中载凸轮机构：凸轮用 40Cr 等中碳合金钢，表面高频淬火至 $56\sim60$HRC，从动件可用 T8、T10 等碳素工具钢进行表面淬火处理。

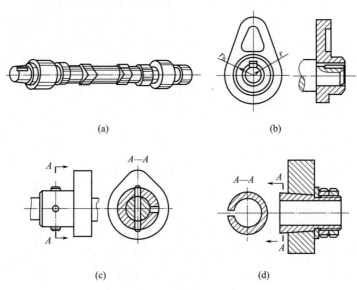

(a) (b)

(c) (d)

图 9-15 凸轮结构

2）凸轮机构的结构

凸轮尺寸较小，且与轴的尺寸相近时，凸轮与轴做成一体，如图9-15(a) 的凸轮轴；凸轮尺寸较大时，凸轮与轴装配在一起使用，可以如图 9-15(b)、（c)、（d）分别采用平键连接、销连接及圆锥套和双螺母固定。

技能训练

完成技能训练活页单中的"技能训练单9"。

习　题

9-1　凸轮机构的压力角对机构的受力和尺寸有何影响？

9-2　凸轮机构中从动件常用的运动规律有哪些？各有什么特点？

9-3　图 9-16 所示为一对心直动尖顶从动件盘形凸轮机构。已知从动件尖顶与凸轮在 A_0 点接触时为初始位置。试用作图法在图上标出：（1）当凸轮转过 90° 时，从动件走过的位移，当凸轮转过 120° 时，从动件走过的位移；（2）从动件尖顶与凸轮在 B 点接触时，凸轮转过的相应角度 ψ。

9-4　对心滚子直动从动件盘形凸轮机构中，已知凸轮以等角速度 ω_1 顺时针转动，从动件的运动规律：当凸轮转过 120° 时，从动件以等速运动规律上升 20mm；当凸轮继续回转 60° 时，从动件在最高位置停止不动；当凸轮再转 90° 时，从动件以等加速等减速运动规律下降到初始位置；当凸轮再转其余 90° 时，从动件又停止不动。取凸轮基圆半径 $r_{min}=50$mm，滚子半径 $r_T=10$mm，试用图解法绘出此凸轮的轮廓。

9-5　设计一偏置滚子直动从动件盘形凸轮。已知凸轮以等角速度顺时针回转，偏距 $e=10$mm，基圆半径 $r_{min}=40$mm，滚子半径 $r_T=10$mm，从动件的升程 $h=30$mm，$\delta_t=150°$，$\delta_s=30°$，

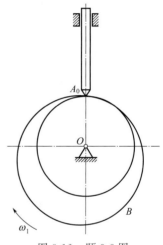

图 9-16　题 9-3 图

$\delta_h=120°$，$\delta_s'=60°$，从动件在推程做简谐运动，在回程做等加速等减速运动。(1) 试用作图法绘出其运动线图 s-t，并指出哪些位置有柔性冲击。(2) 试用图解法绘出此凸轮的轮廓。

学习笔记 ··

第10章
间歇运动机构

【内容概述】▶▶▶

间歇运动机构是主动件在做连续运动时，从动件周期性地时动时停的运动机构。间歇运动机构在自动生产线的转位机构、步进机构、计数装置和许多复杂的轻工机械中有着广泛应用。本章主要介绍几种常见间歇运动机构的原理及应用。

【思政与职业素养目标】▶▶▶

间歇运动机构广泛应用于机械设计中，我们的工作和日常生活中也需要这样的"间歇"。休息也是为了更好地工作，在紧张的学习和工作中，要学生爱生活、爱自己、爱他人，形成开朗乐观的人生态度。

10.1 棘轮机构的组成、原理及应用

10.1.1 棘轮机构的组成和工作原理

典型的棘轮机构由棘爪1、棘轮2、摇杆3、机架4等组成，如图10-1所示。摇杆及铰接于其上的棘爪为主动件，棘轮为从动件。

图10-2所示为外啮合曲柄摇杆式棘轮机构。当主动曲柄连续转动时，摇杆3往复摆动。当摇杆逆时针摆动时，棘爪2嵌入棘轮1的齿槽内，推动棘轮沿逆时针方向转过一个角度；当摇杆顺时针摆动时，棘爪2在棘轮齿背上滑过，棘轮静止不动。在机架上安装止回棘爪4可防止棘轮逆转。工作棘爪和止回棘爪均利用弹簧5使其与棘轮保持可靠接触。这样，当曲柄连续回转时，棘轮做单向的间歇运动。

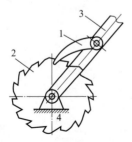

图10-1 棘轮机构的组成

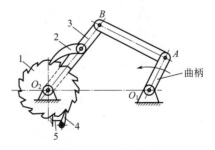

图10-2 外啮合曲柄摇杆式棘轮机构（AR）

如果要求摇杆往复运动时都能使棘轮向同一方向转动，则可采用图 10-3 所示的双动式棘轮机构。驱动棘爪可制成钩头或直头，分别如图 10-3(a)、(b) 所示。

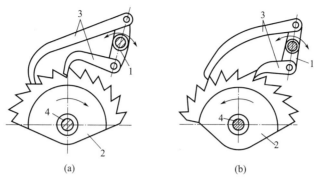

(a)   (b)

图 10-3   双动式棘轮机构（AR）

如果要求棘轮做双向间歇运动，可采用具有矩形齿的棘轮以及与之相适应的双向棘爪。如图 10-4 所示为矩形齿双向棘轮机构，图 10-4(a) 的驱动棘爪在实线位置时，棘轮做逆时针间歇转动；将驱动棘爪绕 A 点翻转成双点画线位置时，棘轮做顺时针间歇转动。图 10-4(b) 所示为回转棘爪双向棘轮机构，当棘爪 1 按图示位置放置时，棘轮 2 做逆时针间歇转动。若将棘爪提起，并绕本身轴线转动 180° 后再插入棘轮齿槽时，棘轮做顺时针方向间歇转动。若将棘爪提起绕本身轴线转动 90°，棘爪将被架在壳体的平台上，使轮与爪脱开，当棘爪往复摆动时，棘轮静止不动。

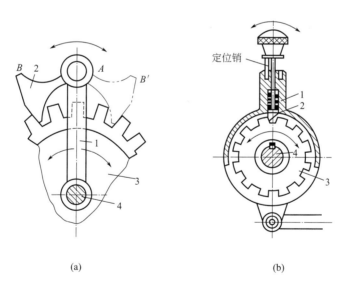

(a)   (b)

图 10-4   矩形齿双向棘轮机构（AR）

除外啮合棘轮机构外，还有内啮合棘轮机构（见图 10-5）和棘条机构（见图 10-6）等。

10.1.2   棘轮机构的特点及应用

棘轮机构结构简单，但不能传递大的动力，而且传动平稳性较差，不适宜于高速传动。一般用作机床及自动机械的进给机构、送料机构、刀架的转位机构、精纺机的成形机构、牛头刨床的送进机构等，也广泛用于卷扬机、提升机及牵引设备中，用它作为防止机械逆转的止动器。

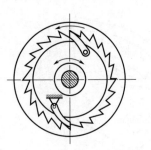

图 10-5　自行车后轮轴的内啮合棘轮机构（AR）

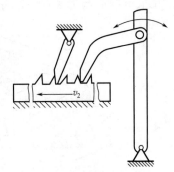

图 10-6　棘条机构（AR）

10.2　槽轮机构的组成、原理及应用

10.2.1　槽轮机构的组成和工作原理

槽轮机构又称马氏机构。如图 10-7 所示，它由具有径向圆销的主动拨盘 1、具有径向槽的槽轮 2 和机架组成。

当构件 1 做均匀连续转动时，槽轮时而转动，时而静止。在构件 1 的圆销 A 尚未进入槽轮的径向槽时，槽轮的内凹锁住弧 β 被构件 1 的外凸弧 α 卡住，因而槽轮静止不动。图 10-7

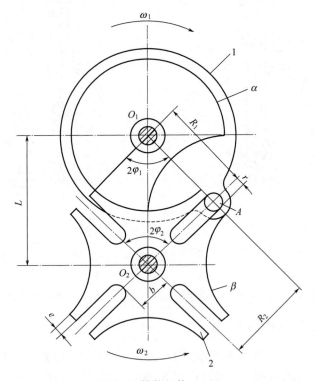

图 10-7　槽轮机构（AR）

所示为构件 1 的圆销开始进入槽轮径向槽的位置，这时锁住弧被松开，因此圆销便驱使槽轮转动。当圆销开始脱出径向槽时，槽轮的另一内凹锁住弧又被构件 1 的外凸圆弧卡住，致使槽轮静止不动，直到圆销再进入另一径向槽时，两者又重复上述的运动循环。图 10-7 所示的具有四个槽的槽轮机构，当原动件回转一周时，从动件只转 1/4 周。同理，具有 n 个槽的槽轮机构，当原动件回转一周时，槽轮转过 $1/n$ 周。如此重复循环，使槽轮实现单向间歇转动。

10.2.2 槽轮机构的特点及应用

槽轮机构的特点是：结构简单，工作可靠，机械效率高，在进入和脱离接触时运动较平稳，能准确控制转动的角度。但槽轮的转角不可调节，故只能用于定转角的间歇运动机构中，如自动机床、电影机械、包装机械等。

图 10-8 所示为六角车床的刀架转位机构。刀架上装有六种刀具，与刀架固连的槽轮 2 上开有六个径向槽，拨盘 1 上装有一圆销 A，每当拨盘转动一周，圆销 A 就进入槽轮一次，驱使槽轮转过 60°，刀架也随之转动 60°，从而将下一工序的刀具换到工作位置上。

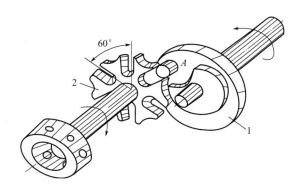

图 10-8　刀架转位机构（AR）

10.2.3 槽轮机构的主要参数

1）槽轮的槽数 z

如图 10-7 所示，为使槽轮开始和终止转动的瞬时角速度为零，以避免圆柱销与槽轮发生冲击，圆销进入径向槽或退出径向槽时，径向槽的中心线应切于圆销中心的轨迹。设径向槽的数目为 z，当槽轮 2 转过 $2\varphi_2$ 时，构件 1 的转角 $2\varphi_1$ 为

$$2\varphi_1 = \pi - 2\varphi_2 = \pi - \frac{2\pi}{z}$$

2）运动特性系数 τ 和圆柱销数 k

在一个运动循环内，槽轮运动的时间 t_m 与主动拨盘运动的时间 t 之比称为运动特性系数，以 τ 表示。当构件 1 等速回转时，τ 可用构件的转角之比来表示，即 $\tau = \dfrac{t_m}{t} = \dfrac{2\varphi_1}{2\pi}$，因此 $\tau = \dfrac{\pi - 2\varphi_2}{2\pi} = \dfrac{z-2}{2z}$。因为运动特性系数 τ 必须大于零，所以由上式可知，径向槽的数目应等于或大于 3。对于图 10-8 所示的槽轮机构，槽轮的运动特性系数 τ 总小于 $\dfrac{1}{2}$，也就是说，

槽轮的运动时间总小于静止时间。如需得到 $\tau > \dfrac{1}{2}$ 的槽轮机构，则须在构件 1 上安装多个圆销。设 k 为均匀分布的圆销数，则一个循环中槽轮的运动时间比只有一个圆销时增加 k 倍，故有

$$\tau = \frac{k(z-2)}{2z} < 1$$

$\tau = 1$ 表示槽轮做连续转动，故 τ 应小于 1，即有 $k < \dfrac{2z}{z-2}$。由上式可知：当 $z = 3$ 时，k 可取 1～5；当 $z = 4$ 或 5 时，k 可取 1～3；当 $z \geqslant 4$，则 k 可取 1～2。

由于 $z = 3$ 时，工作过程中槽轮的角速度变化大，而 $z \geqslant 9$ 时，槽轮的尺寸将变得较大，转动时的惯性力矩也较大，但对 τ 的变化却不大，因此槽轮的槽数 z 常取为 4～8。

10.3 不完全齿轮机构的组成、原理及应用

10.3.1 不完全齿轮机构的组成和工作原理

不完全齿轮机构是由渐开线齿轮机构演变而成的一种间歇运动机构，所以主要组成部件是齿轮和支承齿轮的轴等。

在主动齿轮上只做出一个或几个齿，根据运动时间和停歇时间的要求，在从动轮上作出与主动轮相啮合的轮齿。其余部分为锁止圆弧。当两轮齿进入啮合时，与齿轮传动一样，无齿部分由锁止圆弧定位，使从动轮静止。

如图 10-9 所示，在一对齿轮传动中的主动齿轮 1 上只保留 1 个或几个轮齿，根据其运动与停歇时间的要求，在从动齿轮 2 上制出与主动齿轮相啮合的轮齿。这样，当主动齿轮匀速转动时，从动齿轮就只做间歇转动。图 10-9(a) 中主动齿轮转 1 周，从动齿轮转 1/8 周；图 10-9(b) 中主动齿轮转 1 周，从动齿轮转 1/4 周。为防止从动齿轮反过来带动主动齿轮转动，与槽轮机构一样，应设锁止圆弧。

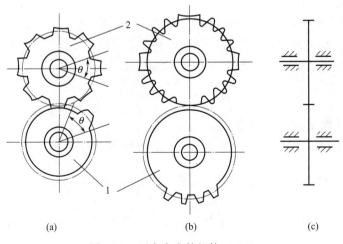

| (a) | (b) | (c) |

图 10-9　不完全齿轮机构（AR）

10.3.2 不完全齿轮机构的特点及应用

与其他间歇运动机构相比，不完全齿轮机构结构简单、制造容易、工作可靠，从动轮运动时间和静止时间可在较大范围内变化。缺点是工艺复杂，从动轮运动的开始和结束的瞬时，会造成较大冲击，故多用于低速、轻载场合。如在多工位自动、半自动机械中用于工作台的间歇转位机构，以及某些间歇进给机构、记数机构等。

┤ 技能训练 ├

完成技能训练活页单中的"技能训练单 10"。

┤ 习　题 ├

10-1　棘轮机构、槽轮机构的工作原理及运动特点是什么？

10-2　何谓槽轮机构的运动特性系数 τ？槽轮的槽数常取多少？

10-3　已知槽轮的槽数 $z=6$，拨盘的圆销数 $k=1$，转速 $n_1=60 \text{r/min}$，求槽轮的运动时间 t_m 和静止时间 t_s。

✎ 学习笔记 ···

....

....

....

....

....

第11章 带传动

【内容概述】▶▶▶

带传动是一种常用的机械传动形式，它的主要作用是传递转矩和转速。大部分带传动是依靠挠性传动带与带轮间的摩擦力来传递运动和动力的。本章介绍带传动的类型、应用、受力及应力分析，重点讨论普通 V 带的传动设计。

【思政与职业素养目标】▶▶▶

带传动是依靠传动带与传动轮之间的摩擦力来传递运动和动力的，我们在工作和学习中也可学以致用，同学之间应坚持集体主义，团结合作，互帮互学，共同进步。

11.1 带传动的概述

11.1.1 带传动的组成

带传动通常由主动轮 1、从动轮 2 和张紧在两轮上的环形带 3 组成（如图 11-1 所示）。安装时带被张紧在带轮上，这时带所受的拉力称为初拉力，它使带与带轮的接触面间产生压力。当主动轮 1 回转时，依靠带与带轮接触面间的摩擦力拖动从动轮 2 一起回转，从而传递一定的运动和动力。

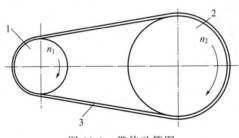

图 11-1 带传动简图

11.1.2 带传动的类型

1）按带的截面形状分

（1）平带。如图 11-2（a）所示，平带的横截面为矩形，其工作面是与带轮的接触面。

（2）V 带。如图 11-2（b）所示，V 带的横截面为等腰梯形，其工作面是与轮槽相接触的两侧面，而 V 带与轮槽底面并不接触。由于轮槽的楔形效应，在同样的压紧力 F_Q 的作用下，V 带传动较平带传动能产生更大的摩擦力，故具有较大的牵引能力。

（3）多楔带。如图 11-2(c) 所示，多楔带是在平带基体上由多根 V 带组成的传动带。这种带兼有平带的弯曲应力小和 V 带的摩擦力大等优点，常用于传递动力较大而又要求结构紧凑的场合。

（4）圆带。如图 11-2(d) 所示，圆带的横截面为圆形，圆带的牵引能力小，常用于仪器和家用器械中。

（5）同步带。如图 11-2(e) 所示，它是横截面为矩形、具有等距横向齿的环形传动带。

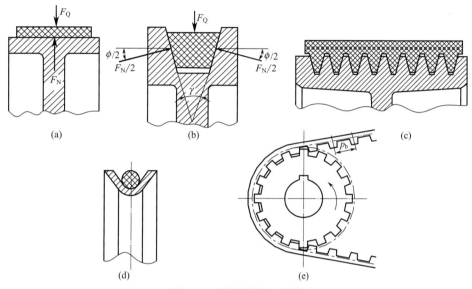

图 11-2　带的横截面形状

2）按传动原理分

（1）摩擦带传动。靠传动带与带轮间的摩擦力实现传动，如平带传动、V 带传动、多楔带传动、圆带传动等。

（2）啮合带传动。如图 11-2(e) 所示，靠带内侧凸齿与带轮外缘上的齿槽相啮合实现传动。由于带与带轮无相对滑动，能保持两轮的圆周速度同步，故称为同步带传动。其传动比恒定；结构紧凑；由于带薄而轻、抗拉体强度高，故带速可达 40m/s，传动比可达 10，传递功率可达 200kW；效率较高，约为 0.98。缺点是带及带轮的价格较高，对制造、安装的要求较高。本章仅讨论摩擦带传动。

3）按用途分

（1）输送带。输送物品用。

（2）传动带。传递动力用。

4）按传动形式分

（1）开口传动。如图 11-3(a) 所示，主、从动轮的轴线平行，转向相同。

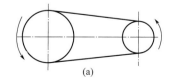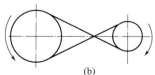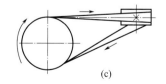

图 11-3　带传动的形式（AR）

（2）交叉传动。如图 11-3（b）所示，主、从动轮的轴线平行，转向相反。

（3）半交叉传动。如图 11-3（c）所示，主、从动轮的轴线垂直交错，不能逆转。

11.1.3　摩擦带传动的特点和应用

摩擦带传动的优点是：带具有良好的挠性，可缓冲吸振，故传动平稳、噪声小；过载时带与带轮间会出现打滑，从而起到保护其他传动零件免受损坏的作用；带传动允许较大的中心距；结构简单，制造、安装和维护较方便，成本低廉。

摩擦带传动的缺点是：因带有弹性滑动，所以传动比不准确；传动的外廓尺寸较大；带的寿命较短；传动效率较低；需要张紧装置。

通常，带传动用于中小功率电动机与工作机械之间的动力传递。目前 V 带传动应用最广，一般带速为 $v=5\sim25\text{m/s}$，传动比 $i\leqslant7$，传动效率 $\eta\approx0.90\sim0.95$。

11.1.4　V 带和 V 带轮的结构

V 带又分为普通 V 带、窄 V 带、宽 V 带、大楔角 V 带、汽车 V 带等多种类型，其中普通 V 带应用最广。

1）普通 V 带的结构和尺寸标准

标准 V 带都制成无接头的环形带，其横截面结构如图 11-4 所示。V 带由抗拉体、顶胶、底胶和包布组成，抗拉体是承受负载拉力的主体，其上下的顶胶和底胶分别承受弯曲时的拉伸和压缩，外壳用橡胶帆布包围成形。抗拉体由帘布或线绳组成，帘布结构抗拉强度高，但柔韧性及抗弯曲强度不如线绳结构好。

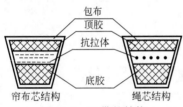

图 11-4　V 带的结构

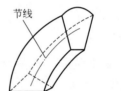

图 11-5　V 带的节线和节面

如图 11-5 所示，当带受纵向弯曲时，在带中保持原长度不变的任一条周线称为节线；由全部节线构成的面称为节面。带的节面宽度称为节宽（b_d），当带受纵向弯曲时，该宽度保持不变。楔角 ϕ 为 40°，相对高度$\left(\dfrac{h}{b_\text{d}}\right)$约为 0.7 的 V 带称为普通 V 带。普通 V 带已标准化，按截面的尺寸由小变大，分为 Y、Z、A、B、C、D、E 七种型号，见表 11-1。

在同样条件下，截面尺寸越大则传递功率就越大。

表 11-1　普通 V 带横截面尺寸（GB/T 11544—2012）　　　　　mm

型号	Y	Z	A	B	C	D	E
顶宽 b	6	10	13	17	22	32	38
节宽 b_d	5.3	8.5	11	14	19	27	32
高度 h	4.0	6 8	8 10	11 14	14 18	19	23
楔角 ϕ	40°						
每米质量 q/（kg/m）	0.02	0.06	0.10	0.17	0.30	0.62	0.90

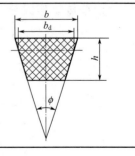

在 V 带轮上，与所配用 V 带的节面宽度 b_d 相对应的带轮直径称为基准直径 d，V 带在规定的张紧力下，位于带轮基准直径上的周线长度称为基准长度 L_d。普通 V 带的标记由带型、基准长度和标准号组成。例如，A 型普通 V 带，基准长度为 1400mm，其标记为：

$$A—1400 \quad GB/T\ 11544$$

带的标记通常压印在带的外表面上，以便选用识别。普通 V 带的长度系列见表 11-2。

表 11-2　普通 V 带的长度系列和带长修正系数

基准长度 L_d/mm	K_L					基准长度 L_d/mm	K_L				
	Y	Z	A	B	C		Y	Z	A	B	C
200	0.81					2000		1.03	0.98	0.88	
224	0.82					2240		1.06	1.00	0.91	
250	0.84					2500		1.09	1.03	0.93	
280	0.87					2800		1.11	1.05	0.95	
315	0.89					3150		1.13	1.07	0.97	
355	0.92					3550		1.17	1.09	0.99	
400	0.96	0.87				4000		1.19	1.13	1.02	
450	1.00	0.89				4500			1.15	1.04	
500	1.02	0.91				5000			1.18	1.07	
560		0.94				5600				1.09	
630		0.96	0.81			6300				1.12	
710		0.99	0.83			7100				1.15	
800		1.00	0.85			8000				1.18	
900		1.03	0.87	0.81		9000				1.21	
1000		1.06	0.89	0.84		10000				1.23	
1120		1.08	0.91	0.86							
1250		1.11	0.93	0.88							
1400		1.14	0.96	0.90							
1600		1.16	0.99	0.92	0.83						
1800		1.18	1.01	0.95	0.86						

2）普通 V 带轮的结构

带轮的材料应具有足够的强度和刚度，无过大的铸造内应力，质量小且分布均匀，结构工艺性好。带轮的工作表面应光滑，以减小带的磨损。

带轮常用铸铁制造，有时也采用钢或非金属材料（塑料、木材）。当带速 $v < 25$m/s 时采用 HT150；带速 $v = 25\sim30$m/s 时采用 HT200；带速 $v > 30$m/s 时，可采用铸钢或钢板冲压后焊接。塑料带轮的重量轻、摩擦系数大，常用于机床中。

带轮由轮缘、轮辐和轮毂三部分组成，直径较小时可采用实心式［图 11-6(a)］；中等直径的带轮可采用腹板式［图 11-6(b)］；直径大于 350mm 时可采用轮辐式（图 11-7）。图中列有经验公式可供带轮结构设计时参考。

普通 V 带轮的轮槽尺寸见表 11-3。普通 V 带两侧面的夹角为 40°，但带在带轮上发生弯曲时，由于截面变形使其夹角变小。为使胶带能紧贴轮槽侧面，将 V 带轮槽角规定为 32°、34°、36° 和 38°。

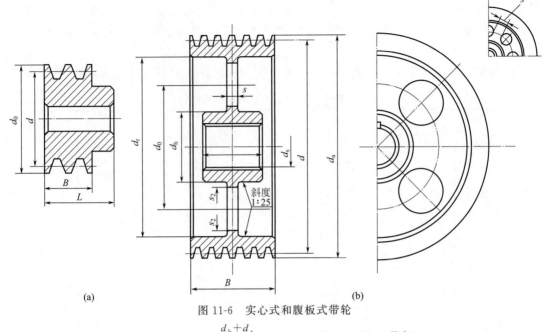

(a)
(b)

图 11-6 实心式和腹板式带轮

$$d_h = (1.8 \sim 2)d_s; \quad d_0 = \frac{d_h + d_r}{2}; \quad d_r = d_a - 2(H + \delta), \quad H、\delta \text{ 见表 11-3};$$

$$s = (0.2 \sim 0.3)B; \quad s_1 \geqslant 1.5s; \quad s_2 \geqslant 0.5s; \quad L = (1.5 \sim 2)d_s$$

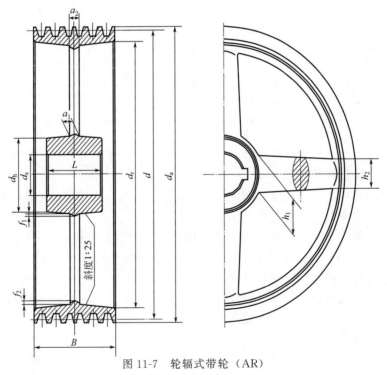

图 11-7 轮辐式带轮 (AR)

$$h_1 = 290 \sqrt[3]{\frac{P}{nA}}, \quad P \text{ 为传递的功率 (kW)}, \quad n \text{ 为带轮的转速 (r/min)}, \quad A \text{ 为轮辐数};$$

$$h_2 = 0.8h_1; \quad a_1 = 0.4h_1; \quad a_2 = 0.8a_1; \quad f_1 = 0.2h_1; \quad f_2 = 0.2h_2$$

表 11-3　普通 V 带轮的轮槽尺寸　　　　　　　　　　　　　　　　mm

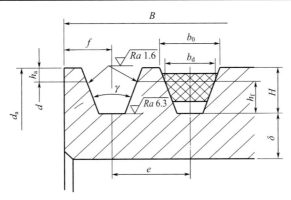

槽型		Y	Z	A	B	C
b_d		5.3	8.5	11	14	19
h_{amin}		1.6	2.0	2.75	3.5	4.8
e		8±0.3	12±0.3	15±0.3	19±0.4	25.5±0.5
f_{min}		6	7	9	11.5	16
h_{fmin}		4.7	7.0	8.7	10.8	14.3
δ_{min}		5	5.5	6	7.5	10
ϕ 角对应 d	32°	≤60	—	—	—	—
	34°	—	≤80	≤118	≤190	≤315
	36°	>60	—	—	—	—
	38°	—	>80	>118	>190	>315

11.2　摩擦带传动的工作能力分析

11.2.1　带的受力分析

为了保证带传动能正常工作，传动带必须以一定的初拉力张紧在带轮上。静止时，带两边的拉力都等于初拉力 F_0［图 11-8(a)］；传动时，由于带与带轮间摩擦力的作用，带两边的拉

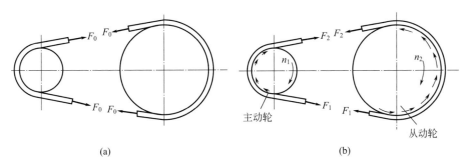

(a)　　　　　　　　　　　　　　(b)

图 11-8　带传动的受力情况

力不再相等［图 11-8(b)］。绕进主动轮的一边，拉力由 F_0 增加到 F_1，称为紧边，F_1 为紧边拉力；而另一边带的拉力由 F_0 减为 F_2，F_2 为松边拉力。设环形带的总长度不变，则紧边拉力的增加量 $F_1 - F_0$ 应等于松边拉力的减少量 $F_0 - F_2$，即

$$F_0 = \frac{1}{2}(F_1 + F_2) \tag{11-1}$$

带两边拉力之差 F 称为带传动的有效拉力，实际上 F 是带与带轮之间摩擦力的总和，在最大静摩擦力范围内，带传动的有效拉力 F 与总摩擦力相等，F 同时也是带所传递的圆周力，即

$$F = F_1 - F_2 \tag{11-2}$$

圆周力 $F(\text{N})$、带速 $v(\text{m/s})$ 和传递功率 $P(\text{kW})$ 之间的关系为

$$P = \frac{Fv}{1000} \tag{11-3}$$

在一定的初拉力作用下，带与带轮接触面摩擦力的总和有一极限值。当带所需传递的圆周力超过带与带轮接触面间的极限摩擦力总和时，带与带轮将发生显著的相对滑动，这种现象称打滑。带打滑时从动轮转速急剧下降，使传动失效，同时也加剧了带的磨损，因此应避免带传动出现打滑现象。

当传动带与带轮间有全面滑动趋势时，摩擦力达到最大值，即有效圆周力达到最大值。此时，忽略离心力的影响，紧边拉力 F_1 与松边拉力 F_2 的关系可用欧拉公式表示，即

$$\frac{F_1}{F_2} = e^{f\alpha} \tag{11-4}$$

式中，F_1、F_2 分别为带的紧边拉力和松边拉力，N；e 为自然对数的底，$e \approx 2.718$；f 为带与带轮间的摩擦系数（V 带用当量摩擦系数 f_v 代替 f，$f_v = \dfrac{f}{\sin\phi/2}$）；$\alpha$ 为带轮的包角，rad；包角是带传动的一个重要参数，指的是带与带轮接触弧所对的中心角。

联解式(11-1)、式(11-2) 和式(11-4) 得

$$F = 2F_0 \frac{e^{f\alpha} - 1}{e^{f\alpha} + 1} \tag{11-5}$$

由上式可知：带所传递的圆周力 F 与下列因素有关。

(1) 初拉力 F_0。F 与 F_0 成正比，增大初拉力，带与带轮间正压力增大，则传动时产生的摩擦力就越大，故 F 越大。但 F_0 过大会加剧带的磨损，致使带过快松弛，缩短其工作寿命。

(2) 摩擦系数 f。f 越大摩擦力越大，F 就越大。f 与带和带轮的材料、表面状况、工作条件有关。

(3) 包角 α。F 随包角的增大而增大。因为增加 α 会使整个接触弧上摩擦力的总和增加，从而提高传动能力。因此水平放置的带传动，通常将松边放置在上边，以增大包角。因小轮包角 α_1 小于大轮包角 α_2，打滑首先在小带轮上发生，所以计算带传动所能传递的圆周力时，上式中应取 α_1。联立式(11-2) 和式(11-4)，可得带传动在不打滑条件下所能传递的最大圆周力为

$$F_{\max} = F_1 \left(1 - \frac{1}{e^{f\alpha_1}}\right) \tag{11-6}$$

11.2.2 带的应力分析

传动时，带所受的应力由以下三部分组成。

（1）紧边和松边拉力产生的拉应力。

紧边拉应力
$$\sigma_1 = \frac{F_1}{A}$$

松边拉应力
$$\sigma_2 = \frac{F_2}{A}$$

式中，A 为带的横截面面积，mm^2。

（2）离心力产生的离心应力。工作时，绕在带轮上的传动带随带轮做圆周运动，产生离心拉力 F_c，F_c 的计算公式为

$$F_c = qv^2$$

式中，q 为传动带单位长度的质量，kg/m，各种型号 V 带的 q 值见表 11-1；v 为传动带的带速，m/s。

F_c 作用于带的全长上，产生的离心拉应力为

$$\sigma_c = \frac{F_c}{A} = \frac{qv^2}{A}(MPa)$$

（3）弯曲应力。传动带绕过带轮时，因弯曲而产生弯曲应力。V 带中的弯曲应力如图 11-9 所示。

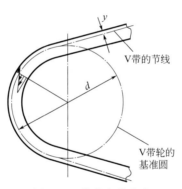

V带的节线

V带轮的基准圆

图 11-9 带的弯曲应力

由材料力学公式得带的弯曲应力为

$$\sigma_b = \frac{2yE}{d}(MPa)$$

式中，y 为带的中性层到最外层的垂直距离，mm；E 为带的弹性模量，MPa；d 为带轮直径（对 V 带轮，d 为基准直径），mm。显然，两轮直径不相等时，带在两轮上的弯曲应力也不相等。

弯曲应力只发生在带上包角所对的圆弧部分。y 越大，d 越小，则带的弯曲应力就越大，故一般 $\sigma_{b1} > \sigma_{b2}$，因此为避免弯曲应力过大，小带轮的直径不能过小。

带在工作时的应力分布情况如图 11-10 所示。各截面应力的大小用自该处引出的径向线（或垂直线）的长短来表示。由图可知，在运转过程中，带是在变应力情况下工作的，故易产生疲劳破坏。当带在紧边与小带轮接触时应力达到最大值，其值为 $\sigma_{max} = \sigma_1 + \sigma_{b1} + \sigma_c$，为保证带具有足够的疲劳寿命，应满足

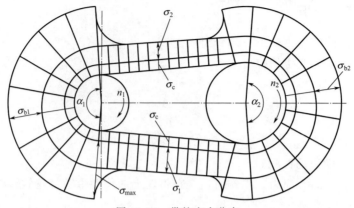

图 11-10 带的应力分布

$$\sigma_{\max} = \sigma_1 + \sigma_{b1} + \sigma_c \leqslant [\sigma] \tag{11-7}$$

式中，$[\sigma]$ 为带的许用应力。$[\sigma]$ 是在 $\alpha_1 = \alpha_2 = 180°$、载荷平稳、规定的带长和应力循环次数等条件下通过做实验确定的。

11.2.3 弹性滑动和打滑

传动带是弹性体，受到拉力后会产生弹性伸长，伸长量随拉力大小的变化而变化。如图 11-11 所示，带由紧边绕过主动轮 1 进入松边时，带内拉力由 F_1 减小到 F_2，其弹性伸长量也由 δ_1 减为 δ_2。

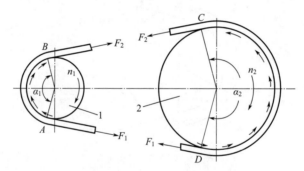

图 11-11 带传动的弹性滑动

这表明带在绕过主动轮 1 的过程中伸长量逐渐缩短并沿轮面滑动，而使带的速度落后于主动轮的圆周速度。同样，带由松边绕过从动轮 2 时也发生类似的现象，拉力增加，带逐渐被伸长，带也会沿轮面滑动，使带的速度超前于从动轮的圆周速度。轮缘的箭头表示主、从动轮相对于带的滑动方向。这种由于带的弹性变形而产生的滑动称为弹性滑动。

弹性滑动和打滑是两个截然不同的概念。打滑是指由于过载引起的全面滑动，应当避免。弹性滑动是由带的拉力差引起的，只要传递圆周力，出现紧边和松边，就一定会发生弹性滑动，所以弹性滑动是不可避免的。

设 d_1、d_2 为主、从动轮的直径，mm；n_1、n_2 为主、从动轮的转速，r/min，则两轮的圆周速度分别为

$$v_1 = \frac{\pi d_1 n_1}{60 \times 1000} \qquad v_2 = \frac{\pi d_2 n_2}{60 \times 1000} \tag{11-8}$$

弹性滑动是不可避免的，所以从动轮的圆周速度 v_2 总是低于主动轮的圆周速度 v_1。传动中由于带的弹性滑动引起的从动轮圆周速度的降低率称为滑动率 ε，即

$$\varepsilon = \frac{v_1 - v_2}{v_1} = \frac{\pi d_1 n_1 - \pi d_2 n_2}{\pi d_1 n_1}$$

由上式得带传动的传动比为

$$i = \frac{n_1}{n_2} = \frac{d_2}{d_1(1-\varepsilon)} \tag{11-9}$$

从动轮的转速为

$$n_2 = \frac{n_1 d_1 (1-\varepsilon)}{d_2} \tag{11-10}$$

因摩擦带传动的滑动率为 $0.01 \sim 0.02$，其值甚微，在一般计算中可不予考虑。

例 11-1 一平带传动，传递功率 $P=15\text{kW}$，带速 $v=15\text{m/s}$，带在小轮上的包角 $\alpha_1 = 170°(2.97\text{rad})$，带的厚度 $\delta = 4.8\text{mm}$、宽度 $b=100\text{mm}$、密度 $\rho = 1\times10^{-3}\text{kg/cm}^3$，带与轮面间的摩擦系数 $f=0.3$。试求：(1) 传递的圆周力；(2) 紧边、松边拉力；(3) 离心力在带中引起的拉力；(4) 所需的初拉力。

解： (1) 传递的圆周力 $F = \dfrac{1000P}{v} = \dfrac{1000 \times 15}{15} = 1000(\text{N})$。

(2) 紧边、松边拉力。由紧边、松边拉力的关系及有效拉力与其的关系得

$$F_1 = F\frac{e^{f\alpha_1}}{e^{f\alpha_1}-1} = \frac{1000 \times 2.44}{2.44-1} = 1694(\text{N})$$

$$F_2 = F\frac{1}{e^{f\alpha_1}-1} = \frac{1000}{2.44-1} = 694(\text{N})$$

(3) 离心力引起的拉力。平带每米长的质量 $q = 100b\delta\rho = 100 \times 10 \times 0.48 \times 1 \times 10^{-3} = 0.48(\text{kg/m})$，离心力引起的拉力 $F_c = qv^2 = 0.48 \times 15^2 = 108(\text{N})$。

(4) 所需的初拉力 $F_0 = \dfrac{1}{2}(F_1 + F_2)$。带的离心力使带与轮面间的压力减小，传动能力降低，为了补偿这种影响，所需初拉力应为 $F_0 = \dfrac{1}{2}(F_1 + F_2) + F_c = 1302$ （N）。

结果表明，传递圆周力时，为防止打滑所需的初拉力不得小于1302N。

11.3 普通 V 带传动的设计计算

11.3.1 摩擦带传动的失效形式和设计准则

由摩擦带传动的工作情况分析可知，带传动的主要失效形式有带与带轮之间的磨损、打滑和带的疲劳破坏（如脱层、撕裂或拉断）等。因此，摩擦带传动的设计准则是：在传递规定功率时不打滑，同时具有足够的疲劳强度和一定的使用寿命。

11.3.2 单根普通 V 带传递的许用功率

在载荷平稳、包角 $\alpha_1 = \pi$（即 $i=1$）、带长 L_d 为特定长度、抗拉体为化学纤维绳芯结构的条件下，求得单根普通 V 带所能传递的功率 P_0，见表 11-4。

表 11-4　单根普通 V 带的基本额定功率 P_0

kW

型号	小带轮直径 d_1/mm	小带轮转速 n_1/(r/min)															
		200	400	800	950	1200	1450	1600	1800	2000	2400	2800	3200	3600	4000	5000	6000
Z	50	0.04	0.06	0.10	0.12	0.14	0.16	0.17	0.19	0.20	0.22	0.26	0.28	0.30	0.32	0.34	0.31
	56	0.04	0.06	0.12	0.14	0.17	0.19	0.20	0.23	0.25	0.30	0.33	0.35	0.37	0.39	0.41	0.40
	63	0.05	0.08	0.15	0.18	0.22	0.25	0.27	0.30	0.32	0.37	0.41	0.45	0.47	0.49	0.50	0.48
	71	0.06	0.09	0.20	0.23	0.27	0.30	0.33	0.36	0.39	0.46	0.50	0.54	0.58	0.61	0.62	0.56
	80	0.10	0.14	0.22	0.26	0.30	0.35	0.39	0.42	0.44	0.50	0.56	0.61	0.64	0.67	0.66	0.61
	90	0.10	0.14	0.24	0.28	0.33	0.36	0.40	0.44	0.48	0.54	0.60	0.64	0.68	0.72	0.73	0.56
A	75	0.15	0.26	0.45	0.51	0.60	0.68	0.73	0.79	0.84	0.92	1.00	1.04	1.08	1.09	1.02	0.80
	90	0.22	0.39	0.68	0.77	0.93	1.07	1.15	1.25	1.34	1.50	1.64	1.75	1.83	1.87	1.82	1.50
	100	0.26	0.47	0.83	0.95	1.14	1.32	1.42	1.58	1.66	1.87	2.05	2.19	2.28	2.34	2.25	1.80
	112	0.31	0.56	1.00	1.15	1.39	1.61	1.74	1.89	2.04	2.30	2.51	2.68	2.78	2.83	2.64	1.96
	125	0.37	0.67	1.19	1.37	1.66	1.92	2.07	2.26	2.44	2.74	2.98	3.15	3.26	3.28	2.91	1.87
	140	0.43	0.78	1.41	1.62	1.96	2.28	2.45	2.66	2.87	3.22	3.48	3.65	3.72	3.67	2.99	1.37
	160	0.51	0.94	1.69	1.95	2.36	2.73	2.54	2.98	3.42	3.80	4.06	4.19	4.17	3.98	2.67	—
	180	0.59	1.09	1.97	2.27	2.74	3.16	3.40	3.67	3.93	4.32	4.54	4.58	4.40	4.00	1.81	—
B	125	0.48	0.84	1.44	1.64	1.93	2.19	2.33	2.50	2.64	2.85	2.96	2.94	2.80	2.51	1.09	—
	140	0.59	1.05	1.82	2.08	2.47	2.82	3.00	3.23	3.42	3.70	3.85	3.83	3.63	3.24	1.29	—
	160	0.74	1.32	2.32	2.66	3.17	3.62	3.86	4.15	4.40	4.75	4.89	4.80	4.46	3.82	0.81	—
	180	0.88	1.59	2.81	3.22	3.85	4.39	4.68	5.02	5.30	5.67	5.76	5.52	4.92	3.92	—	—
	200	1.02	1.85	3.30	3.77	4.50	5.13	5.46	5.83	6.13	6.47	6.43	5.95	4.98	3.47	—	—
	224	1.19	2.17	3.86	4.42	5.26	5.97	6.33	6.73	7.02	7.25	6.95	6.05	4.47	2.14	—	—
	250	1.37	2.50	4.46	5.10	6.04	6.82	7.20	7.63	7.87	7.89	7.14	5.60	5.12	—	—	—
	280	1.58	2.89	5.13	5.85	6.90	7.76	8.13	8.46	8.60	8.22	6.80	4.26	—	—	—	—
C	200	1.39	2.41	4.07	4.58	5.29	5.84	6.07	6.28	6.34	6.02	5.01	3.23	—	—	—	—
	224	1.70	2.99	5.12	5.78	6.71	7.45	7.75	8.00	8.06	7.57	6.08	3.57	—	—	—	—
	250	2.03	3.62	6.23	7.04	8.21	9.08	9.38	9.63	9.62	8.75	6.56	2.93	—	—	—	—
	280	2.42	4.32	7.52	8.49	9.81	10.72	11.06			9.50	6.13	—	—	—	—	—
	315	2.84	5.14	8.92	10.05	11.53	12.46	12.72			9.43	4.16	—	—	—	—	—
	355	3.36	6.05	10.46	11.73	13.31	14.12	14.19			7.98	—	—	—	—	—	—
	400	3.91	7.06	12.10	13.48	15.04	15.53	15.24			4.34	—	—	—	—	—	—
	450	4.51	8.20	13.80	15.23	16.59	16.47	15.57				—	—	—	—	—	—

注：本表摘自 GB/T 11544。

实际工作条件与上述特定条件不同时，应对 P_0 值加以修正。修正后即得实际工作条件下，单根普通 V 带所能传递的功率，称为许用功率 $[P_0]$：

$$[P_0] = (P_0 + \Delta P_0)K_\alpha K_L \tag{11-11}$$

式中　ΔP_0——功率增量，考虑传动比 $i \neq 1$ 时，带在大轮上的弯曲应力较小，故在寿命相同条件下，可增大传递的功率。ΔP_0 值见表 11-5。

　　　K_α——包角修正系数，考虑 $\alpha_1 \neq 180°$ 时对传动能力的影响，见表 11-6。

　　　K_L——带长修正系数，考虑带长不为特定长度时对传动能力的影响，见表 11-2。

表 11-5　单根普通 V 带的额定功率的增量 ΔP_0　　　　　　　　kW

带型	小带轮转速 n_1 /(r/min)	传动比 i									
		1.00~1.01	1.02~1.04	1.05~1.08	1.09~1.12	1.13~1.18	1.19~1.24	1.25~1.34	1.35~1.51	1.52~1.99	≥2.0
Z	400	0.00	0.00	0.00	0.00	0.00	0.00	0.00	0.00	0.01	0.01
	730	0.00	0.00	0.00	0.00	0.00	0.00	0.01	0.01	0.01	0.02
	800	0.00	0.00	0.00	0.01	0.01	0.01	0.01	0.01	0.02	0.02
	980	0.00	0.00	0.00	0.01	0.01	0.01	0.01	0.02	0.02	0.02
	1200	0.00	0.00	0.01	0.01	0.01	0.01	0.02	0.02	0.02	0.03
	1460	0.00	0.00	0.01	0.01	0.01	0.02	0.02	0.02	0.02	0.03
	2800	0.00	0.01	0.02	0.02	0.03	0.03	0.03	0.04	0.04	0.04
A	400	0.00	0.01	0.01	0.02	0.02	0.03	0.03	0.04	0.04	0.05
	730	0.00	0.01	0.02	0.03	0.04	0.05	0.06	0.07	0.08	0.09
	800	0.00	0.01	0.02	0.03	0.04	0.05	0.06	0.08	0.09	0.10
	980	0.00	0.01	0.03	0.04	0.05	0.06	0.07	0.08	0.10	0.11
	1200	0.00	0.02	0.03	0.05	0.07	0.08	0.10	0.11	0.13	0.15
	1460	0.00	0.02	0.04	0.06	0.08	0.09	0.11	0.13	0.15	0.17
	2800	0.00	0.04	0.08	0.11	0.15	0.19	0.23	0.26	0.30	0.34
B	400	0.00	0.01	0.03	0.04	0.06	0.07	0.08	0.10	0.11	0.13
	730	0.00	0.02	0.05	0.07	0.10	0.12	0.15	0.17	0.20	0.22
	800	0.00	0.03	0.06	0.08	0.11	0.14	0.17	0.20	0.23	0.25
	980	0.00	0.03	0.07	0.10	0.13	0.17	0.20	0.23	0.26	0.30
	1200	0.00	0.04	0.08	0.13	0.17	0.21	0.25	0.30	0.34	0.38
	1460	0.00	0.05	0.10	0.15	0.20	0.25	0.31	0.36	0.40	0.46
	2800	0.00	0.10	0.20	0.29	0.39	0.49	0.59	0.69	0.79	0.89
C	400	0.00	0.04	0.08	0.12	0.16	0.20	0.23	0.27	0.31	0.35
	730	0.00	0.07	0.14	0.21	0.27	0.34	0.41	0.48	0.55	0.62
	800	0.00	0.08	0.16	0.23	0.31	0.39	0.47	0.55	0.63	0.71
	980	0.00	0.09	0.19	0.27	0.37	0.47	0.56	0.65	0.74	0.83
	1200	0.00	0.12	0.24	0.35	0.47	0.59	0.70	0.82	0.94	1.06
	1460	0.00	0.14	0.28	0.42	0.58	0.71	0.85	0.99	1.14	1.27
	2800	0.00	0.27	0.55	0.82	1.10	1.37	1.64	1.92	2.19	2.47

表 11-6　包角修正系数

包角 α_1/(°)	180	170	160	150	140	130	120	110	100	90
K_α	1.00	0.98	0.95	0.92	0.89	0.86	0.82	0.78	0.74	0.69

11.3.3 普通 V 带传动的设计方法

设计 V 带传动的已知条件是：传动的工作情况，传递的功率 P，两轮转速 n_1、n_2（或传动比 i）以及空间尺寸要求等。具体的设计内容有：确定 V 带的型号、长度和根数，传动中心距及确定带轮的材料、结构和尺寸，画出带轮零件图等。具体设计方法如下。

（1）确定计算功率 P_c。计算功率 P_c 是根据传递的额定功率 P，并考虑载荷性质以及每天运转时间的长短等因素的影响而确定的，即

$$P_c = K_A P \tag{11-12}$$

式中，K_A 为工作情况系数，见表 11-7。

表 11-7 工作情况系数 K_A

载荷性质	工作机	原动机					
		空、轻载启动			重载启动		
		每天工作的时长/h					
		<10	10~16	>16	<10	10~16	>16
载荷变动很小	液体搅拌机、通风机和鼓风机（≤7.5kW）、离心式水泵和压缩机、轻负荷输送机	1.0	1.1	1.2	1.1	1.2	1.3
载荷变动小	带式输送机、通风机（>7.5kW）、旋转式水泵和压缩机（非离心式）、发动机、切削机床、印刷机、木工机械	1.1	1.2	1.3	1.2	1.3	1.4
载荷变动较大	制砖机、斗式提升机、往复式水泵和压缩机、起重机、磨粉机、重载输送机、纺织机械	1.2	1.3	1.4	1.4	1.5	1.6
载荷变动很大	破碎机（旋转式、颚式等）、磨碎机（球磨、棒磨、管磨）	1.3	1.4	1.5	1.5	1.6	1.8

注：1. 空、轻载启动，电动机（交流启动、三角启动、直流并励）、四缸以上内燃机；重载启动，电动机（联机交流启动、直流复励或串励）、四缸以下的内燃机。

2. 反复启动、正反转频繁、工作条件恶劣等场合，K_A 应乘 1.2。

（2）选择 V 带的型号。根据计算功率 P_c 和小带轮转速 n_1，按图 11-12 的推荐选择普通 V 带的型号。若位于两种型号的交界线上，可按两种型号同时计算，然后择优选用。

（3）确定 V 带轮的基准直径和验算带速。带轮直径小可使传动结构紧凑，但另一方面带的弯曲应力大而导致带的寿命降低；反之，虽能延长带的寿命，但带传动的外廓尺寸却随之增大。设计时应取小带轮的基准直径 d_1 大于或等于表 11-8 所示的 d_{min}。大带轮的基准直径为

$$d_2 = \frac{n_1}{n_2} d_1 (1 - \varepsilon)$$

d_1、d_2 应符合带轮基准直径尺寸系列，见表 11-8。

表 11-8 普通 V 带轮最小基准直径　　　　　　　　　　　　　mm

型号	Y	Z	A	B	C	D	E
最小基准直径 d_{min}	20	50	75	125	200	355	500

注：普通 V 带轮基准直径系列是：20，22.4，25，28，31.5，35.5，40，45，50，56，63，67，71，75，80，85，90，95，100，106，112，118，125，132，140，150，160，170，180，200，212，224，236，250，265，280，300，315，355，375，400，425，450，475，500，530，560，600，630，670，710，750，800，900，1000 等。

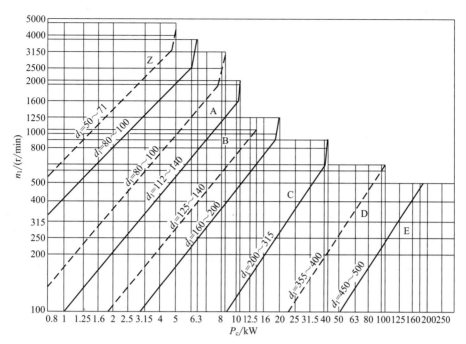

图 11-12 普通 V 带选型图

带速：

$$v = \frac{\pi d_1 n_1}{60 \times 1000} (\text{m/s})$$

带速太高会使离心力增大，使带与带轮间的摩擦力减小，传动时容易打滑；单位时间内带绕过带轮的次数也增多，降低传动带的工作寿命。若带速太低，则当传递一定功率时，使需要传递的有效圆周力增大，带根数增多。一般应使带速 $v > 5\text{m/s}$，对于普通 V 带应使 $v_{\max} = 25 \sim 30\text{m/s}$。如带速超过上述范围，应重新选择小带轮直径。

（4）中心距、带长和包角。传动中心距小则结构紧凑，但传动带较短，包角减小，且带的绕转次数增多，降低了带的寿命，致使传动能力降低。如果中心距过大则结构尺寸增大，当带速较高时带会产生颤动。设计时应根据具体的结构要求或按以下推荐的范围来初定中心距 a_0：

$$0.7(d_1 + d_2) < a_0 < 2(d_1 + d_2) \tag{11-13}$$

由带传动的几何关系可得 V 带基准长度的计算值

$$L_0 = 2a_0 + \frac{\pi}{2}(d_1 + d_2) + \frac{(d_2 - d_1)^2}{4a_0} \tag{11-14}$$

根据初定的 L_0，由表 11-2 选取接近的基准长度 L_d，实际所需的中心距可按下式近似计算：

$$a \approx a_0 + \frac{L_d - L_0}{2} \tag{11-15}$$

考虑带传动的安装调整和补偿初拉力的需要，应将中心距设计成可调式，有一定的调整范围，一般取 $a_{\min} = a - 0.015L_d$，$a_{\max} = a + 0.03L_d$。

校验小带轮包角：

$$\alpha_1 = 180° - \frac{d_2 - d_1}{a} \times 57.3° \tag{11-16}$$

一般应使 $\alpha_1 \geqslant 120°$，否则可加大中心距或减小两带轮的直径差，也可以增设张紧轮。

（5）确定 V 带根数 z。z 按下式计算：

$$z=\frac{P_c}{[P_0]}=\frac{P_c}{(P_0+\Delta P_0)K_aK_L} \tag{11-17}$$

z 应取整数。为了使每根 V 带受力均匀，V 带根数不宜太多，通常 $z<10$。如计算结果超出范围，应改选 V 带的型号或加大带轮直径后重新设计。

（6）初拉力。保持适当的初拉力是带传动正常工作的首要条件。初拉力不足，会出现打滑；初拉力过大将增大轴和轴承的压力，并降低带的寿命。单根普通 V 带的初拉力可按下式计算：

$$F_0=\frac{500P_c}{zv}\left(\frac{2.5}{K_a}-1\right)+qv^2(\text{N}) \tag{11-18}$$

式中，P_c 为计算功率，kW；z 为 V 带根数；v 为 V 带速度，m/s；K_a 为包角修正系数；q 为 V 带每单位长度的质量，kg/m，见表 11-1。

（7）带传动作用在两轮轴上的压力 F_Q。V 带的张紧对轴、轴承产生的压力 F_Q 会影响轴、轴承的强度和寿命。为简化其运算，一般按静止状态下，带轮两边均作用初拉力 F_0 进行计算。

$$F_Q=2F_0z\sin\frac{\alpha_1}{2} \tag{11-19}$$

（8）带轮结构设计。见本章 11.1.4 节普通 V 带轮的结构，设计出带轮结构后绘制带轮零件图。

（9）整理设计结果。列出带型号、带的基准长度 L_d、带的根数 z、带轮直径 d、中心距 a、轴上压力 F_Q 等。

例 11-2 设计一通风机用的 V 带传动。两班制工作，选用异步电动机驱动，电动机转速 $n_1=1460\text{r/min}$，通风机转速 $n_2=640\text{r/min}$，通风机输入功率 $P=9\text{kW}$。

解：（1）求计算功率 P_c。查表 11-7 得 $K_A=1.2$，故 $P_c=K_AP=1.2\times9=10.8(\text{kW})$。

（2）选普通 V 带型号。根据 $P_c=10.8\text{kW}$，$n_1=1460\text{r/min}$，由图 11-12 查出此坐标点位于 A 型与 B 型交界处，现暂按选用 B 型计算。

（3）求大、小带轮基准直径 d_1、d_2，验算带速。由表 11-8，取 $d_1=140\text{mm}$，则 $d_2=$
$\frac{n_1}{n_2}d_1(1-\varepsilon)=\frac{1460}{640}\times140\times(1-0.02)=313(\text{mm})$。

由表 11-8，取 $d_2=315\text{mm}$，则实际传动比 i、从动轮的实际转速分别为

$$i=\frac{d_2}{d_1}=\frac{315}{140}=2.25$$

$$n_2=n_1/i=1460/2.25=648(\text{r/min})$$

从动轮的转速误差率为 $\frac{648-640}{640}\times100\%=1.25\%$，在 $\pm5\%$ 以内，为允许值。

验算带速 $v=\frac{\pi d_1n_1}{60\times1000}=\frac{\pi\times140\times1460}{60000}=10.7(\text{m/s})$，在 $5\sim25\text{m/s}$ 范围内，合适。

（4）求 V 带基准长度 L_d 和中心距 a。

初步选取中心距 $a_0=1.5(d_1+d_2)=1.5\times(140+315)=682.5(\text{mm})$，取 $a_0=700\text{mm}$，符合 $0.7(d_1+d_2)<a_0<2(d_1+d_2)$。

由式（11-14）得带长为

$$L_0 = 2a_0 + \frac{\pi}{2}(d_1 + d_2) + \frac{(d_2 - d_1)^2}{4a_0}$$

$$= 2 \times 700 + \frac{\pi}{2} \times (140 + 315) + \frac{(315 - 140)^2}{4 \times 700} = 2126 \, (\text{mm})$$

查表 11-2，对 B 型带选用 $L_d = 2240 \text{mm}$。再由式（11-15）计算实际中心距为

$$a \approx a_0 + \frac{L_d - L_0}{2} = 700 + \frac{2240 - 2126}{2} = 757 \, (\text{mm})$$

验算小带轮包角 α_1，由式（11-16）得

$$\alpha_1 = 180° - \frac{d_2 - d_1}{a} \times 57.3° = 180° - \frac{315 - 140}{757} \times 57.3° = 167° > 120°$$

合适。

（5）求 V 带根数。

由 $n_1 = 1460 \text{r/min}$，$d_1 = 140 \text{mm}$，查表 11-4 得 $P_0 = 2.82 \text{kW}$。

传动比 $i = \frac{d_2}{d_1(1-\varepsilon)} = \frac{315}{140 \times (1-0.02)} = 2.3$，查表 11-5 得 $\Delta P_0 = 0.46 \text{kW}$。

由 $\alpha_1 = 167°$，查表 11-6 得 $K_\alpha = 0.97$。查表 11-2 得 $K_L = 1.0$。

由式（11-17）得 $z = \frac{10.8}{(2.82 + 0.46) \times 0.97 \times 1} = 3.39$，取 $z = 4$ 根。

（6）求作用在带轮轴上的压力 F_Q。查表 11-1，得 $q = 0.17 \text{kg/m}$，故由式（11-18）得单根 V 带的初拉力为

$$F_0 = \frac{500P_c}{zv}\left(\frac{2.5}{K_\alpha} - 1\right) + qv^2 = \frac{500 \times 10.8}{4 \times 10.7} \times \left(\frac{2.5}{0.97} - 1\right) + 0.17 \times 10.7^2 = 218 \, (\text{N})$$

作用在轴上的压力为　　$F_Q = 2zF_0 \sin\frac{\alpha_1}{2} = 2 \times 4 \times 218 \times \sin\frac{167°}{2} = 1733 \, (\text{N})$

（7）带轮结构设计（略）。

11.4　带传动的张紧、安装与维护

11.4.1　带传动的张紧

带传动不仅安装时必须把带张紧在带轮上，而且当带工作一段时间之后，因塑性变形而松弛时，使初拉力减小，传动能力下降，这时必须要重新张紧。带传动常用的张紧方法分为调节中心距方式与张紧轮方式两类。

（1）调整中心距方式。用调节螺钉 1 使装有带轮的电动机沿滑轨 2 移动［图 11-13(a)］，或用螺杆及调节螺母 1 使电动机绕轴 2 摆动［图 11-13(b)］。前者适用于水平或倾斜不大的布置，后者适用于垂直或接近垂直的布置。

（2）张紧轮方式。若带传动的中心距不能调节时，可采用具有张紧轮的装置［图 11-13(c)］，它靠悬重 1 将张紧轮 2 压在带上，以保持带的张紧。张紧轮一般设置在松边的内侧且靠

近大轮处。若设置在外侧，则应使其靠近小轮，这样可以增加小带轮的包角，提高带的疲劳强度。

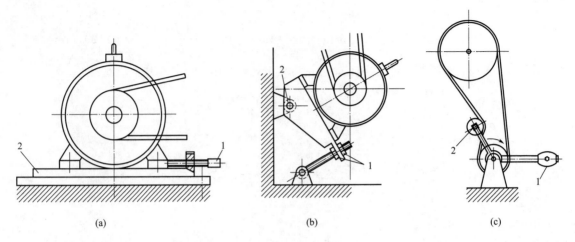

(a)　　　　　　　　　　　　(b)　　　　　　　　　　　　(c)

图 11-13　带传动的张紧装置（AR）

11. 4. 2　带传动的安装与维护

1）带传动的安装

平行轴传动时，各带轮的轴线必须保持规定的平行度；通常应通过调整各轮中心距的方法来装带和张紧，切忌硬将传动带从带轮上拔下或扳上；在带轮轴间距不可调而又无张紧轮的场合下，应在带轮边缘垫布以防刮破传动带，并应边转动带轮边套带；同组使用的 V 带应型号相同、长度相等，不同厂家生产的 V 带、新旧 V 带不能同组使用；安装 V 带时，应按规定的初拉力张紧。

2）带传动的维护

带传动装置外面应加防护罩，以保证安全，防止带与酸、碱或油接触而腐蚀传动带；带传动不需润滑，禁止往带上加润滑油或润滑脂，应及时清理带轮槽内及传动带上的油污；应定期检查胶带，如有一根松弛或损坏则应全部更换新带；如果带传动装置需闲置一段时间后再用，应将传动带放松。

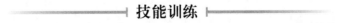

技能训练

完成技能训练活页单中的"技能训练单 11"。

习　题

11-1　平带传动，已知两带轮直径分别为 150mm 和 400mm，中心距为 1000mm，小带轮主动转速为 1460r/min。试求：小带轮包角；不考虑带传动的弹性滑动时大带轮的转速；滑动率 $\varepsilon=0.015$ 时大带轮的实际转速。

11-2　带传动的弹性滑动和打滑是怎样产生的？它们对传动有何影响？是否可以避免？

11-3 在 V 带传动设计过程中，为什么要校验带速和包角？

11-4 带传动工作时，带截面上的应力如何分布？最大应力发生在何处？

11-5 试设计图 11-14 所示带式输送机中的普通 V 带传动。已知从动带轮的转速 $n_2 =$ 610r/min，单班制工作，电动机额定功率为 7.5kW，转速 $n_1 = 1450$r/min。

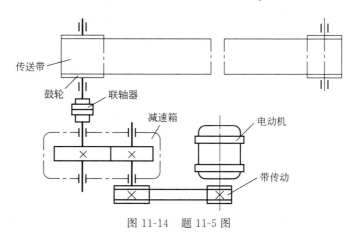

图 11-14 题 11-5 图

学习笔记 ···

第12章　链传动

【内容概述】 ▶▶▶

　　链传动靠链轮轮齿与链节的啮合来传递运动和动力，链传动兼有啮合传动和挠性传动的特点。本章主要讨论套筒滚子链的结构、标准、参数、使用与维护等。

【思政与职业素养目标】 ▶▶▶

　　主动链轮、从动链轮只有依靠链条的紧密配合才能传递运动和动力，在体育集体运动项目或者工作团队中，我们每个人都相当于"链轮"，只有在团体的协调指挥下紧密合作才能发挥其作用，从而达成最终目标。

12.1　链传动的概述

12.1.1　链传动的特点和应用

　　链传动是一种具有中间挠性件（链条）的啮合传动，它同时具有刚、柔的特点，是一种应用十分广泛的机械传动形式。链传动由装在平行轴上的主、从动链轮和绕在链轮上的环形链条所组成，靠链条与链轮轮齿的啮合来传递动力（如图12-1所示）。与带传动相比：链传动没有弹性滑动和打滑，能保持准确的平均传动比；需要的张紧力小，作用在轴上的压力也小，可减少轴承的摩擦损失；结构紧凑；能在温度较高、有油污等恶劣环境条件下工作。与齿轮传动相比：链传动的制造和安装精度要求较低，中心距较大时其传动结构简单。但其传动平稳性较差，瞬时链速和瞬时传动比不是常数，工作中有一定的冲击和噪声。

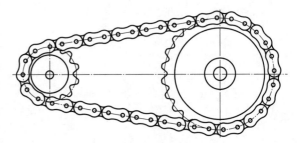

图 12-1　链传动简图（AR）

　　目前，链传动广泛应用于矿山机械、农业机械、石油机械、机床及摩托车中。链传动适用的一般范围为：传递功率 $P \leqslant 100\text{kW}$，传动比 $i \leqslant 8$，中心距 $a \leqslant 5 \sim 6\text{m}$，圆周速度 $v \leqslant 15\text{m/s}$，传动效率为 $0.95 \sim 0.98$。

　　按用途的不同，链条可分为传动链、起重链和曳引链。

　　用于传递动力的传动链，又有齿形链（图12-2）和滚子链（图12-3）两种。齿形链是由许多齿形链板用铰链连接而成。齿形链板的两侧是直边，工作时链板侧边与链轮齿廓相啮合。

齿形链运转平稳、噪声小，又称为无声链。齿形链多用于高速（链速可达 40m/s）、运动精度要求较高的传动中，但结构复杂、价格较贵，也较重，所以没有滚子链应用广泛。

12.1.2　滚子链及链轮

1）滚子链

滚子链由内链板 1、外链板 2、销轴 3、套筒 4 和滚子 5 所组成（如图 12-3 所示），也称为套筒滚子链。链条的各零件由碳素钢或合金钢制成，并经热处理，以提高其强度和耐磨性。内链板紧压在套筒两端，销轴与外链板铆牢，分别称为内、外链节。这样内外链节就构成一个铰链。滚子与套筒、套筒与销轴均为间隙配合。当链条进入和退出啮合时，内外链节做相对转动；同时，滚子沿链轮轮齿滚动，可减少链条与轮齿的磨损。内外链板均制成"∞"字形，以减轻重量并保持链板各横截面的强度大致相等。

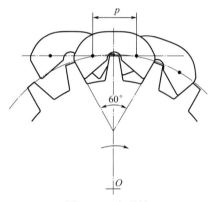

图 12-2　齿形链

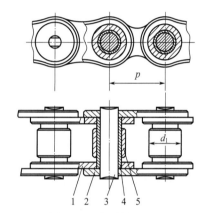

图 12-3　滚子链（AR）

相邻两滚子中心的距离称为链的节距，以 p 表示，是链条的主要参数。节距越大，链条各零件的尺寸越大，所能传递的功率也越大。滚子链有单排链（图 12-3）和多排链，如双排链（图 12-4，图中 p_t 为排距）或三排链等。当多排链的排数较多时，各排受载容易不均匀，因此实际运用中，排数一般不超过 4。链节数最好取为偶数，以便链条连成环形时正好是外链板与内链板相接，接头处可用开口销［图 12-5（a）］或弹簧夹［图 12-5（b）］锁紧。若链节数为奇数时，则需采用过渡链节。在链条受拉时，过渡链节还要承受附加的弯曲载荷，通常应避免采用。

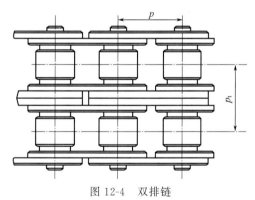

图 12-4　双排链

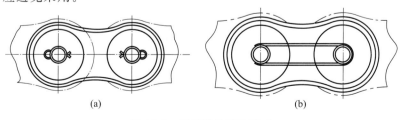

(a)　　　　　　　　　　(b)

图 12-5　滚子链的接头形式

滚子链已标准化,分为 A、B 两种系列,常用的是 A 系列。表 12-1 列出几种 A 系列滚子链的主要参数。

滚子链的标记方法为: 链号-排数×链节数 国标号

例如,A 系列滚子链,节距为 19.05mm,双排,链节数为 100,其标记方法为:

12A-2×100 GB/T 1243—2006

表 12-1 A 系列滚子链的主要参数 (GB/T 1243—2006)

链号	节距 p /mm	排距 p_t /mm	滚子外径 d_1 /mm	极限载荷 Q(单排) /N	每米长质量 q(单排) /(kg/m)
08A	12.70	14.38	7.95	13800	0.60
10A	15.875	18.11	10.16	21800	1.00
12A	19.05	22.78	11.91	31100	1.50
16A	25.40	29.29	15.88	55600	2.60
20A	31.75	35.76	19.05	86700	3.80
24A	38.10	45.44	22.23	124600	5.60
28A	44.45	48.87	25.40	169000	7.50
32A	50.80	58.55	28.58	222400	10.10
40A	63.50	71.55	39.68	347000	16.10
48A	76.20	87.83	47.63	500400	22.60

注:1. 摘自 GB/T 1243—2006,表中链号与相应的国际标准链号一致,后缀 A 表示 A 系列。

2. 使用过渡链节时,其极限载荷按表列数值 80% 计算。

2) 链轮

链轮齿形应易于加工,不易脱链,能保证链条平稳、顺利地进入和退出啮合,并使链条受力均匀。

国家标准规定了滚子链链轮齿槽的齿面圆弧半径 r_e、齿沟圆弧半径 r_i 和齿沟角 α 的最大和最小值 [图 12-6(a)]。各种链轮的实际端面齿形均应在最大和最小齿槽形状之间。这样处理使链轮齿廓曲线设计有很大的灵活性。符合上述要求的端面齿形曲线有多种,最常用的是"三圆弧一直线"齿形。

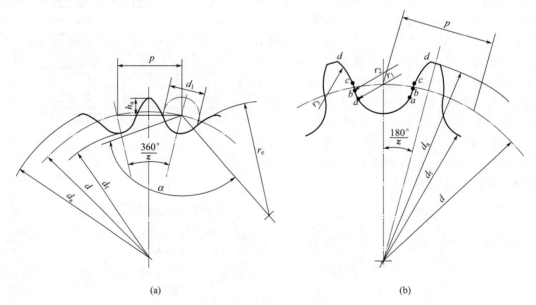

(a)   (b)

图 12-6 滚子链链轮端面齿形

如图 12-6（b）所示的端面齿形是由三段圆弧（aa、ab、cd）和一段直线（bc）组成。这种"三圆弧一直线"齿形基本上符合上述齿槽形状范围，具有较好的啮合性能，并便于加工。

链轮轴面齿形两侧呈圆弧状（如图 12-7 所示），以便于链条进入和退出啮合。链轮上被链条节距等分的圆称为分度圆，其直径用 d 表示（如图 12-6 所示）。链轮齿应有足够的接触强度和耐磨性，故齿面需进行热处理。小链轮的啮合次数比大链轮多，所受冲击力也大，故所用材料一般优于大链轮。常用的链轮材料有碳素钢（如 Q235、Q275、45、ZG310-570 等）、灰铸铁（如 HT200）等，重要的链轮可采用合金钢。

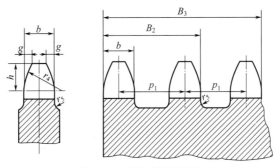

图 12-7　链轮轴面齿形

链轮的结构如图 12-8 所示。小直径链轮可制成实心式 [图 12-8（a）]；中等直径的链轮可制成孔板式 [图 12-8（b）]；直径较大的链轮可设计成组合式 [图 12-8（c）]，若轮齿因磨损而失效，可更换齿圈。

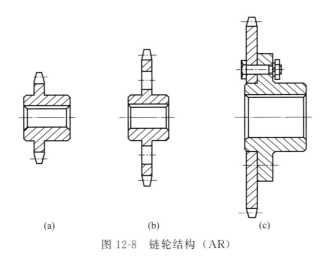

(a)　　　　　　　(b)　　　　　　　(c)

图 12-8　链轮结构（AR）

12.2　链传动的运动分析、受力分析

12.2.1　链传动的运动分析

链条进入链轮后形成折线，因此链传动相当于一对多边形轮之间的传动（见图 12-9）。设 z_1、z_2 为两链轮的齿数，p 为节距（mm），以 n_1、n_2 为两链轮的转速（r/min），则链条线

速度（简称链速）为

$$v = \frac{z_1 p n_1}{60 \times 1000} = \frac{z_2 p n_2}{60 \times 1000} (\text{m/s}) \tag{12-1}$$

传动比为
$$i = \frac{n_1}{n_2} = \frac{z_2}{z_1} \tag{12-2}$$

以上两式求得的链速和传动比都是平均值。实际上，由于多边形效应，瞬时链速和瞬时传动比都是变化的。

现按图 12-9 分析链轮和链条的速度。当主动轮以角速度 ω_1 回转时，链轮分度圆的圆周速度为 $d_1\omega_1/2$，则位于分度圆上的链条铰链的速度也是 $d_1\omega_1/2$（如图中铰链 A）。沿链节中心线方向的分速度，即链条线速度为

$$v = \frac{d_1 \omega_1}{2} \cos\theta$$

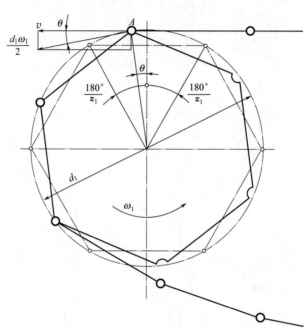

图 12-9　链传动的速度分析

式中，θ 为啮入过程中链节铰链在主动轮上的相位角，θ 的变化范围为

$$\left(-\frac{180°}{z_1}\right) \longrightarrow 0 \longrightarrow \left(+\frac{180°}{z_1}\right)$$

当 $\theta = 0°$ 时，链速最大，$v_{\max} = d_1\omega_1/2$。

当 $\theta = \pm\frac{180°}{z_1}$ 时，链速最小，$v_{\min} = \frac{d_1\omega_1}{2}\cos\frac{180°}{z_1}$。

即链轮每转过一齿，链速就时快时慢地变化一次。由此可知，当 $\omega_1 =$ 常数时，瞬时链速和瞬时传动比都作周期性变化。

同理，链条在垂直于链节中心线方向的分速度 $v' = \frac{d_1\omega_1}{2}\sin\theta$，也作周期性变化，从而使链条上下抖动。

由于链速是变化的，工作时不可避免地要产生振动和动载荷。

12.2.2 链传动的受力分析

安装链传动时，只需不大的张紧力，主要是使链的松边的垂度不致过大，否则会产生显著振动、跳齿和脱链。若不考虑传动中的动载荷，作用在链上的力有：圆周力（即有效拉力）F、离心拉力 F_c 和悬垂拉力 F_y。

链的紧边拉力为　　　$F_1 = F + F_c + F_y$（N）

松边拉力为　　　$F_2 = F_c + F_y$（N）

围绕在链轮上的链节在运动中产生的离心拉力为

$$F_c = qv^2（N）$$

式中，q 为链的每米长质量，kg/m，见表 12-1；v 为链速，m/s。

悬垂拉力可利用求悬索拉力的方法近似求得

$$F_y = K_y qga（N）$$

式中，a 为链传动的中心距，m；g 为重力加速度，$g = 9.8 \text{m/s}^2$；K_y 为下垂量 $y = 0.02a$ 时的垂度系数，其值与中心线与水平线的夹角 β 有关。垂直布置时，$K_y = 1$；水平布置时，$K_y = 7$；倾斜布置时，$K_y = 2.5$（当 $\beta = 75°$），$K_y = 4$（$\beta = 60°$），$K_y = 6$（$\beta = 30°$）。

链传动作用在轴上的压力 F_Q 可近似取为 $F_Q = (1.2 \sim 1.3)F$，有冲击和振动时取较大值。

12.3 链传动的布置、张紧和润滑

12.3.1 链传动的布置

链传动的布置对传动的工作状况和使用寿命有很大影响。通常情况下链传动的两轴应平行布置，两链轮应位于同一平面内；一般宜采用水平或接近水平的布置，链条应使主动边（紧边）在上，从动边（松边）在下，以免松边垂度过大时，链条与轮齿相干涉或紧边、松边相碰撞。

12.3.2 链传动的张紧

链传动需要适当张紧，以免垂度过大而引起啮合不良。一般情况下链传动设计成中心距可调整的形式，通过调整中心距来张紧。也可以采用张紧轮张紧，张紧轮应设在松边。

12.3.3 链传动的润滑

链传动的润滑是影响传动工作能力和寿命的重要因素之一，合适的润滑能显著降低链条铰链的磨损，延长使用寿命。

链传动的润滑方式有四种：①人工定期用油壶或油刷给油；②用油杯通过油管向松边内外链板间隙处滴油［图 12-10(a)］；③油浴润滑［图 12-10(b)］，或用甩油盘将油甩起，以进行飞溅润滑［图 12-10(c)］；④用油泵经油管向链条连续供油，循环油可起润滑和冷却的作用［图 12-10(d)］。

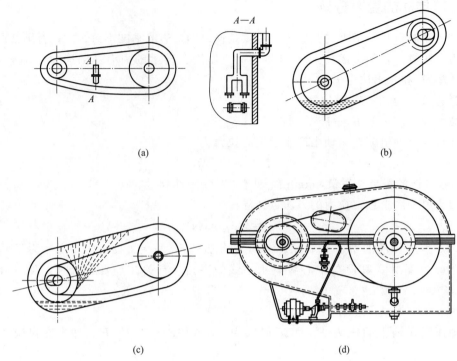

(a)

(b)

(c)

(d)

图 12-10　链传动的润滑

┤ **技能训练** ├

完成技能训练活页单中的"技能训练单 12"。

┤ **习　题** ├

12-1　链传动和带传动相比有哪些优缺点？

12-2　链节距 p 的大小对链传动有何影响？

12-3　链传动常用的润滑方式有哪些？

📝 **学习笔记** ┈┈

第13章 齿轮传动

【内容概述】▶▶▶

齿轮传动是现代机械中应用最广泛的一种传动形式，用来传递任意两轴之间的运动和动力。本章将重点介绍渐开线直齿圆柱齿轮传动，包括齿轮的啮合原理、主要参数和几何尺寸、强度计算、结构设计及应用等。对于斜齿圆柱齿轮传动、圆锥齿轮传动和蜗杆传动只作一般性介绍。

【思政与职业素养目标】▶▶▶

根据各种类型的传动组合和齿轮瞬时传动比的准确性，激发学生拥有志存高远的开阔胸怀和创新精神以及科学严谨的学习态度。根据齿轮设计许用值的含义，提醒学生对自身缺点进行反省，并规范做人的行为准则。

13.1 齿轮传动的特点和基本类型

13.1.1 齿轮传动的特点

齿轮传动可以用来传递空间任意两轴间的运动和动力，其圆周速度可达到 300m/s，齿轮直径可从 1mm 到 150m 以上，其主要优点是传动准确、平稳，传递动力大、效率高；寿命长，工作平稳，可靠性高；能保证恒定的传动比。齿轮传动主要的缺点有：制造、安装精度要求较高，因而成本也较高；不宜做远距离传动。

13.1.2 齿轮传动的基本类型

目前齿轮传动的分类方法很多，为了便于研究其传动原理可按下述几种方法分类。

按照轮齿齿廓曲线的不同，齿轮可分为渐开线齿轮、圆弧齿轮、摆线齿轮等，应用最广的是渐开线齿轮。按照轮齿的齿面硬度情况，齿轮可分为软齿面（硬度≤350HBS）和硬齿面（硬度>350HBS）。

按照工作条件的不同，齿轮传动又可分为开式传动和闭式传动两种。开式传动的齿轮是外露的，不能保证良好的润滑，易落入灰尘、杂质，故齿面易磨损，只宜用于低速传动（如建筑、农业等）。闭式传动的齿轮是封闭在刚性的箱体内，能保证良好的润滑和工作条件，重要的齿轮传动（如各类机床等）都采用闭式传动。按照传动中两轴的相对位置和齿向，齿轮传动分类如图 13-1 所示。

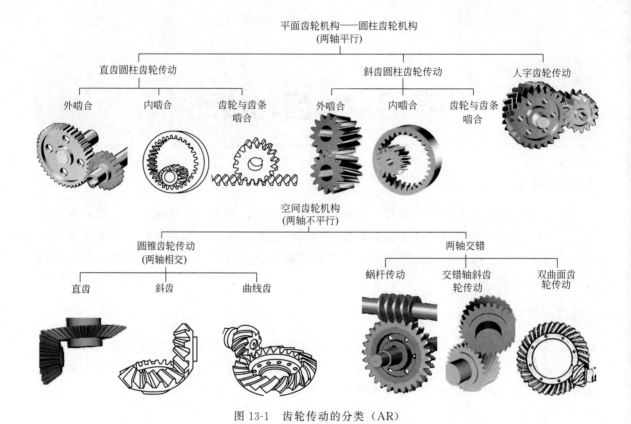

图 13-1 齿轮传动的分类（AR）

13.2 渐开线齿轮的齿廓及其啮合特性

13.2.1 渐开线的形成

如图 13-2(a) 所示，一直线 L 沿一个半径为 r_b 的圆周做纯滚动时，直线上任意点 K 的轨迹 AK 即为该圆的渐开线。这个圆称为渐开线的基圆，基圆的半径用 r_b 表示。该直线 L 称为

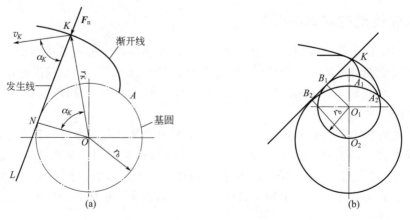

图 13-2 渐开线的形成（AR）

渐开线的发生线。

13.2.2 渐开线的性质

（1）发生线在基圆上滚过的长度等于基圆上被滚过的弧长，即 NK 长等于弧 NA。

（2）因为发生线在基圆上做纯滚动，所以它与基圆的切点 N 就是渐开线上 K 点的瞬时速度中心，渐开线上任一点的法线必与基圆相切。

（3）渐开线齿廓上某点的法线与该点的速度方向所夹的锐角称为该点的压力角，如图 13-2（a）K 点的压力角 α_K，齿廓上各点压力角是变化的。

$$\cos\alpha_K = \frac{r_b}{r_K}$$

（4）渐开线的形状取决于基圆的大小，如图 13-2（b）所示，随着基圆半径增大，渐开线上对应点的曲率半径也增大，当基圆半径无穷大时，渐开线则成为直线。

（5）基圆以内无渐开线。

13.2.3 渐开线齿廓的啮合特性

1）四线合一

如图 13-3 所示，一对渐开线齿廓在 K 点啮合，过 K 点作两齿廓的公法线 N_1N_2，根据渐开线的性质，该公法线就是两基圆的内公切线，由于基圆的大小和位置均一定，该公法线是唯一的。不管齿轮在哪一点啮合，啮合点总在这条公法线上，又可称为啮合线。由于两个齿轮啮合时其正压力是沿着公法线方向的，因此对渐开线齿廓的齿轮传动来说，啮合线、过啮合点的公法线、基圆的内公切线和正压力作用线四线合一。它与连心线 O_1O_2 的交点 C 称为节点。分别以点 O_1、O_2 为圆心，到节点的距离为半径所作的圆称为节圆，节圆半径分别用 r_1'、r_2' 表示。

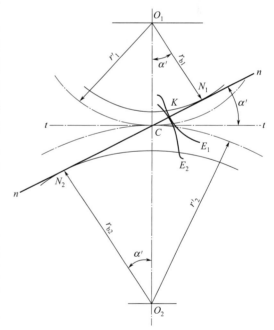

图 13-3　渐开线齿廓的啮合

2）中心距可分性

一对齿轮传动是靠主动轮齿廓依次推动从动轮齿廓来实现的，两轮的瞬时角速度之比称为传动比。通常主动轮用"1"表示，从动轮用"2"表示，一对渐开线齿轮的啮合传动可以看作两个节圆的纯滚动，且 $v_{c1}=v_{c2}$。设齿轮1、齿轮2的角速度分别为 ω_1 和 ω_2，则 $v_{c1}=\omega_1 O_1 C = v_{c2} = \omega_2 O_2 C$，因 $\triangle O_1 N_1 C \sim \triangle O_2 N_2 C$，两轮的传动比为

$$i_{12} = \frac{\omega_1}{\omega_2} = \frac{O_2 C}{O_1 C} = \frac{r_2'}{r_1'} = \frac{r_{b2}}{r_{b1}} \tag{13-1}$$

当一对渐开线齿轮制成之后，其基圆半径就确定了，由式（13-1）可知，即使两轮的中心距稍有改变，其角速比仍保持原值不变。这种性质称为渐开线齿轮传动的中心距可分性。实际上，制造安装误差或轴承磨损，常常导致中心距的微小改变，由于渐开线齿轮传动的中心距具

有可分性，仍能保持良好的传动性能。

3）啮合角不变

两节圆的公切线 $t-t$ 与啮合线 N_1N_2 之间的夹角 α' 称为啮合角。若不计齿廓间的摩擦力，则齿廓间的作用力始终沿着接触点的公法线方向，渐开线齿轮传动中啮合角为常数。啮合角不变表示齿廓间压力方向不变，若齿轮传递的力矩恒定，则轮齿之间、轴与轴承之间压力的大小和方向均不变，因而传动较平稳。

13.3 渐开线标准直齿圆柱齿轮的主要参数及几何尺寸计算

13.3.1 齿轮各部分名称

图 13-4 为直齿圆柱齿轮的一部分，齿顶所确定的圆称为齿顶圆，其直径用 d_a 表示。相邻两齿之间的空间称为齿槽。齿槽底部所确定的圆称为齿根圆，其直径用 d_f 表示。

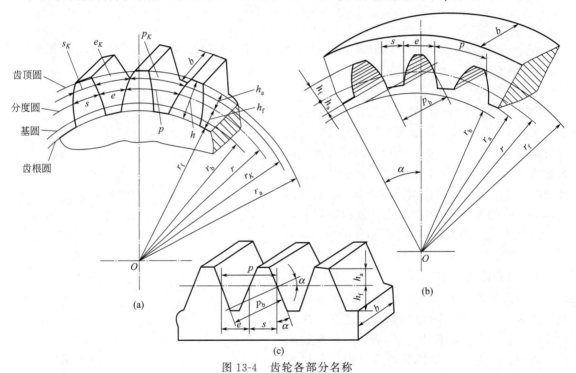

图 13-4 齿轮各部分名称

为了使齿轮能在两个方向传动，轮齿两侧齿廓是完全对称的。在任意直径处的圆周上，轮齿两侧齿廓之间的弧长称为该圆上的齿厚，用 s_K 表示；齿槽两侧齿廓之间的弧长称为该圆上的齿槽宽，用 e_K 表示；相邻两齿同侧齿廓之间的弧长称为该圆上的齿距，用 p_K 表示。设 z 为齿数，则根据齿距的定义可得

$$\pi d_K = p_K z, d_K = \frac{p_K z}{\pi}$$

由上式可知，在不同直径的圆周上，比值 $\dfrac{p_K}{\pi}$ 是不同的，其中还包含无理数 π；由渐开

线特性可知，在不同直径的圆周上，齿廓各点的压力角也是不等的。为了便于设计、制造及互换，把齿轮某一圆周上的比值 $\dfrac{p_K}{\pi}$ 规定为标准值（整数或较完整的有理数），这个圆称为分度圆，其直径以 d 表示。轮齿上介于齿顶圆与分度圆之间的部分称为齿顶，其径向高度称为齿顶高，用 h_a 表示；介于齿根圆与分度圆之间的部分称为齿根，其径向高度称为齿根高，用 h_f 表示。齿顶圆与齿根圆之间轮齿的径向高度称为全齿高，用 h 表示。圆周上均匀分布的轮齿总数称为齿数，用 z 表示。齿轮有齿部分沿齿轮轴线方向的宽度称为齿宽，用 b 表示。

13.3.2 渐开线标准直齿轮的基本参数及几何尺寸计算

1）模数和压力角

分度圆上的齿距 p 对 π 的比值称为模数，用 m 表示，单位为 mm。齿轮的主要几何尺寸都与模数成正比，m 越大，则 p 越大，轮齿就越大，轮齿的抗弯能力也越强。所以模数也是轮齿抗弯能力的重要标志。我国已规定了标准模数系列，表 13-1 为其中的一部分。

表 13-1 标准模数系列（部分）   mm

第一系列	1 1.25 1.5 2 2.5 3 4 5 6 8 10 12 16 20 25 32 40 50
第二系列	1.75 2.25 2.75 (3.25) 3.5 (3.75) 4.5 5.5 (6.5) 7 9 (11) 14 18 22 28 36 45

注：本表适用于渐开线圆柱齿轮，对斜齿轮是指法面模数。

分度圆上的压力角简称为压力角，以 α 表示，规定标准压力角为 $20°$。为了简便，分度圆上的齿距、齿厚及齿槽宽习惯上不加分度圆字样，而直接称为齿距、齿厚及齿槽宽。分度圆上各参数的代号都不带下标，例如用 s 表示齿厚，用 e 表示齿槽宽等。又由图 13-4 知

$$p = s + e = \pi m$$

分度圆直径
$$d = \frac{p}{\pi} z = mz$$

2）齿顶高系数和顶隙系数

齿顶高和齿根高的标准值可用模数表示为

$$h_a = h_a^* m \qquad h_f = (h_a^* + c^*) m$$

式中，h_a^*、c^* 分别称为齿顶高系数和顶隙系数，对于圆柱齿轮，其标准值按正常齿制和短齿制规定如表 13-2 所示。顶隙是指一对齿轮啮合时，一个齿轮的齿顶圆到另一个齿轮的齿根圆的径向距离，顶隙有利于储存润滑油。

表 13-2 渐开线齿轮的齿顶高系数和顶隙系数

系数	正常齿制	短齿制
h_a^*	1.0	0.8
c^*	0.25	0.3

分度圆上齿厚与齿槽宽相等，且齿顶高和齿根高为标准值的齿轮称为标准齿轮。标准直齿圆柱齿轮的基本参数有：z、m、α、h_a^*、c^*。

当基圆半径趋向无穷大时，渐开线齿廓变成直线齿廓，齿轮变成齿条，齿轮上各圆都变成齿条上相应的线。齿条齿廓上各点的压力角都相等，均为标准值。

3）渐开线标准直齿轮的几何尺寸计算（表 13-3）

表 13-3　渐开线标准直齿轮几何尺寸计算

序号	名称	符号	计算公式及参数选择
1	模数	m	标准模数
2	压力角	α	标准压力角 $=20°$
3	分度圆直径	d	$d=mz$
4	齿顶高	h_a	$h_a=h_a^* m$
5	齿根高	h_f	$h_f=(h_a^* +c^*)m$
6	全齿高	h	$h=h_a+h_f$
7	齿顶圆直径	d_a	$d_a=d\pm 2h_a=(z\pm 2h_a^*)m$
8	齿根圆直径	d_f	$d_f=d\mp 2h_f=(z\mp 2h_a^* \mp 2c^*)m$
9	基圆直径	d_b	$d_b=d\cos\alpha$
10	中心距	a	$a=\dfrac{1}{2}(d_2\pm d_1)=\dfrac{1}{2}m(z_2\pm z_1)$

13.4　渐开线直齿圆柱齿轮的啮合传动

13.4.1　渐开线直齿圆柱齿轮的正确啮合条件

如图 13-5 所示，齿轮传动时为了保证一对齿轮能在啮合线上同时接触而又不产生干涉，则必须使两轮的相邻两齿同侧齿廓沿啮合线上距离（法向齿距）相等。由渐开线性质可知，法向齿距与基圆齿距相等，即 $p_{b1}=p_{b2}$。设 m_1、m_2、α_1、α_2、p_{b1}、p_{b2} 分别为两轮的模数、压力角和基圆齿距。

$$p_{b2}=\frac{\pi d_{b2}}{z_2}=\frac{\pi d_2 d_{b2}}{z_2 d_2}=p_2\cos\alpha_2=\pi m_2\cos\alpha_2$$

$$p_{b1}=\pi m_1\cos\alpha_1$$

正确啮合条件为　　　　　　　　　　$m_1\cos\alpha_1=m_2\cos\alpha_2$

由于模数和压力角已经标准化，事实上很难拼凑满足，所以必须使

$$m_1=m_2=m\qquad \alpha_1=\alpha_2=\alpha$$

上式表明，渐开线齿轮的正确啮合条件是：两轮的模数和压力角必须分别相等。一对齿轮的传动比又可表示为

$$i_{12}=\frac{\omega_1}{\omega_2}=\frac{d_2'}{d_1'}=\frac{d_{b2}}{d_{b1}}=\frac{d_2}{d_1}=\frac{z_2}{z_1} \tag{13-2}$$

即其传动比不仅与两轮的基圆、节圆、分度圆直径成反比，而且与两轮的齿数成反比。

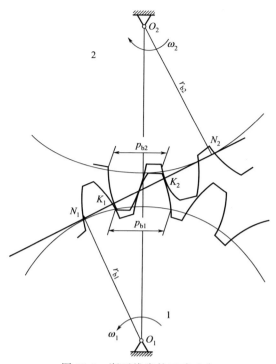

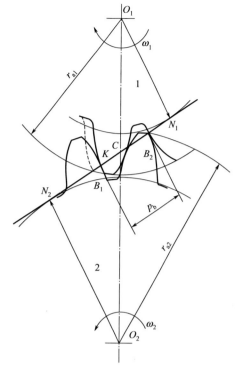

图 13-5　渐开线齿轮正确啮合　　　　　　　　图 13-6　渐开线齿轮的连续传动

13.4.2　渐开线齿轮的连续传动

设图 13-6 中轮 1 为主动轮，轮 2 为从动轮，为了使齿轮传动不致中断，在轮齿相互交替工作时，必须保证前一对轮齿尚未脱离啮合时，后一对轮齿就应进入啮合。为了满足连续传动要求，前一对轮齿齿廓到达啮合终点 B_1 时，尚未脱离啮合时，后一对轮齿至少必须开始在 B_2 点啮合，此时线段 B_1B_2 恰好等于 p_b。所以，连续传动的条件为：$B_1B_2 \geqslant p_b$。也可表示为

$$\varepsilon = \frac{B_1 B_2}{p_b} \geqslant 1$$

式中，ε 为重合度。

即齿轮传动的重合度大于等于 1，一般取 $\varepsilon = 1.1 \sim 1.4$。

满足正确啮合条件只是连续传动的必要条件，而不是充分条件。为了保证连续传动，必须研究齿轮传动的重合度。同时啮合的齿的对数越多，重合度越大。对于标准齿轮传动，其重合度都大于 1。

13.4.3　渐开线齿轮的标准安装

一对齿轮传动时，一齿轮节圆上齿槽宽与另一齿轮节圆上的齿厚之差称为齿侧间隙。在机械设计中，为了消除反向传动空程和减小撞击，要求齿侧间隙等于零，正确安装的齿轮如图 13-7 所示，应无齿侧间隙。一对相互啮合的标准齿轮，其模数相等，故两轮分度圆上的齿厚和齿槽宽相等，因此，当分度圆与节圆重合时，可满足无齿侧间隙的条件。这种安装称为标准安装，标准安装时的中心距称为标准中心距，以 a 表示。

$$a = r'_1 + r'_2 = r_1 + r_2 = \frac{m}{2}(z_1 + z_2) \tag{13-3}$$

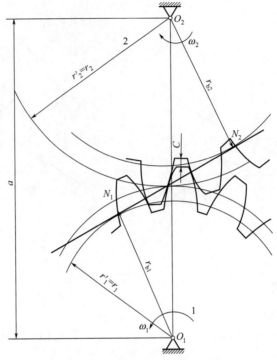

图 13-7 齿轮标准安装中心距

分度圆和压力角是单个齿轮本身所具有的，而节圆和啮合角是两个齿轮相互啮合时才出现的。标准齿轮传动只有在分度圆与节圆重合时，压力角与啮合角才相等；否则，压力角与啮合角就不相等。

13.5 渐开线齿轮的加工原理、根切现象、最少齿数

13.5.1 渐开线齿轮的加工原理

齿轮的加工方法很多，如切制法、铸造法、热轧法、冲压法、电加工法等。但从加工原理的角度看，可将齿轮加工方法归为两大类：仿形法（如铣削、拉削）和范成法（如插齿、滚齿）。

1）仿形法

仿形法是用渐开线齿形的仿形铣刀（盘状或指状）直接切出齿形（图 13-8）。加工时，铣刀绕自身轴线旋转，同时轮坯沿齿轮轴线方向直线移动，铣出一个齿槽以后，轮坯将转过 $2\pi/z$ 角度后，再铣下一个齿槽，依此类推。这种切齿方法简单，可在普通铣床上进行加工，加工方便易行，但精度难以保证。由于渐开线齿廓形状取决于基圆的大小，齿廓形状与 m、z、α 有关，欲加工精确齿廓，对模数和压力角相同的、齿数不同的齿轮，应采用不同的刀具，而这在实际中是不可能的。生产中通常用同一号铣刀切制同模数、不同齿数的齿轮，故齿形通常是近

似的。故仿形法仅适用于齿轮修配、单件生产、精度要求不高的齿轮加工。

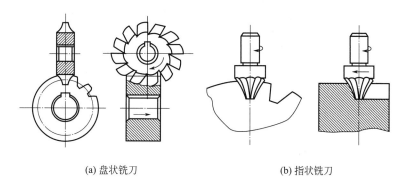

(a) 盘状铣刀　　　　　　　　　　(b) 指状铣刀

图 13-8　仿形法（AR）

2）范成法（又称展成法、包络法）

范成法是利用一对齿轮（或齿轮与齿条）相互啮合的原理来切齿的（图 13-9），是利用一对齿轮无侧隙啮合时两轮的齿廓互为包络线的原理加工齿轮的，加工时刀具与齿坯的运动就像一对互相啮合的齿轮，最后刀具将齿坯切出渐开线齿廓。

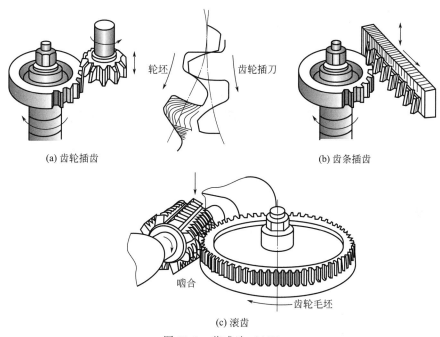

(a) 齿轮插齿　　　　　　　　　　　　　　　　(b) 齿条插齿

(c) 滚齿

图 13-9　范成法（AR）

用范成法加工齿轮时，只要刀具与被切齿轮的模数和压力角相同，不论被加工齿轮的齿数是多少，都可以用同一把刀具来加工，这给生产带来了很大的方便，因此范成法得到了广泛的应用。

13.5.2　渐开线齿轮的根切现象和最少齿数

用范成法加工齿轮时，如图 13-10 所示为齿条插刀加工标准外齿轮的情况，齿条插刀的分度线与齿轮的分度圆相切。若刀具的齿顶线（或齿顶圆）超过理论啮合线极限点 N 时，被加工齿轮齿根附近的渐开线齿廓将被切去一部分，这种现象称为根切（如图 13-11 所示）。产生严重根切的齿轮，一方面削弱了轮齿的抗弯强度；另一方面将使齿轮传动的重合度有所降低，这对传动是十分不利的，所以应当避免。

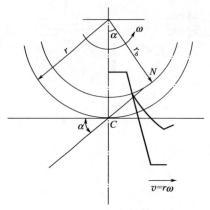

图 13-10　产生根切的原因（AR）

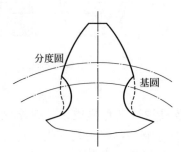

图 13-11　轮齿的根切现象

要使被切齿轮不产生根切，刀具的齿顶线不得超过极限啮合点 N。经推导得出，加工标准外齿轮而不发生根切现象的最少齿数为

$$z_{\min} = 2h_a^* / \sin^2 \alpha \tag{13-4}$$

当 $\alpha = 20°$，$h_a^* = 1$ 时，$z_{\min} = 17$。

13.6　齿轮传动的润滑、效率及失效形式

13.6.1　齿轮传动的润滑

润滑对于齿轮传动十分重要，润滑不仅可以减小摩擦、减轻磨损，还可以起到散热、防锈、降低噪声、改善齿轮的工作状况、延缓轮齿失效、延长齿轮的使用寿命等作用。

1）润滑方式

（1）人工定期加油润滑，适用于开式齿轮传动。

（2）浸油润滑，适用于齿轮的圆周速度 $v \leqslant 12\text{m/s}$ 的闭式齿轮传动。单级齿轮传动如图 13-12 所示，多级传动见图 13-13。运转时，浸油齿轮就把润滑油带到啮合区，同时也甩到箱壁上，借以散热。v 较大时，浸油深度约为一个齿高。

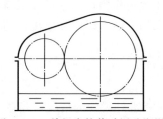

图 13-12　单级齿轮传动浸油润滑

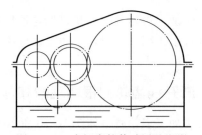

图 13-13　多级齿轮传动浸油润滑

（3）喷油润滑，适用于 $v>12\text{m/s}$ 的闭式齿轮传动。由于 v 过高，齿轮上的油大多被甩出去而达不到啮合区，同时搅油过于激烈，使油温升高，降低了其润滑性能，所以此时不宜采用浸油润滑，而是用油泵将润滑油直接喷到齿轮的啮合区，如图 13-14 所示。

2）润滑油的选择

选择润滑油时，先根据齿轮的工作条件和圆周速度查得润滑油的黏度（表 13-4），再根据选定的黏度确定润滑油的牌号。

对于多级齿轮传动，应采用各级传动圆周速度的平均值来选取润滑油黏度。

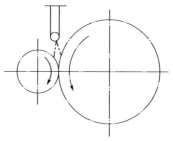

图 13-14 喷油润滑

必须经常检查齿轮传动的润滑状况。如浸油润滑需检查油面高度，油面过高会增加搅油的功率损失，油面过低则润滑不良。对于压力喷油润滑系统需检查油压状况，油压过低会造成供油不足，油压过高则可能是因为油路不畅所致，应及时调整油压。

表 13-4 齿轮传动润滑油黏度推荐值

齿轮材料	强度极限 σ_b /MPa	圆周速度 v/(m/s)						
		<0.5	0.5~1	1~2.5	2.5~5	5~12.5	12.5~25	>25
		运动黏度 γ/cSt(1cSt=1mm²/s)						
塑料、铸铁、青铜	—	350	220	150	100	80	55	—
钢	450~1000	500	350	220	150	100	80	55
	1000~1250	500	500	350	220	150	100	80
渗碳或表面淬火的钢	1250~1580	900	500	500	350	220	150	100

13.6.2 齿轮传动的效率

齿轮传动的功率损耗主要包括啮合中的摩擦损耗、搅动润滑油的油阻损耗、轴承中的摩擦损耗。计入上述损耗，进行有关齿轮传动的设计计算时，通常使用的是齿轮传动的平均效率。当齿轮轴上装有滚动轴承，并在满载状态下运转时，传动的平均效率见表 13-5。

表 13-5 齿轮传动的平均效率

传动形式	圆柱齿轮传动	圆锥齿轮传动
6 级或 7 级精度的闭式传动	0.98	0.97
8 级精度的闭式传动	0.97	0.96
开式传动	0.95	0.93

13.6.3 轮齿常见的失效形式

齿轮传动的失效是轮齿的失效。常见的失效形式有轮齿折断、齿面点蚀、齿面胶合、齿面磨损和齿面塑性变形等。

1）轮齿折断

有疲劳折断、短时过载或冲击折断，是闭式硬齿面齿轮传动的主要失效形式。

发生原因：轮齿折断一般发生在齿根部分，因为轮齿受力时齿根弯曲应力最大，而且有应力集中，这种折断称为疲劳折断。当轮齿突然过载或经严重磨损后齿厚过薄时，也会发生轮齿折断，称为过载折断。由于制造安装的误差使其局部受载过大时，会造成局部折断，如图 13-15 所示。

改善措施：增大齿根圆角半径、提高齿面硬度、保持芯部的韧性等。

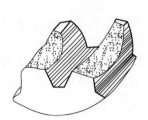　　　　

图 13-15　轮齿折断　　　　图 13-16　齿面点蚀

2）齿面点蚀

如果齿面接触应力超过了轮齿材料的接触疲劳极限，齿面上会产生裂纹，裂纹扩展到使表层金属微粒剥落，形成小麻点，这种现象称为齿面点蚀（图 13-16）。点蚀首先出现在靠近节线的齿根面上，是闭式软齿面齿轮传动的主要失效形式，而对于开式齿轮传动，由于磨损严重，一般不出现点蚀。

改善措施：提高齿面硬度和降低表面粗糙度值等。

3）齿面胶合

在高速重载的齿轮传动中，齿面间的接触应力较大，若润滑不良，会出现局部齿面材料的粘连，继而沿相对滑动方向撕出沟纹，这种现象称为胶合（图 13-17）。在蜗杆传动中，由于蜗杆、蜗轮的齿面间的相对滑动速度较大，发热量大而效率低，所以胶合是其主要失效形式，多发生于强度较低的蜗轮轮齿上。

改善措施：提高齿面硬度、降低齿面粗糙度、限制油温、增加油的黏度、选用加有抗胶合添加剂的合成润滑油等。

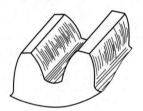　　　　

图 13-17　齿面胶合　　　　图 13-18　齿面磨损

4）齿面磨损

齿面磨损（图 13-18）包括磨粒磨损和跑合磨损。磨粒磨损是指金属微粒、砂粒、灰尘等进入轮齿，齿面间存在相对滑动，加剧磨损。跑合磨损是指新齿轮副磨掉齿面波峰，减小压强。齿面磨损是开式齿轮传动的主要失效形式。

改善措施：改善润滑条件、提高齿面硬度、降低齿面粗糙度值、采用闭式传动等。

5）齿面塑性变形

当齿轮材料硬度较低而载荷较大时，轮齿表层材料将沿着摩擦力方向产生塑性变形（图 13-19），影响齿轮的正常啮合。

改善措施：提高齿面硬度、选用黏度较高的润滑油等。

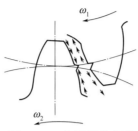

图 13-19　齿面塑性变形

13.6.4　齿轮传动的设计准则

设计齿轮传动应根据齿轮传动的工作条件、失效情况等，合理地确定设计准则，以保证齿轮传动有足够的承载能力。工作条件、齿轮的材料不同，轮齿的失效形式就不同，设计准则、设计方法也不同。

对于闭式软齿面齿轮传动，齿面点蚀是主要的失效形式，应先按齿面接触疲劳强度进行设计计算，确定齿轮的主要参数和尺寸，然后再进行齿根弯曲疲劳强度校核；对于闭式硬齿面齿轮传动，轮齿折断是主要的失效形式，应按齿根弯曲疲劳强度进行设计计算，确定齿轮的模数和其他尺寸，然后再校核齿面的接触疲劳强度。

对于开式齿轮传动中的轮齿，齿面磨损为其主要失效形式，通常按照齿根弯曲疲劳强度进行设计计算，确定齿轮的模数，考虑磨损因素，再将模数增大 10%～20%，无需校核齿面接触强度。

13.7　齿轮的常用材料和许用应力

齿轮的制造精度等级分为 1 到 12 级递减，其中在机床中常用的为 6～9 级（表 13-6）。机床齿轮按使用条件可分为：低速齿轮、中速齿轮、高速齿轮。

表 13-6　常用机械齿轮精度等级选用推荐

机器名称	精度等级	机器名称	精度等级
汽轮机	3～6	通用减速器	6～8
金属切削机床	3～8	锻压机床	6～9
轻型汽车	5～8	起重机	7～10
载重汽车	7～9	矿山用卷扬机	8～10
拖拉机	6～8	农业机械	8～11

13.7.1　对齿轮材料的基本要求

由轮齿的失效形式分析可知，对齿轮材料的基本要求为：齿面应有足够的硬度，以抵抗齿面磨损、点蚀、胶合以及塑性变形等；齿芯应有足够的强度和较好的韧性，以抵抗齿根折断和冲击载荷；应有良好的加工工艺性能及热处理性能，使之便于加工且便于提高力学性能。

13.7.2 常用的齿轮材料及热处理

选材时主要考虑：齿轮的具体工作条件、载荷性质、精度要求、经济性、制造方法等。齿轮毛坯锻造时选可锻材料，铸造时选可铸材料。若配对齿轮均采用软齿面，因小齿轮的受载次数多，为使两齿轮的轮齿接近等强度，故小齿轮材料性能应选好些，齿面硬度稍高于大齿轮（硬度 30~50HBS）。最常用的齿轮材料是钢，此外还有铸铁及一些非金属材料等。常用齿轮材料及性能见表 13-7。

表 13-7 常用的齿轮材料及性能

类别	牌号	热处理	硬度（HBS 或 HRC）
优质碳素钢	35	正火	150~180HBS
		调质	180~210HBS
		表面淬火	40~45HRC
	45	正火	170~210HBS
		调质	210~230HBS
		表面淬火	43~48HRC
	50	正火	180~220HBS
合金结构钢	40Cr	调质	240~285HBS
		表面淬火	52~56HRC
	35SiMn	调质	200~260HBS
		表面淬火	40~45HRC
	40MnB	调质	240~280HBS
	20Cr	渗碳淬火回火	56~62HRC
	20CrMnTi	渗碳淬火回火	56~62HRC
	38CrMoAlA	渗氮	60HRC
铸钢	ZG270-500	正火	140~170HBS
	ZG310-570	正火	160~200HBS
	ZG340-640	正火	180~220HBS
	ZG35SiMn	正火	160~220HBS
		调质	200~250HBS
灰铸铁	HT200		170~230HBS
	HT300		187~255HBS
球墨铸铁	QT500-5		147~241HBS
	QT600-2		229~302HBS

（1）锻钢。锻钢因具有强度高、便于制造、便于热处理等优点，大多数齿轮都用锻钢制造。下面介绍软齿面和硬齿面齿轮常用的材料。

① 软齿面齿轮。软齿面齿轮的齿面硬度≤350HBS，常用中碳钢和中碳合金钢，如 45 钢、40Cr、35SiMn 等材料，进行调质或正火处理。这种齿轮适用于强度、精度要求不高的场合，轮坯经过热处理后进行插齿或滚齿加工，生产便利，成本较低。

② 硬齿面齿轮。硬齿面齿轮的齿面硬度＞350HBS，常用的材料为中碳钢或中碳合金钢经表面淬火处理，若采用低碳钢或低碳合金钢，如 20 钢、20Cr、20CrMnTi 等，齿面需渗碳淬火。

（2）铸钢。当齿轮的尺寸较大（400～600mm）而不便于锻造时，可用铸造方法制成铸钢齿坯，再进行正火处理以细化晶粒。

（3）铸铁。低速轻载的场合齿轮可制成铸铁齿坯，铸铁齿轮的加工性能、抗点蚀性能、抗胶合性能均较好，但强度低，耐磨性能、抗冲击性能差。球墨铸铁的力学性能和抗冲击能力比灰铸铁高，可代替铸钢铸造大直径齿轮。

（4）非金属材料。非金属材料的弹性模量小，适用于高速轻载、精度要求不高的场合。

13.7.3　齿轮材料的许用应力

齿轮的许用应力 $[\sigma]$ 是以试验齿轮在特定的条件下经疲劳试验测得的疲劳极限应力 σ_{Hlim}，并对其进行适当的修正得出的。修正时主要考虑应力循环次数的影响和可靠度。

齿面接触疲劳许用应力为

$$[\sigma_H] = \frac{\sigma_{Hlim}}{S_H} \tag{13-5}$$

齿根弯曲疲劳许用应力为

$$[\sigma_F] = \frac{\sigma_{Flim}}{S_F} \tag{13-6}$$

式中带 lim 下标的应力是试验齿轮在持久寿命期内失效概率为 1% 的疲劳极限应力。因为材料的成分、性能、热处理的结果和质量都不能均一，故该应力值不是一个定值，有很大的离散区。在一般情况下，可取中间值，按齿轮材料和齿面硬度，接触疲劳极限 σ_{Hlim} 查图 13-20，弯曲疲劳极限 σ_{Flim} 查图 13-21，其值已计入应力集中的影响。应注意：①若硬度超出线图中范围，可近似地按外插法查取 σ_{Hlim} 值；②当轮齿承受对称循环应力时，对于弯曲应力应将图中的 σ_{Flim} 值乘以 0.7；③S_H、S_F 分别为齿面接触疲劳强度安全系数和齿根弯曲疲劳强度安全系

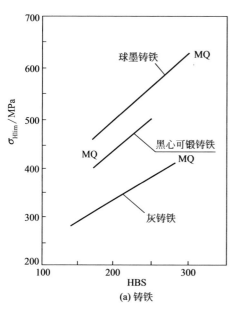

(a) 铸铁

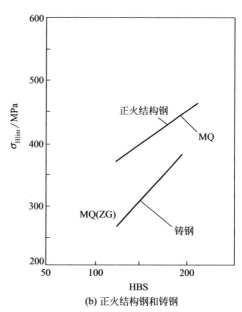

(b) 正火结构钢和铸钢

图 13-20

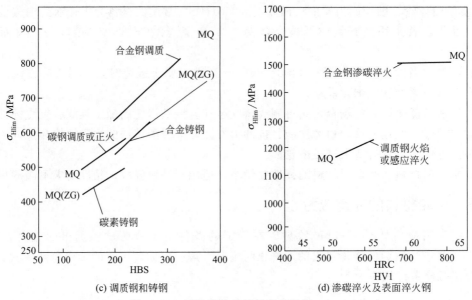

(c) 调质钢和铸钢

(d) 渗碳淬火及表面淬火钢

图 13-20 试验齿轮的接触疲劳极限 σ_{Hlim}

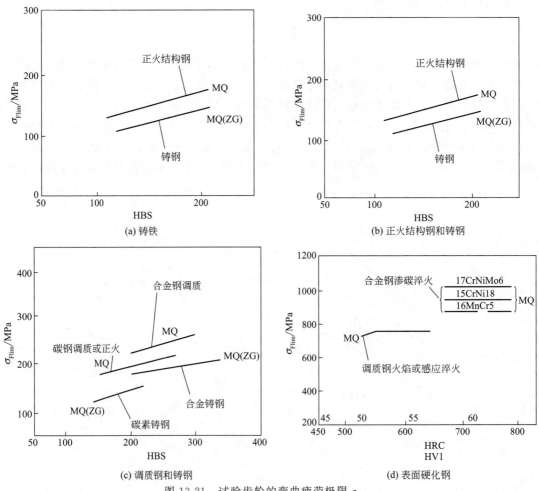

(a) 铸铁

(b) 正火结构钢和铸钢

(c) 调质钢和铸钢

(d) 表面硬化钢

图 13-21 试验齿轮的弯曲疲劳极限 σ_{Flim}

数，可查表 13-8。

表 13-8　安全系数 S_H 和 S_F

安全系数	软齿面(≤350HBS)	硬齿面(>350HBS)	重要的传动、渗碳淬火齿轮或铸造齿轮
S_H	1.0～1.1	1.1～1.2	1.3
S_F	1.3～1.4	1.4～1.6	1.6～2.2

13.8　渐开线标准直齿圆柱齿轮传动的强度计算

13.8.1　直齿轮传动轮齿的受力分析

为了计算轮齿的强度，设计轴和轴承，必须首先分析轮齿上的作用力。设一对标准直齿圆柱齿轮按标准中心距安装，其齿廓在 C 点接触，忽略接触处的摩擦力，作用在主动轮上的转矩为 T_1，则轮齿间相互作用的法向力 F_n 沿着啮合线方向。如图 13-22 所示，法向力在分度圆上可分解成两个互相垂直的分力，即圆周力 F_t、径向力 F_r。

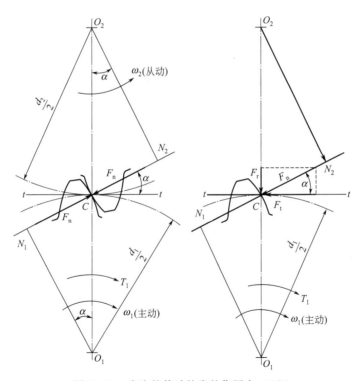

图 13-22　直齿轮传动轮齿的作用力（AR）

圆周力
$$F_t = \frac{2T_1}{d_1} \qquad\qquad (13\text{-}7)$$

径向力
$$F_r = F_t \tan\alpha \qquad\qquad (13\text{-}8)$$

法向力
$$F_n = \frac{F_t}{\cos\alpha} \qquad\qquad (13\text{-}9)$$

式中，T_1 为小齿轮上的转矩，N·mm，$T_1 = 9.55 \times 10^6 \dfrac{P}{n_1}$，$P$ 为传递的功率（kW），n_1 为小齿轮的转速（r/min）；d_1 为小齿轮的分度圆直径，mm；α 为压力角。

圆周力 F_t 的方向在主动轮上与运动方向相反，在从动轮上与运动方向相同。径向力 F_r 的方向对两轮都是由作用点指向轮心。根据作用力反作用力原则可知：

$$F_{n1} = -F_{n2} \qquad F_{t1} = -F_{t2} \qquad F_{r1} = -F_{r2}$$

13.8.2　齿轮的计算载荷

齿轮传动在实际工作时，由于原动机和工作机的工作特性不同，会产生附加的动载荷。齿轮、轴、轴承的加工、安装误差及弹性变形会引起载荷集中，使实际载荷增加。前面提到的 F_n 为名义载荷，考虑各种实际情况，通常用计算载荷 KF_n 取代名义载荷 F_n，K 为载荷系数，由表 13-9 查取。计算载荷用符号 F_{nc} 表示，即

$$F_{nc} = KF_n \tag{13-10}$$

表 13-9　载荷系数 K

工作机械	载荷特性	原动机		
		电动机	多缸内燃机	单缸内燃机
均匀加料的运输机和加料机、轻型卷扬机、发动机、机床辅助传动	均匀、轻微冲击	1～1.2	1.2～1.6	1.6～1.8
不均匀加料的运输机和加料机、重型卷扬机、球磨机、机床主传动	中等冲击	1.2～1.6	1.6～1.8	1.8～2.0
冲床、钻床、轧机、破碎机、挖掘机	大的冲击	1.6～1.8	1.9～2.1	2.2～2.4

注：斜齿、圆周速度低、精度高、齿轮在两轴承对称布置时取较小值；直齿、圆周速度高、精度低、齿宽系数大、齿轮在两轴承间不对称布置时取较大值。

13.8.3　齿面接触疲劳强度计算

根据齿面疲劳点蚀的失效分析，点蚀是因为接触应力过大而引起的，由力学中赫兹应力公式以节点处的接触应力来计算齿面的接触疲劳强度。经推导得出一对渐开线标准直齿轮的齿面接触疲劳强度的校核公式为

$$\sigma_H = 3.52 Z_E \sqrt{\dfrac{KT_1(u \pm 1)}{bd_1^2 u}} \leqslant [\sigma_H] \tag{13-11}$$

齿面接触疲劳强度的设计公式为

$$d_1 \geqslant \sqrt[3]{\dfrac{KT_1(u \pm 1)}{\psi_d u}\left(\dfrac{3.52 Z_E}{[\sigma_H]}\right)^2} \tag{13-12}$$

式中，$[\sigma_H]$ 为齿轮材料的许用接触应力，MPa；T_1 为主动轮的转矩，N·mm；b 为轮齿的接触宽度，mm；u 为两齿轮的齿数比，$u = \dfrac{z_2}{z_1} = \dfrac{d_2}{d_1}$；$\psi_d$ 为齿宽系数，$\psi_d = \dfrac{b}{d_1}$；Z_E 为弹性系数，见表 13-10；K 为载荷系数，见表 13-9；"＋"号用于外啮合，"－"号用于内啮合。

应用上述公式时应注意：①两齿轮齿面的接触应力 σ_{H1} 与 σ_{H2} 大小相同；②两齿轮的许用接触应力 $[\sigma_{H1}]$ 与 $[\sigma_{H2}]$ 一般不同，进行强度计算时应选用较小值；③齿轮的齿面接触疲劳强度与齿轮的直径或中心距的大小有关，即与 m 与 z 的乘积有关，而与模数的大小无关。当一对齿轮的材料、齿宽系数、齿数比一定时，由齿面接触强度所决定的承载能力仅与齿轮的直径或中心距有关。

表 13-10　弹性系数 Z_E　　　　　$\sqrt{\text{MPa}}$

材料	锻钢	铸钢	球墨铸铁	灰铸铁
	$E=20.6\times10^4$	$E=20.2\times10^4$	$E=17.3\times10^4$	$E=11.8\times10^4$
	$\mu=0.3$	$\mu=0.3$	$\mu=0.3$	$\mu=0.3$
锻钢	189.8	188.9	181.4	162.0
铸钢		188.0	180.5	161.4
球墨铸铁	—	—	173.9	156.6
灰铸铁			—	143.7

注：μ 为材料的泊松比，E 为材料的弹性模量。

13.8.4　齿根弯曲疲劳强度计算

为了防止轮齿根部的疲劳折断，在进行齿轮设计时要计算齿根弯曲疲劳强度。轮齿的疲劳折断主要和齿根弯曲应力的大小有关。计算时将轮齿看作悬臂梁，确定齿根危险截面的弯曲应力，经推导可得出一对渐开线标准直齿轮齿根弯曲疲劳强度的校核公式为

$$\sigma_F = \frac{2KT_1}{bmd_1}Y_FY_S = \frac{2KT_1}{bm^2z_1}Y_FY_S \leqslant [\sigma_F] \qquad (13\text{-}13)$$

式中，T_1 为主动轮的转矩，N·mm；b 为轮齿的接触宽度，mm；m 为模数；z_1 为主动轮齿数；$[\sigma_F]$ 为轮齿的许用弯曲应力，MPa；K 为载荷系数。

弯曲疲劳强度的设计公式为

$$m \geqslant 1.26\sqrt[3]{\frac{KT_1Y_FY_S}{\psi_d z_1^2[\sigma_F]}} \qquad (13\text{-}14)$$

注意：通常两个相啮合齿轮的齿数是不相同的，故齿形系数 Y_F（查表 13-11）和应力修正系数 Y_S（查表 13-12）都不相等，而且齿轮的许用应力 $[\sigma_F]$ 也不一定相等，因此必须分别校核两齿轮的齿根弯曲强度。在设计计算时，应将两齿轮的 $\dfrac{Y_FY_S}{[\sigma_F]}$ 值进行比较，取其中较大者代入式(13-14)中计算，计算所得模数应圆整成标准值。

表 13-11　标准外齿轮的齿形系数 Y_F

z	12	14	16	17	18	19	20	22	25	28	30	35	40	45	50	60	80	100	$\geqslant200$
Y_F	3.47	3.22	3.03	2.97	2.91	2.85	2.81	2.75	2.65	2.58	2.54	2.47	2.41	2.37	2.35	2.30	2.25	2.18	2.14

注：$\alpha=20°$、$h_a^*=1$、$c^*=0.25$。

表 13-12　标准外齿轮的应力修正系数 Y_S

z	12	14	16	17	18	19	20	22	25	28	30	35	40	45	50	60	80	100	$\geqslant200$
Y_S	1.44	1.47	1.51	1.53	1.54	1.55	1.56	1.58	1.59	1.61	1.63	1.65	1.67	1.69	1.71	1.73	1.77	1.80	1.88

注：$\alpha=20°$、$h_a^*=1$、$c^*=0.25$、$\rho_F=0.38m$，ρ_F 为齿根圆角曲率半径。

13.8.5　标准齿轮传动设计主要参数的选择

1）传动比 i

i 小于 8 时可采用一级齿轮传动。如果传动比过大时采用一级传动，将导致结构庞大，所以这种情况下要采用分级传动。如果总传动比 i 为 8～40，可分成二级传动；如果总传动比 i 大于 40，可分为三级或三级以上传动。

一般取每对直齿圆柱齿轮的传动比 $i<3$，最大可达 5；斜齿圆柱齿轮的传动比可大些，取 $i\leqslant5$，最大可达 8；直齿锥齿轮的传动比 $i\leqslant3$，最大可在 $i\leqslant5\sim7.5$ 范围内。

2）齿数 z

一般设计中取 $z>z_{min}$。齿数多则重合度大、传动平稳，且能改善传动质量、减少磨损。若分度圆直径不变，增加齿数使模数减小，从而减少了切齿的加工量且减少了工时。但模数减小会导致轮齿的弯曲强度降低。具体设计时，在保证弯曲强度的前提下，应取较多的齿数为宜。

在闭式软齿面齿轮传动中，齿轮的弯曲强度总是足够的，因此齿数可取多些，推荐取 $z_1=20\sim40$。

在闭式硬齿面齿轮传动中，齿根折断为主要的失效形式，因此可适当地减少齿数以保证模数取值的合理。在开式传动中，为保证轮齿在经受相当的磨损后仍不会发生弯曲破坏，z 不宜取大，一般取 $z_1=17\sim20$。

对于周期性变化的载荷，为避免最大载荷总是作用在某一或某几对轮齿而使磨损过于集中，z_1、z_2 应为互质数。这样实际传动比可能与要求的传动比有出入，但一般情况下传动比误差在 $\pm5\%$ 内是允许的。

3）模数

模数的大小影响轮齿的弯曲强度。设计时应在保证弯曲强度的条件下取较小的模数。但对传递动力的齿轮应保证 $m\geqslant1.5\sim2\text{mm}$。

4）齿宽系数 ψ_d

齿宽系数 $\psi_d=\dfrac{b}{d_1}$，当 d_1 一定时，增大齿宽系数必然增大齿宽，可提高齿轮的承载能力。但齿宽越大，载荷沿齿宽的分布越不均匀，造成偏载而降低了传动能力。因此设计齿轮传动时应合理选择 ψ_d。一般取 $\psi_d=0.2\sim1.4$，如表 13-13 所示。

表 13-13　齿宽系数 ψ_d

齿轮相对于轴承的位置	齿面硬度	
	软齿面（≤350HBS）	硬齿面（>350HBS）
对称布置	0.8～1.4	0.4～0.9
不对称布置	0.6～1.2	0.3～0.6
悬臂布置	0.3～0.4	0.2～0.25

注：1. 对于直齿圆柱齿轮取较小值，斜齿轮可取较大值，人字齿轮可取更大值。
　　2. 载荷平稳、轴的刚性较大时，取值应大一些；变载荷、轴的刚性较小时，取值应小一些。

在一般精度的圆柱齿轮减速器中，为补偿加工和装配的误差，应使小齿轮比大齿轮宽一些，小齿轮的齿宽取 $b_1=b_2+5\sim10\text{mm}$，所以齿宽系数 ψ_d 实际上为 $\dfrac{b_2}{d_1}$。齿宽 b_1 和 b_2 都应圆整为整数，最好个位数是 0 或 5。

标准减速器中齿轮的齿宽系数也可表示为 $\psi_d = \dfrac{b}{a}$，其中 a 为中心距。对于一般减速器可取 $\psi_d = 0.4$，开式传动可取 $\psi_d = 0.1 \sim 0.3$。

5）齿轮精度等级的选择

渐开线圆柱齿轮精度等级规定了 12 个精度等级，其中 1 级的精度最高，12 级的精度最低，常用的精度等级为 6~9 级。一般机械中的齿轮，当圆周速度小于 5m/s、采用插齿或滚齿加工、轮齿为直齿时，多采用 8 级精度。中、高速重载齿轮可采用 7 级精度。低速轻载、不重要的齿轮可采用 9 级精度。展成法粗滚、仿形铣等都属于低精度齿轮的加工方法，而较高精度（7 级以上）的齿需在精密机床上用精插或精滚方法加工，对淬火齿轮需进行磨齿或研齿加工。常用精度等级齿轮的加工方法见表 13-14。

在设计齿轮传动时，应根据齿轮的用途、使用条件、传递的圆周速度和功率大小等，选择齿轮的精度等级。

表 13-14　常用精度等级齿轮的加工方法

			齿轮的精度等级			
			6 级（高精度）	7 级（较高精度）	8 级（普通）	9 级（低精度）
加工方法			用展成法在精密机床上精磨或精剃	用展成法在精密机床上精插或精滚，对淬火齿轮需磨齿或研齿等	用展成法插齿或滚齿	用展成法或仿形法粗滚或铣削
齿面粗糙度 $Ra/\mu m$			0.80~1.60	1.60~3.2	3.2~6.3	≤6.3
用途			用于分度机构或高速重载的齿轮，如机床、精密仪器、汽车、船舶、飞机中的重要齿轮	用于高、中速重载齿轮，如机床、汽车、内燃机中的较重要齿轮，标准系列减速器中的齿轮	一般机械中的齿轮，不属于分度系统的机床，飞机、拖拉机中不重要的齿轮，纺织机械、农业机械中的重要齿轮	轻载传动的不重要齿轮，低速传动、对精度要求低的齿轮
圆周速度 $v/(m/s)$	圆柱齿轮	直齿	≤15	≤10	≤5	≤3
		斜齿	≤25	≤17	≤10	≤3.5
	锥齿轮	直齿	≤9	≤6	≤3	≤2.5

6）齿轮传动设计的一般步骤

（1）根据题目提供的工况等条件，确定传动形式，选定合适的齿轮材料和热处理方法，查表确定相应的许用应力。

（2）根据设计准则，设计计算 m 或 d_1。

（3）选择齿轮的主要参数。

（4）主要几何尺寸计算。

（5）根据设计准则，校核接触强度或弯曲强度。

（6）校核齿轮的圆周速度，选择齿轮传动的精度等级和润滑方式等。

（7）绘制齿轮的零件图。

例 13-1　设计一单级直齿圆柱齿轮减速器中的齿轮传动。已知：传递功率 $P = 10\text{kW}$，电动机驱动，小齿轮转速 $n_1 = 955\text{r/min}$，传动比 $i = 4$，单向运转，载荷平稳。使用寿命 10 年，单班制工作。

解：（1）选择齿轮材料及精度等级。小齿轮选用 45 钢调质，硬度为 $210\sim230$HBS；大齿轮选用 45 钢正火，硬度为 $170\sim210$HBS。因为是普通减速器，初选 8 级精度。

（2）按齿面接触疲劳强度设计。因两齿轮均为钢质齿轮，可应用公式(13-12) 求出 d_1 值。确定有关参数与系数。

① 转矩 T_1 为

$$T_1=9.55\times10^6\times\frac{P}{n_1}=9.55\times10^6\times\frac{10}{955}=1\times10^5(\text{N}\cdot\text{mm})$$

② 载荷系数 K。查表 13-9 取 $K=1.1$。

③ 齿轮 z_1 和齿宽系数 ψ_d。小齿轮的齿数 z_1 取为 25，则大齿轮齿数 $z_2=100$。因单级齿轮传动为对称布置，而齿轮齿面又为软齿面，由表 13-13 选取 $\psi_\text{d}=1$。

④ 许用接触应力 $[\sigma_\text{H}]$。由图 13-20 查得 $\sigma_\text{Hlim1}=560$MPa，$\sigma_\text{Hlim2}=530$MPa

由表 13-8 查得 $S_\text{H}=1$。

由式(13-5) 可得

$$[\sigma_\text{H1}]=\frac{\sigma_\text{Hlim1}}{S_\text{H}}=560\text{MPa}$$

$$[\sigma_\text{H2}]=\frac{\sigma_\text{Hlim2}}{S_\text{H}}=530\text{MPa}$$

$$d_1\geqslant\sqrt[3]{\frac{KT_1(u\pm1)}{\psi_\text{d}u}\left(\frac{3.52Z_\text{E}}{[\sigma_\text{H}]}\right)^2}=60.2\text{mm}$$

$$m=\frac{d_1}{z_1}=\frac{60.2}{25}\text{mm}=2.4\text{mm}$$

由表 13-1 渐开线齿轮的模数系列，取标准模数 $m=2.5$mm。

（3）主要尺寸计算如下

$$d_1=mz_1=2.5\times25\text{mm}=62.5\text{mm}$$
$$d_2=mz_2=2.5\times100\text{mm}=250\text{mm}$$
$$b=\psi_\text{d}d_1=1\times62.5\text{mm}=62.5\text{mm}$$

经圆整后取 $b_2=65$mm。

$$b_1=b_2+5\text{mm}=70\text{mm}$$

$$a=\frac{1}{2}m(z_1+z_2)=\frac{1}{2}\times2.5\times(25+100)\text{mm}=156.25\text{mm}$$

（4）校核齿根弯曲疲劳强度。由公式(13-13) 得出 σ_F，如 $\sigma_\text{F}\leqslant[\sigma_\text{F}]$ 则校核合格。确定有关系数与参数如下。

① 齿轮系数 Y_F。查表 13-11 得 $Y_\text{F1}=2.65$，$Y_\text{F2}=2.18$。

② 应力修正系数 Y_S。查表 13-12 得 $Y_\text{S1}=1.59$，$Y_\text{S2}=1.80$。

③ 许用弯曲应力 $[\sigma_\text{F}]$。由图 13-21 查得

$$\sigma_\text{Flim1}=210\text{MPa},\sigma_\text{Flim2}=190\text{MPa}$$

由表 13-8 查得 $\qquad\qquad S_\text{F}=1.3$

由式(13-6) 可得

$$[\sigma_\text{F1}]=\frac{\sigma_\text{Flim1}}{S_\text{F}}=\frac{210}{1.3}\text{MPa}=162\text{MPa}$$

$$[\sigma_{F2}] = \frac{\sigma_{Flim2}}{S_F} = \frac{190}{1.3}\text{MPa} = 146\text{MPa}$$

$$\sigma_{F1} = \frac{2KT_1}{bm^2 z_1}Y_F Y_{S1} = \frac{2 \times 1.1 \times 10^5}{65 \times 2.5^2 25} \times 2.65 \times 1.59\text{MPa} = 91\text{MPa} < [\sigma_{F1}]$$

$$\sigma_{F2} = \frac{2KT_1}{bm^2 z_1}Y_{F2} Y_{S2} = \frac{2 \times 1.1 \times 10^5}{65 \times 2.5^2 25} \times 2.18 \times 1.8\text{MPa} = 85\text{MPa} < [\sigma_{F2}]$$

齿根弯曲强度校核合格。

（5）验算齿轮的圆周速度 v。

$$v = \frac{\pi d_1 n_1}{60 \times 1000} = \frac{\pi \times 62.5 \times 955}{60 \times 1000}\text{m/s} = 3.13\text{m/s}$$

由表 13-14 可知，选 8 级精度是合适的。

（6）几何尺寸计算及绘制齿轮零件工作图（略）。

13.9 平行轴斜齿轮传动

平行轴齿轮传动相当于一对节圆柱的纯滚动，所以平行轴斜齿轮传动又称斜齿圆柱齿轮机构。

13.9.1 斜齿轮啮合的共轭齿廓曲面

1）直齿圆柱齿轮渐开线齿廓曲面的形成

如图 13-23 所示，直齿轮齿廓当发生面 S 在基圆柱上做纯滚动时，其上与母线平行的直线 KK' 在空间所走过的轨迹即为直齿圆柱齿轮渐开线曲面。

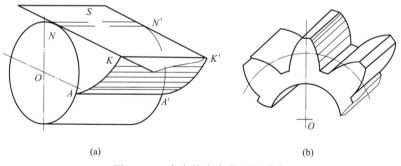

(a)   (b)

图 13-23　直齿轮齿廓曲面的形成

2）斜齿圆柱齿轮齿廓曲面的形成

斜齿圆柱齿轮齿廓曲面的形成原理和直齿轮相似，如图 13-24 所示。所不同的是形成渐开线齿面的直线 KK' 不再与轴线平行，而是与其成 β_b 角。

当发生面 S 在基圆柱上做纯滚动时，其上与母线 NN' 成一倾斜角 β_b 的斜直线 KK' 在空间所走过的轨迹，即为斜齿轮的渐开线螺旋齿面。

斜齿轮传动在两齿廓啮合过程中，齿廓接触线的长度由零逐渐增长，从某一位置以后又逐渐缩短，直至脱离接触，如图 13-24(a) 所示。它说明斜齿轮的齿廓是逐渐进入啮合，又逐渐脱离接触的，故工作平稳。而一对直齿轮的齿廓进入和脱离接触都是沿齿宽突然发生的，如

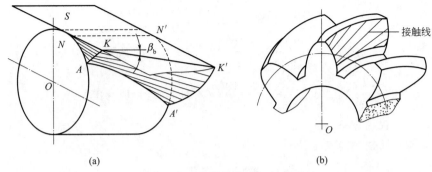

图 13-24 斜齿轮齿廓曲面的形成

图 13-23（b）所示，故其噪声较大，不适于高速传动。由斜齿轮齿廓曲面的形成可见，其端面（垂直于其轴线的截面）的齿廓曲线为渐开线。从端面看，一对渐开线斜齿轮传动就相当于一对渐开线直齿轮传动，所以它也满足定角速比的要求。

13.9.2 斜齿轮基本参数和几何尺寸计算

斜齿轮的轮齿为螺旋形，在垂直于齿轮轴线的端面（下标以 t 表示）和垂直于齿廓螺旋面的法面（下标以 n 表示）上有不同的参数。斜齿轮的端面是标准的渐开线，但从斜齿轮的加工和受力角度看，斜齿轮的法面参数为标准值。

1）螺旋角

图 13-25 为斜齿条的分度面截面图。螺旋线展开成直线，该直线与轴线的夹角 β，称为斜齿轮在分度圆柱上的螺旋角，简称斜齿轮的螺旋角。若 β 太小，则斜齿轮的优点不能充分体现；β 越大，斜齿轮的优点越明显，但产生的轴向力也越大。一般选用 β 值在 8°～20°范围内。

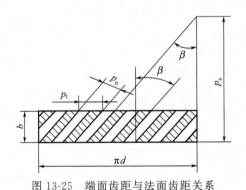

图 13-25 端面齿距与法面齿距关系

2）模数和压力角

由图 13-25 可知，法向齿距 p_n 和端面齿距 p_t 之间的关系为

$$p_n = p_t \cos\beta \quad p = \pi m$$

故法向模数 m_n 和端面模数 m_t 之间的关系为

$$m_n = m_t \cos\beta \tag{13-15}$$

斜齿条的法向压力角 α_n 和端面压力角 α_t 同理经过推导为

$$\tan\alpha_n = \tan\alpha_t \cos\beta \tag{13-16}$$

斜齿轮按其齿廓渐开线螺旋面的旋向，可分为左旋和右旋两种，如图 13-26 所示。

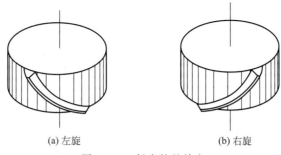

(a) 左旋　　　　　　　　(b) 右旋

图 13-26　斜齿轮的旋向

3）齿顶高系数和顶隙系数

规定正常齿制　　　　　$h_{an}^{*}=1$　　　$c_{n}^{*}=0.25$

用铣刀切制斜齿轮时，铣刀的齿形应等于齿轮的法向齿形；在强度计算时，也需要研究最小截面——法向齿形，因此，国标规定斜齿轮的法向参数、法向齿顶高系数及法向顶隙系数取为标准值，而端面参数为非标准值。

4）几何尺寸计算

一对斜齿轮传动在端面上相当于一对直齿轮传动，故可将直齿轮的几何尺寸计算公式用于斜齿轮的端面。渐开线标准斜齿圆柱齿轮的几何尺寸可按表 13-15 进行计算。

表 13-15　渐开线标准斜齿圆柱齿轮几何尺寸计算

序号	名称	符号	计算公式及参数选择
1	法面模数	m_n	$m_n=m_t\cos\beta$，m_n 为标准模数
2	螺旋角	β	一般 β 在 $8°\sim20°$ 取值
3	法面压力角	α_n	$\tan\alpha_n=\tan\alpha_t\cos\beta$，$\alpha_n$ 为标准值 $20°$
4	分度圆直径	d	$d=m_t z=\dfrac{m_n z}{\cos\beta}$
5	齿顶高	h_a	$h_a=h_{an}^{*}m_n$　　　$h_{an}^{*}=1$
6	齿根高	h_f	$h_f=(h_{an}^{*}+c_n^{*})m_n$　　$c_n^{*}=0.25$
7	全齿高	h	$h=h_a+h_f=2.25m_n$
8	齿顶圆直径	d_a	$d_a=d+2h_a$
9	齿根圆直径	d_f	$d_f=d-2h_f$
10	中心距	a	$a=\dfrac{d_1+d_2}{2}=\dfrac{m_t}{2}(z_1+z_2)=\dfrac{m_n(z_1+z_2)}{2\cos\beta}$

13.9.3　斜齿轮传动的啮合传动

1）正确啮合条件

一对外啮合的斜齿轮传动正确啮合，除两轮的模数和压力角必须相等以外，两轮分度圆柱

螺旋角（以下简称螺旋角）也必须大小相等，方向相反，即一为左旋，另一为右旋。斜齿轮内啮合时则旋向相同。即

$$m_{n1}=m_{n2}=m_n \quad \alpha_{n1}=\alpha_{n2}=\alpha_n \quad \beta_1=\mp\beta_2$$

2）重合度

斜齿轮传动的重合度比直齿轮大，这是斜齿轮传动平稳、承载能力较高的主要原因之一。

3）斜齿轮的当量齿数

在进行强度计算和用成形法加工选择铣刀时，必须知道斜齿轮的法向齿形。通常采用下述近似方法进行分析。如图 13-27 所示，过斜齿轮分度圆柱上齿廓的任一点 C 作轮齿螺旋线的法面，该法面与分度圆柱的交线为一椭圆，其长半轴为 a、短半轴为 b。由高等数学可知，椭圆在 C 点的曲率半径为 ρ，以 ρ 为分度圆半径，以斜齿轮法向模数 m_n 为模数，取标准压力角 α_n 作一直齿圆柱齿轮，其齿形即可认为近似于斜齿轮的法向齿形。该直齿圆柱齿轮称为斜齿圆柱齿轮的当量齿轮，其齿数称为当量齿数，用 z_v 表示，故

$$z_v=\frac{2\rho}{m_n}=\frac{d}{m_n\cos^2\beta}=\frac{m_n z}{m_n\cos^3\beta}=\frac{z}{\cos^3\beta} \tag{13-17}$$

z 为斜齿轮的实际齿数。正常齿标准斜齿轮不发生根切的最少齿数 z_{min} 可由当量直齿轮的最少齿数计算，即

$$z_{min}=z_{vmin}\cos^3\beta \tag{13-18}$$

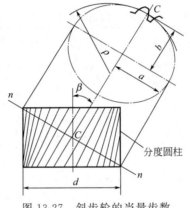

图 13-27　斜齿轮的当量齿数

13.9.4　斜齿轮的传动特点

与直齿轮相比，斜齿轮具有以下优点：齿廓接触线是斜线，一对齿是逐渐进入啮合和逐渐脱离啮合的，故运转平稳，噪声小；重合度较大，并随齿宽和螺旋角的增大而增大，故承载能力较高，运转平稳，适于高速传动；不发生根切的最少齿数小于直齿轮。斜齿轮的主要缺点是斜齿轮齿面受法向力时会产生轴向分力，需要安装推力轴承，从而使结构复杂化。为了克服这一缺点，可以采用人字齿轮，人字齿轮可看作螺旋角大小相等、方向相反的两个斜齿轮合并而成，人字齿轮的缺点是制造较困难，成本较高。

13.9.5　斜齿轮传动轮齿的受力分析

如图 13-28 为斜齿圆柱齿轮传动中主动轮上的受力分析图。轮齿所受总法向力 F_{n1} 可分解为 3 个互相垂直的分力，即圆周力 F_{t1}、径向力 F_{r1} 和轴向力 F_{a1}。

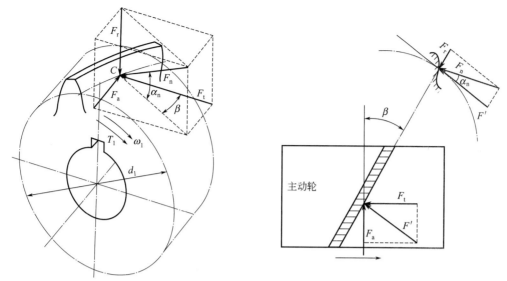

图 13-28　斜齿圆柱齿轮传动的作用力（AR）

各力的大小为

圆周力

$$F_{\mathrm{t1}} = \frac{2T_1}{d_1} \tag{13-19}$$

径向力

$$F_{\mathrm{r1}} = \frac{F_{\mathrm{t1}} \tan\alpha_{\mathrm{n}}}{\cos\beta} \tag{13-20}$$

轴向力

$$F_{\mathrm{a1}} = F_{\mathrm{t1}} \tan\beta \tag{13-21}$$

式中，T_1 为主动轮传动的转矩，$N\cdot mm$；d_1 为主动轮分度圆直径，mm；β 为分度圆上的螺旋角。

各力的方向为：作用于主、从动轮上的圆周力和径向力的方向判断方法与直齿圆柱齿轮相同（即圆周力在主动轮上与运动方向相反，在从动轮上与运动方向相同；径向力 F_{r} 的方向对两轮都是指向各自的轴心）；轴向力 F_{a} 的方向可根据主动轮左右手定则判定，即右旋斜齿轮用右手、左旋斜齿轮用左手，弯曲的四指表示齿轮的转向，拇指的指向即为轴向力的方向。

作用于从动轮上的轴向力可根据作用与反作用原理来判断。主、从动斜齿轮作用力的关系为

$$F_{\mathrm{n1}} = -F_{\mathrm{n2}} \qquad F_{\mathrm{t1}} = -F_{\mathrm{t2}} \qquad F_{\mathrm{r1}} = -F_{\mathrm{r2}} \qquad F_{\mathrm{a1}} = -F_{\mathrm{a2}}$$

13.9.6　齿轮的结构形式

常用的齿轮结构形式有以下几种。

1）齿轮轴

直径较小的钢质齿轮，当齿根圆直径与轴径很接近时，可将齿轮和轴做成一体，称为齿轮轴（图 13-29）。如齿轮直径比轴的直径大得多，则应把齿轮和轴分开制造。

2）实心式齿轮

齿顶圆直径 $d_{\mathrm{a}} \leqslant 200\mathrm{mm}$ 的较小齿轮可做成实心式的（图 13-30）。

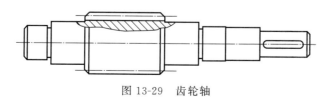

图 13-29　齿轮轴

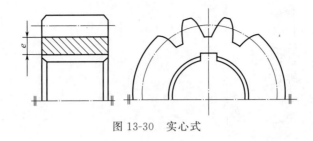

图 13-30 实心式

3）孔板式齿轮

当齿顶圆直径 $d_a = 200 \sim 500\mathrm{mm}$ 时，常采用图 13-31 的孔板式结构。这种结构的齿轮一般多用锻钢制造。

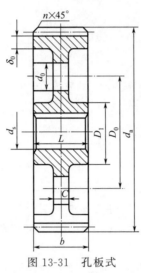

图 13-31 孔板式

4）轮辐式齿轮

当齿顶圆直径 $d_a > 500\mathrm{mm}$ 时，常用铸铁或铸钢制成，并常采用图 13-32 所示的轮辐式结构。

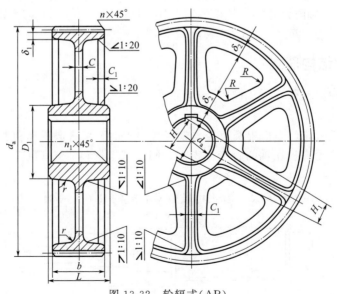

图 13-32 轮辐式（AR）

13.10 直齿圆锥齿轮传动

13.10.1 圆锥齿轮概述

圆锥齿轮用于传递两相交轴之间的运动和动力。圆锥齿轮的轮齿分布在一个圆锥体上，齿形由大端至小端逐渐收缩。和圆柱齿轮传动相似，一对圆锥齿轮的运动相当于一对节圆锥的纯滚动。除了节圆锥以外，圆锥齿轮还有齿顶圆锥、齿根圆锥和基圆锥。图 13-33 表示一对正确安装的标准圆锥齿轮，其节圆锥与分度圆锥重合。

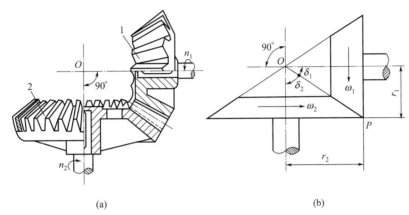

(a)   (b)

图 13-33 直齿圆锥齿轮传动

δ_1、δ_2 分别为小齿轮和大齿轮的分度圆锥角，大端分度圆半径分别为 r_1 和 r_2，齿数分别为 z_1 和 z_2。两轮的传动比为

$$i = \frac{\omega_1}{\omega_2} = \frac{r_2}{r_1} = \frac{z_2}{z_1} = \frac{OP\sin\delta_2}{OP\sin\delta_1} \tag{13-22}$$

当 $\delta_1 + \delta_2 = 90°$ 时，$i = \tan\delta_2 = \cot\delta_1$。

13.10.2 背锥和当量齿数

圆锥齿轮转动时，其上任一点与锥顶的距离保持不变，所以该点与另一圆锥齿轮的相对运动轨迹为一球面曲线，直齿圆锥齿轮的理论齿廓曲线为球面渐开线。

图 13-34 中的 $\triangle OAB$ 为圆锥齿轮的分度圆锥，过分度圆锥上的 A 点作球面的切线 AO_1 与分度圆锥的轴线交于 O_1 点。以 OO_1 为轴线，以 O_1A 为母线作一圆锥体，它的轴截面为 $\triangle O_1BA$，此圆锥称为背锥。将背锥 O_1BA 展开为扇形齿轮，将扇形齿轮补足为完整的圆柱齿轮，此圆柱齿轮称为圆锥齿轮的当量齿轮，其齿数称为当量齿数，用 z_v 表示，具体如下

$$z_v = \frac{z}{\cos\delta}$$

应用背锥和当量齿数就可把圆柱齿轮的原理近似地用到圆锥齿轮上。例如直齿圆锥齿轮的最少齿数与当量圆柱齿轮的最少齿数之间的关系为

$$z_{min} = z_{vmin}\cos\delta = 17\cos\delta$$

由此可见，直齿圆锥齿轮的最少齿数比直齿圆柱齿轮的少。

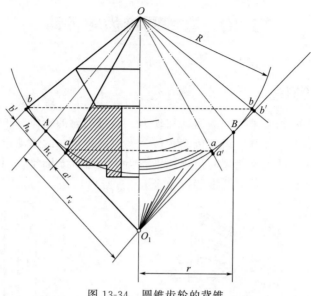

图 13-34　圆锥齿轮的背锥

直齿圆锥齿轮的正确啮合条件可从当量圆柱齿轮得到，即两轮的大端模数相等，压力角相等，外锥距（分度圆锥母线的长度）相等。

13.10.3　直齿圆锥齿轮几何尺寸计算

通常直齿圆锥齿轮的齿高由大端到小端逐渐收缩，称为收缩齿圆锥齿轮。这类齿轮按顶隙不同又可分为不等顶隙收缩齿［图 13-35(a)］和等顶隙收缩齿［图 13-35(b)］两种。不等顶

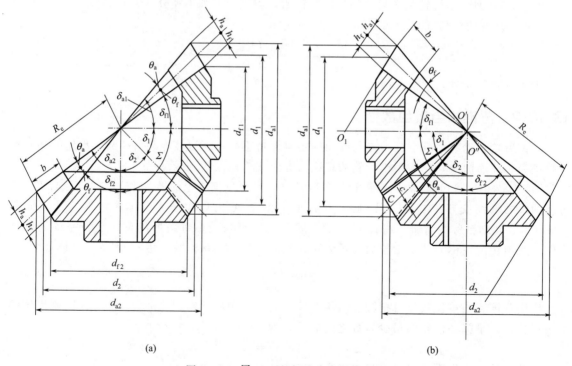

(a)　　　　　　　　　(b)

图 13-35　$\Sigma = 90°$ 的标准直齿圆锥齿轮

隙圆锥齿轮的齿顶圆锥、齿根圆锥和分度圆锥具有同一锥顶点，所以它的顶隙也由大端到小端逐渐缩小。这种齿轮的缺点是小端轮齿强度较差且润滑不良。等顶隙圆锥齿轮的齿根圆锥和分度圆锥共锥顶，但齿顶圆锥（其母线与另一轮的齿根圆锥母线平行）并不与分度圆锥共锥顶。这种齿轮能增加小端顶隙，改善润滑状况；同时还可降低小端齿高，提高小端轮齿的弯曲强度，故国标规定采用等顶隙圆锥齿轮传动。

当轴交角$\Sigma=90°$时，一对标准直齿圆锥齿轮各部分名称和几何尺寸计算公式见表 13-16。

表 13-16　$\Sigma=90°$标准直齿圆锥齿轮几何尺寸计算

序号	名称	符号	计算公式及参数选择
1	大端模数	m_e	取标准值
2	传动比	i	$i=\dfrac{z_2}{z_1}=\tan\delta_2=\cot\delta_1$
3	分度圆锥角	δ	$\delta_2=\arctan\dfrac{z_2}{z_1}$　　$\delta_1=90°-\delta_2$
4	分度圆直径	d	$d=m_e z$
5	齿顶高	h_a	$h_a=m_e$　　$h_a^*=1$
6	齿根高	h_f	$h_f=1.2m_e$　　$c^*=0.2$
7	全齿高	h	$h=h_a+h_f=2.2m_e$
8	齿顶圆直径	d_a	$d_a=d+2m_e\cos\delta$
9	齿根圆直径	d_f	$d_f=d-2.4m_e\cos\delta$
10	外锥距	R_e	$R_e=\dfrac{d_1}{2\sin\delta_1}=\dfrac{d_2}{2\sin\delta_2}=\dfrac{m_e}{2}\sqrt{z_1^2+z_2^2}$
11	齿顶角	θ_a	$\theta_a=\arctan\dfrac{h_a}{R_e}$（不等顶隙）　　$\theta_a=\theta_f$（等顶隙）
12	齿根角	θ_f	$\theta_f=\arctan\dfrac{h_f}{R_e}$
13	顶锥角	δ_a	$\delta_a=\delta+\theta_a$
14	根锥角	δ_f	$\delta_f=\delta-\theta_f$

由表 13-16 可知，等顶隙齿与不等顶隙齿几何尺寸的主要区别在齿顶角θ_a，等顶隙齿$\theta_a=\theta_f$；不等顶隙齿$\theta_a=\arctan\dfrac{h_a}{R_e}$。其余计算公式相同。圆锥体有大端和小端。大端尺寸较大，计算和测量的相对误差较小，且便于确定齿轮机构外廓尺寸，所以直齿圆锥齿轮的几何尺寸计算以大端为标准。齿宽b不宜太大，齿宽过大则小端的齿很小，不仅对提高强度作用不大，而且还会增加加工困难。齿宽的常用范围是$b=(0.25\sim0.35)R_e$。

13.10.4　直齿圆锥齿轮传动轮齿的受力分析

图 13-36 表示直齿圆锥齿轮轮齿受力情况。将主动轮上的法向力简化为集中载荷F_n，且F_n作用在位于齿宽b中间位置的节点C上，即作用在分度圆锥的平均直径d_{m1}处。当齿轮上

作用的转矩为 T_1 时，若忽略接触面摩擦力的影响，法向力 F_n 可分解为三个互相垂直的分力，即圆周力 F_t、径向力 F_r 和轴向力 F_a：

$$F_{t1} = \frac{2T_1}{d_{m1}} \tag{13-23}$$

$$F_{r1} = F_{t1}\tan\alpha\cos\delta \tag{13-24}$$

$$F_{a1} = F_{t1}\tan\alpha\sin\delta \tag{13-25}$$

式中，d_{m1} 为小齿轮齿宽中点的分度圆直径，$d_{m1} = d_1 - b\sin\delta_1$。

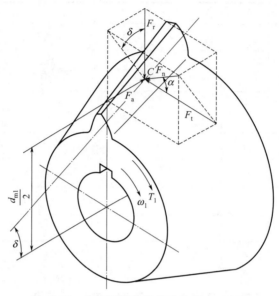

图 13-36　直齿圆锥齿轮传动作用力（AR）

圆周力 F_t 和径向力 F_r 的方向的确定方法与直齿轮相同，轴向力 F_a 的方向对两个齿轮都是沿着各自的轴线方向并指向轮齿大端的。

当 $\delta_1 + \delta_2 = 90°$ 时，由两个锥齿轮的空间位置关系可得：小齿轮上的径向力和轴向力在数值上分别等于大齿轮上的轴向力和径向力，但其方向相反。即

$$F_{t1} = -F_{t2} \qquad F_{r1} = -F_{a2} \qquad F_{a1} = -F_{r2}$$

13.11　蜗杆传动

13.11.1　蜗杆传动概述

蜗杆传动由蜗杆、蜗轮组成（图 13-37），它用于传递交错轴之间的回转运动和动力，通常两轴交错角为 90°。传动中一般蜗杆是主动件，蜗轮是从动件，完成减速。蜗杆传动广泛应用于各种机器和仪器中。

1）蜗杆传动的特点和应用

蜗杆传动的主要优点是：能获得很大的传动比、结构紧凑，在分度机构中传动比 i 可达 1000，在动力传动中，通常 $i = 8 \sim 80$；由于蜗杆传动属于啮合传动，蜗杆齿是连续的螺旋齿，与蜗轮逐渐进入和退出啮合，且同时啮合的齿数对较多，故传动平稳、噪声低；在一定条件

下，该机构可以自锁。蜗杆传动的主要缺点是：传动效率较低，这是由于蜗杆和蜗轮在啮合处有较大的相对滑动，因而发热量大，效率较低，具有自锁时，效率仅为40%左右；为了减摩耐磨，蜗轮齿圈常需用青铜制造，成本较高。

蜗杆传动常用于传递功率在50kW以下、滑动速度在15m/s以下的机械设备中。

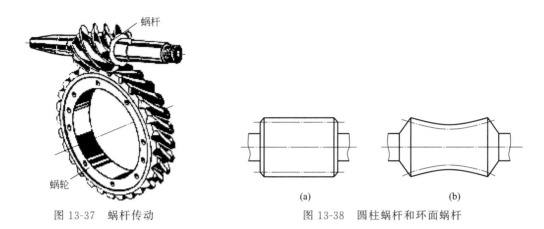

图 13-37　蜗杆传动　　　　　图 13-38　圆柱蜗杆和环面蜗杆

2）蜗杆传动的类型

按形状的不同，蜗杆可分为：圆柱蜗杆［图 13-38（a）］和环面蜗杆［图 13-38（b）］。圆柱蜗杆由于制造简单，因此应用广泛。环面蜗杆传动润滑状态良好，传动效率高，制造较复杂，主要用于大功率传动。圆柱蜗杆按其螺旋面的形状又分为阿基米德蜗杆（ZA 蜗杆）和渐开线蜗杆（ZI 蜗杆）等。阿基米德蜗杆由于加工方便，应用最为广泛；渐开线蜗杆制造精度高，利于成批生产，适用于功率较大的高速传动。和螺纹一样，蜗杆有左、右旋之分，常用的是右旋蜗杆。

对于一般动力传动，常按照 7 级精度（适用于蜗杆圆周速度 $v_1 < 7.5$m/s）、8 级精度（$v_1 < 3$m/s）和 9 级精度（$v_1 < 1.5$m/s）制造。

13.11.2　圆柱蜗杆传动的主要参数

蜗杆传动的主要参数有模数 m、压力角 α、蜗杆头数 z_1、蜗杆直径系数 q、蜗杆分度圆导程角 γ 等。

1）模数 m 和压力角 α

如图 13-39 所示，通过蜗杆轴线并垂直于蜗轮轴线的平面，称为中间平面。由于蜗轮是用与蜗杆形状相仿的滚刀按范成原理切制轮齿的，所以中间平面内蜗轮与蜗杆的啮合就相当于渐开线齿轮与齿条的啮合。蜗杆传动的设计计算都以中间平面的参数和几何关系为准。在两轴交错角为 90° 的蜗杆传动中，为了轮齿正确啮合，蜗杆分度圆柱上的导程角 γ 应等于蜗轮分度圆柱上的螺旋角 β，且两者的旋向必须相同，即 $\gamma = \beta$。

综上所述，蜗杆传动中，蜗轮蜗杆必须满足的啮合条件是：蜗杆轴向模数 m_{a1} 和轴向压力角 α_{a1}，应分别等于蜗轮端面模数 m_{t2} 和端面压力角 α_{t2}，蜗杆的导程角 γ 应等于蜗轮的螺旋角 β，即

$$m_{a1} = m_{t2} = m \qquad \alpha_{a1} = \alpha_{t2} = \alpha \qquad \gamma = \beta$$

模数 m 的标准值，见表 13-17；压力角标准值为 20°，ZA 蜗杆取轴向压力角为标准值，ZI

蜗杆取法向压力角为标准值。如图 13-39 所示，齿厚与齿槽宽相等的圆柱称为蜗杆分度圆柱。蜗杆分度圆直径以 d_1 表示，其值见表 13-17。蜗轮分度圆直径以 d_2 表示。

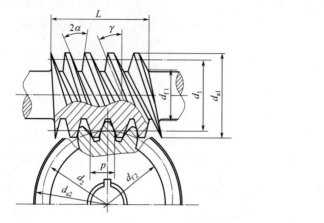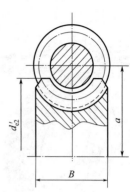

图 13-39　圆柱蜗杆传动的主要参数和几何尺寸

表 13-17　圆柱蜗杆的基本尺寸和参数

m /mm	d_1 /mm	z_1	q	$m^2 d_1$ /mm³	m /mm	d_1 /mm	z_1	q	$m^2 d_1$ /mm³
1	18	1	18.000	18	6.3	63	1,2,4,6	10.000	2500
1.25	20	1	16.000	31.25		112	1	17.778	4445
	22.4	1	17.920	35	8	80	1,2,4,6	10.000	5120
1.6	20	1,2,4	12.500	51.2		140	1	17.500	8960
	28	1	17.500	71.68	10	90	1,2,4,6	9.000	9000
2	22.4	1,2,4,6	11.200	89.6		160	1	16.000	16000
	35.5	1	17.750	142	12.5	112	1,2,4	8.960	17500
2.5	28	1,2,4,6	11.200	175		200	1	16.000	31250
	45	1	18.000	281	16	140	1,2,4	8.750	35840
3.15	35.5	1,2,4,6	11.270	352		250	1	15.625	64000
	56	1	17.778	556	20	160	1,2,4	8.000	64000
4	40	1,2,4,6	10.000	640		315	1	15.750	126000
	71	1	17.750	1136	25	200	1,2,4	8.000	125000
5	50	1,2,4,6	10.000	1250		400	1	16.000	250000
	90	1	18.000	2250					

2）传动比 i、蜗杆头数 z_1 和蜗轮齿数 z_2

蜗杆头数（齿数）z_1 即为蜗杆螺旋线数目，蜗杆头数一般取 $z_1 = 1 \sim 4$。若要取得大传动比或要求自锁时，可取 $z_1 = 1$，但传动效率较低；传递功率较大时，为提高效率可采用多头蜗杆，取 $z_1 = 2$ 或 4。蜗杆头数越多，加工精度越难保证。通常情况下取蜗轮齿数 $z_2 = 28 \sim 80$，为了避免蜗轮轮齿发生根切，z_2 不应少于 26，但也不宜大于 80，若 z_2 过多，会使结构尺寸过大，蜗杆长度也随之增加，致使蜗杆刚度和啮合精度下降。蜗杆传动的传动比 i 等于蜗杆与蜗轮的转速之比，通常蜗杆为主动件，当蜗杆转一周时，蜗轮将转过 z_1 个齿，即转过 z_1/z_2

周，所以可得

$$i = \frac{n_1}{n_2} = \frac{1}{z_1/z_2} = \frac{z_2}{z_1} \tag{13-26}$$

式中，n_1、n_2 分别为蜗杆和蜗轮的转速，r/min；z_1、z_2 可根据传动比 i 按表 13-18 选取。

表 13-18　蜗杆头数 z_1 与蜗轮齿数 z_2 的荐用值

传动比 i	7~13	14~27	28~40	>40
蜗杆头数 z_1	4	2	2,1	1
蜗轮齿数 z_2	28~52	28~54	28~80	>40

3）蜗杆分度圆直径 d_1 和蜗杆直径系数 q

为了保证蜗杆与蜗轮正确啮合，切制蜗轮的滚刀的直径及齿形参数（如模数、螺旋线数和导程角等）必须与相应的蜗杆相同。因此，即使模数相同，也会有许多直径不同的蜗杆及相应的滚刀，这显然是不经济的。为了减少滚刀规格并便于标准化，对每一标准模数规定了一定数量的蜗杆分度圆直径 d_1，蜗杆分度圆直径与模数的比值，称为蜗杆直径系数，用 q 表示：

$$q = \frac{d_1}{m} \tag{13-27}$$

因 d_1 和 m 均为标准值，故 q 为导出值，不一定是整数（见表 13-17）。

4）蜗杆导程角 γ

按照螺纹形成原理，将蜗杆分度圆柱展开，如图 13-40 所示，蜗杆螺旋面和分度圆柱的交线是螺旋线。设 γ 为蜗杆分度圆柱上的螺旋线导程角，p_x 为轴向齿距，由图 13-40 得

$$\tan\gamma = \frac{z_1 p_x}{\pi d_1} = \frac{z_1 m}{d_1} = \frac{z_1}{q} \tag{13-28}$$

由上式可知，d_1 越小（或 q 越小）导程角 γ 越大，传动效率也越高，但蜗杆的刚度和强度越小。通常，转速高的蜗杆可取较小的 d_1 值，蜗轮齿数 z_2 较多时可取较大的 d_1 值。

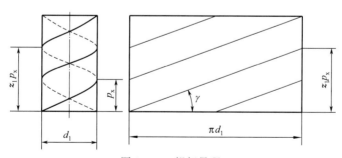

图 13-40　蜗杆导程

5）齿面间滑动速度 v_s

蜗杆传动即使在节点处啮合，齿廓之间也有较大的相对滑动，滑动速度 v_s 沿蜗杆螺旋线方向。设蜗杆圆周速度为 v_1、蜗轮圆周速度为 v_2，因 v_1 和 v_2 在互相垂直的方向上可得

$$v_s = \sqrt{v_1^2 + v_2^2}$$

滑动速度的大小，对齿面的润滑情况、齿面失效形式、发热以及传动效率等都有很大影响。

13.11.3　圆柱蜗杆传动的几何尺寸计算

设计蜗杆传动时，一般是先根据传动的功用和传动比的要求，选择蜗杆头数 z_1 和蜗轮齿数 z_2，然后再按强度计算确定模数 m 和蜗杆分度圆直径 d_1（或 q），上述参数确定后，即可根据表 13-19 计算出蜗杆、蜗轮的几何尺寸（两轴交错角为 90°、标准传动）。

例 13-2　在带传动和蜗杆传动组成的传动系统中，初步计算后取蜗杆模数 $m = 4$mm、头数 $z_1 = 2$、分度圆直径 $d_1 = 40$mm，蜗轮齿数 $z_2 = 39$，试计算蜗杆直径系数 q、导程角 γ 及蜗杆传动的中心距 a。

解：（1）蜗杆直径系数　　　$q = \dfrac{d_1}{m} = \dfrac{40}{4} = 10$

（2）导程角　　　$\tan\gamma = \dfrac{z_1}{q} = \dfrac{2}{10} = 0.2$　$\gamma = 11.3°$

（3）中心距　　　$a = \dfrac{m}{2}(q + z_2) = \dfrac{4}{2}(10 + 39) = 98(\text{mm})$

表 13-19　圆柱蜗杆传动的几何尺寸计算

名称	符号	计算公式	
		蜗杆	蜗轮
分度圆直径	$.d$	$d_1 = mq$	$d_2 = mz_2$
齿顶高	h_a	$h_{a1} = h_{a2} = h_a = m$	
齿根高	h_f	$h_{f1} = h_{f2} = h_f = 1.2m$	
齿顶圆直径	d_a	$d_{a1} = m(q+2)$	$d_{a2} = m(z_2 + 2)$
齿根圆直径	d_f	$d_{f1} = m(q - 2.4)$	$d_{f2} = m(z_2 - 2.4)$
蜗杆轴向齿距、蜗轮端面齿距	p_a、p_t	$p_{a1} = p_{t2} = \pi m$	
蜗杆导程角、蜗轮螺旋角	γ、β	$\gamma = \arctan \dfrac{z_1}{q}$	$\beta = \gamma$
标准中心距	a	$a = \dfrac{m}{2}(q + z_2)$	

注：蜗杆传动中心距标准系列为（mm）40、50、63、80、100、125、160、(180)、200、(225)、250、(280)、315、(355)、400 (450)、500。

13.11.4　圆柱蜗杆传动的受力分析

蜗杆传动的受力分析与斜齿圆柱齿轮相似。图 13-41 所示为蜗杆传动，蜗杆为主动件，旋向为右旋，按图示方向转动。

如图 13-41 所示，作用在蜗杆齿面上的法向力 F_n 可分解为三个互相垂直的分力：圆周力 F_{t1}、径向力 F_{r1} 和轴向力 F_{a1}。由于蜗杆与蜗轮轴交错成 90°角，根据作用与反作用的原理，

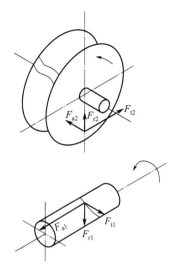

图 13-41　蜗杆与蜗轮的作用力

蜗杆的圆周力 F_{t1} 和蜗轮的轴向力 F_{a2}、蜗杆的轴向力 F_{a1} 与蜗轮的圆周力 F_{t2}、蜗杆的径向力 F_{r1} 与蜗轮的径向力 F_{r2} 分别存在着大小相等、方向相反的关系，即

$$F_{t1} = \frac{2T_1}{d_1} = -F_{a2} \tag{13-29}$$

$$F_{t2} = \frac{2T_2}{d_2} = -F_{a1} \tag{13-30}$$

$$F_{r2} = F_{t2} \tan\alpha = -F_{r1} \tag{13-31}$$

式中，T_1、T_2 分别为作用在蜗杆和蜗轮上的转矩，N·mm，$T_2 = T_1 i \eta$，η 为蜗杆传动的效率；d_1、d_2 分别为蜗杆和蜗轮的分度圆直径，mm；α 为压力角，$\alpha = 20°$。

蜗杆、蜗轮受力方向的判别方法与斜齿轮相同。当蜗杆为主动件时，圆周力 F_{t1} 与转向相反；径向力 F_{r1} 的方向由啮合点指向蜗杆中心；轴向力 F_{a1} 的方向取决于螺旋线的旋向和蜗杆的转向，按"主动轮左右手法则"来确定。作用于蜗轮上的力可根据作用与反作用原理来确定，并可判定出蜗轮的转向。

13. 11. 5　蜗杆传动的常用材料

蜗杆、蜗轮齿面间存在着较大的相对滑动，所以蜗杆、蜗轮的材料不仅要求具有足够的强度，更重要的是要有良好的耐磨性和抗胶合能力。

1）蜗杆材料

蜗杆一般用碳钢和合金钢制成，常用材料为 40、45 钢或 40Cr 并经淬火。高速重载蜗杆常用 15Cr 或 20Cr 并经渗碳淬火和磨削处理，对于速度不高、载荷不大的蜗杆可采用 40、45 钢调质处理。

2）蜗轮材料

蜗轮常用材料为青铜和铸铁。锡青铜的耐磨性能及抗胶合性能较好，但价格较贵，常用的有 ZCuSn10P1（铸锡磷青铜）、ZCuSn5Pb5Zn5（铸锡锌铅青铜）等，用于滑动速度较高的场合。铝铁青铜的力学性能较好，但抗胶合性略差，常用的有 ZCuAl9Fe4Ni4Mn2（铸铝铁镍青铜）等，用于滑动速度较低的场合。灰铸铁只用于滑动速度 $v \leqslant 2\text{m/s}$ 的传动中。

技能训练

完成技能训练活页单中的"技能训练单 13"。

习　题

13-1　已知一正常齿制标准直齿圆柱齿轮的齿数 $z=25$，齿顶圆直径 $d_a=135\text{mm}$，求该齿轮的模数。

13-2　已知一对外啮合正常齿制标准直齿圆柱齿轮 $m=3\text{mm}$，$z_1=19$，$z_2=41$，试计算这对齿轮的分度圆直径、齿顶高、齿根高、顶隙、中心距、齿顶圆直径、齿根圆直径、基圆直径、齿距、齿厚和齿槽宽。

13-3　试比较正常齿制渐开线标准直齿圆柱齿轮的基圆和齿根圆，在什么条件下基圆大于齿根圆？什么条件下基圆小于齿根圆？

13-4　已知一对外啮合正常齿渐开线标准斜齿圆柱齿轮 $a=250\text{mm}$，$z_1=23$，$z_2=98$，$m_n=4\text{mm}$。试计算其螺旋角、端面模数、端面压力角、当量齿数、分度圆直径、齿顶圆直径和齿根圆直径。

13-5　已知一对等顶隙收缩齿渐开线标准直齿圆锥齿轮的 $\Sigma=90°$，$z_1=17$，$z_2=43$，$m_e=3\text{mm}$，试求分度圆锥角、分度圆直径、齿顶圆直径、齿根圆直径、外锥距、齿顶角、齿根角和当量齿数。

13-6　试述一对直齿圆柱齿轮、一对斜齿圆柱齿轮、一对直齿圆锥齿轮和蜗杆传动的正确啮合条件。

13-7　两级斜齿圆柱齿轮减速器的已知条件如图 13-42 所示，已知主动轮 1 的旋向和转向，欲使中间轴上的轴向力尽可能小，试求斜齿轮 3、4 的旋向，画出各啮合处各轮的受力。

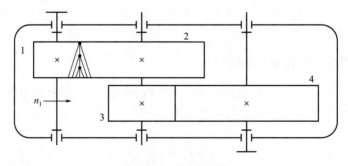

图 13-42　题 13-7 图

13-8　已知直齿圆锥-斜齿圆柱齿轮减速器布置和转向如图 13-43 所示。欲使轴Ⅱ上的轴向力尽可能小，求斜齿轮 3、4 的旋向，画出各啮合处各轮的受力。

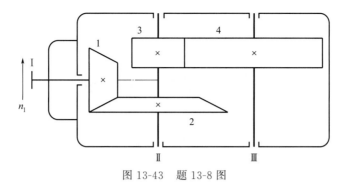

图 13-43　题 13-8 图

13-9　何谓蜗杆传动的中间平面？中间平面上的参数在蜗杆传动中有何重要意义？

13-10　何谓蜗杆传动的相对滑动速度？它对蜗杆传动有何影响？

13-11　蜗杆传动的效率为什么要比其他齿轮传动的效率低很多？

13-12　试分析图 13-44 所示蜗杆传动中，蜗轮的转向及蜗杆蜗轮所受各分力的方向。

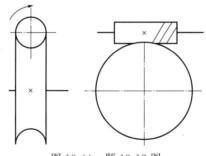

图 13-44　题 13-12 图

13-13　如图 13-45 所示为蜗杆传动和圆锥齿轮传动的组合。已知输出轴上的锥齿轮的转向，欲使中间轴上的轴向力能部分抵消，试确定蜗杆传动的旋向和各轮的转向；画出各啮合处各轮的受力。

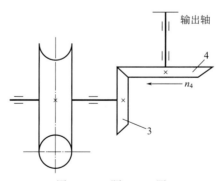

图 13-45　题 13-13 图

13-14　已知闭式直齿圆柱齿轮传动的传动比 $i=4.6$，$n_1=730\mathrm{r/min}$，$P=30\mathrm{kW}$，长期双向转动，载荷中有中等冲击，要求结构紧凑，试设计此单级传动。

第14章 轮系

【内容概述】▶▶▶

本章应了解轮系的分类及其应用，掌握定轴轮系、周转轮系及混合轮系传动比的计算方法。

【思政与职业素养目标】▶▶▶

从齿轮系统决定变速装置的速度，启发学生要"扣好人生每一粒扣子"，恪守职业道德，遵守社会公德。一个齿轮失效会导致整个传动系统失效，启发学生要处理好个人与集体的关系。

14.1 轮系的分类及其应用

由一对齿轮组成的机构是齿轮传动的最简单形式。但在实际机械中，为实现变速和获得大传动比等不同要求，常用一系列互相啮合的齿轮将输入轴和输出轴连接起来。例如，机床、汽车上使用的变速箱、差速器，工程上广泛应用的齿轮减速器等。如图 14-1 所示，这种由一系列齿轮组成的传动系统称为轮系。

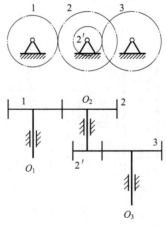

图 14-1 定轴轮系（AR）

14.1.1 轮系的分类

通常根据轮系运转时，各齿轮轴线的位置相对于机架是否固定，将轮系分为三大类。

1）定轴轮系

如图 14-1 所示，当轮系运转时，各齿轮轴线的位置相对于机架都是固定的，则该轮系称为定轴轮系。

2）周转轮系

当轮系运转时，若其中至少有一个齿轮轴线的位置相对于机架不固定，而是绕着其他齿轮的固定轴线在转动，称这样的轮系为周转轮系。如图 14-2 中，齿轮 2 的轴线 O_2 位置不固定，而是绕着固定轴线 O_H 在转动。

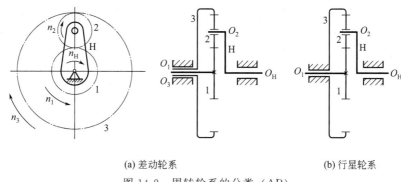

(a) 差动轮系   (b) 行星轮系

图 14-2 周转轮系的分类（AR）

周转轮系又分为差动轮系和行星轮系两种。如图 14-2(a) 所示的差动轮系，齿轮 1 和 3 都在转动，机构自由度 $F = 3n - 2P_L - P_H = 3 \times 4 - 2 \times 4 - 2 = 2$。而图 14-2(b) 所示的行星轮系，内齿轮 3 是固定不动的，机构自由度 $F = 3n - 2P_L - P_H = 3 \times 3 - 2 \times 3 - 2 = 1$。

3）混合轮系

在各种实际机械中所用的轮系，往往既包含定轴轮系部分，又包含周转轮系部分（如图 14-3 所示），或者是由几部分周转轮系组成的，这种复杂的轮系称为混合轮系，又称为复合轮系。

14.1.2 轮系的应用

轮系广泛应用于各种机械和仪表中，它的主要应用有以下几个方面。

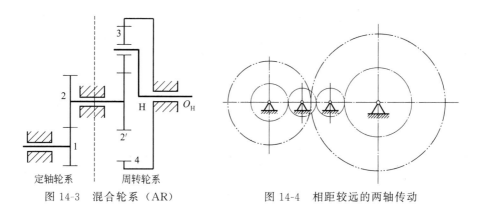

定轴轮系   周转轮系

图 14-3 混合轮系（AR）   图 14-4 相距较远的两轴传动

1）做较远距离的传动

当两轴之间的距离较远时，若仅用一对齿轮传动，如图 14-4 中双点画线所示，两轮的轮廓尺寸就很大；如果改用图中点画线所示的 4 个齿轮进行传动，总的轮廓尺寸就小得多，从而可节省材料、减轻质量、降低成本和减小所占空间。

2）实现变速与换向

当主动轴转速、转向不变时，利用轮系可使从动轴获得多种转速或换向。如图 14-5 所示的变速轮系机构中，用滑动键和轴Ⅰ相连的三联齿轮块 1-2-3 处于三个不同位置，使齿轮 1 与 1′、2 与 2′、3 与 3′分别相啮合，可获得三种不同的传动比，实现三级变速。图 14-6 所示为换向轮系机构，轮 1 为主动轮，旋转手柄 a 可以使两个中间齿轮 2 和 3 或一个中间齿轮 3 分别参与啮合，从而使从动轮 4 实现正向或反向转动。

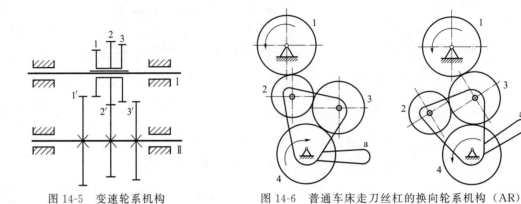

图 14-5 变速轮系机构   图 14-6 普通车床走刀丝杠的换向轮系机构（AR）

3）获得大的传动比

当两轴间需要较大的传动比时，若仅用一对齿轮传动，如图 14-7 中点画线所示，则两齿轮 1 和 2 的直径相差很大，不仅使传动轮廓尺寸过大，而且由于两轮的齿数相差很多，小轮极易磨损，两轮的寿命相差过分悬殊。若采用图中实线所示的轮系传动 3、4、4′、5，就可在各齿轮直径相差不大的情况下得到很大的传动比。图 14-8 所示的轮系中，套装在行星架 H 上的齿轮块 2-2′分别与齿轮 1、3 相啮合，构件 H 又绕固定轴线 O 旋转，若各轮齿数为 $z_1 = 100$、$z_2 = 101$、$z_2' = 100$、$z_3 = 99$，当轮 3 固定不动时，经计算求得的构件 H 和齿轮 1 的转速比 n_H / n_1 竟高达 10000。

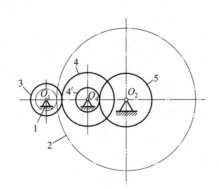 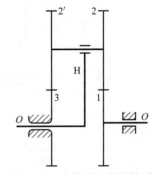

图 14-7 齿轮与轮系传动比较   图 14-8 大传动比行星轮系

4）合成或分解运动

差动轮系有两个自由度，利用差动轮系的这一特点，可以实现运动的合成与分解。如

图 14-9 所示轮系，$z_1 = z_3$，若 H 为输出构件，则 $n_H = \dfrac{1}{2}(n_1 + n_3)$。若 1 轮为输出构件，则 $n_1 = 2n_H - n_3$。

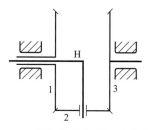

图 14-9　锥齿差动轮系运动的合成

图 14-10 所示为汽车后桥差速器的轮系，当汽车拐弯时，它能将发动机传动齿轮 5 的运动分解为不同转速分别输送给左右两个车轮，以避免转弯时左右两轮对地面产生相对滑动，从而减轻轮胎的磨损。

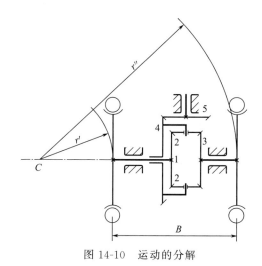

图 14-10　运动的分解

14.2　计算定轴轮系的传动比

14.2.1　一对齿轮传动的传动比

轮系中主动轮与从动轮的转速（或角速度）之比，称为传动比，用 i_{12} 表示。下标 1、2 为主动轮和从动轮的代号。即 $i_{12} = n_1/n_2$（或 ω_1/ω_2）。

一对平行轴的圆柱齿轮传动，其传动比为

$$i_{12} = \frac{n_1}{n_2} = \frac{\omega_1}{\omega_2} = \pm \frac{z_2}{z_1}$$

式中，"$-$"表示外啮合时两轮的转向相反［图 14-11(a)］；"$+$"表示内啮合时两轮的转向相同［图 14-11(b)］。

注意：对于如图 14-11（c）、（d）所示的空间定轴轮系，首末轮的轴线不平行，其传动比 i_{12} 的大小仍可用上式来计算，但式中的"±"要去掉，各轮的转向只能在图中以标注箭头的方法来确定。

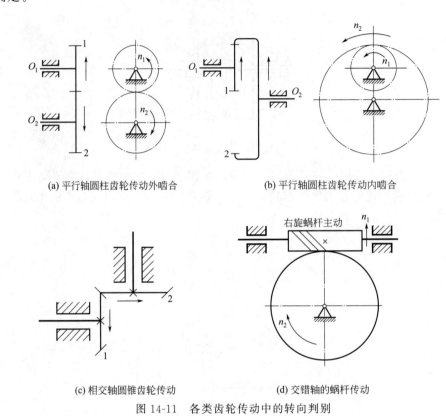

(a) 平行轴圆柱齿轮传动外啮合　　　　　　(b) 平行轴圆柱齿轮传动内啮合

(c) 相交轴圆锥齿轮传动　　　　　　(d) 交错轴的蜗杆传动

图 14-11　各类齿轮传动中的转向判别

14.2.2　定轴轮系的传动比

如图 14-12 所示，由圆柱齿轮组成的定轴轮系，若已知各齿轮的齿数，则可求得各对齿轮的传动比为

$$i_{12}=\frac{n_1}{n_2}=-\frac{z_2}{z_1};\ i_{2'3}=\frac{n_{2'}}{n_3}=-\frac{z_3}{z_{2'}};\ i_{34}=\frac{n_3}{n_4}=\frac{z_4}{z_3}$$

将上列各式顺序连乘，且考虑到由于齿轮 2 与 2′ 固定在同一根轴上，即 $n_2=n_{2'}$，故得

$$i_{14}=\frac{n_1}{n_4}=\frac{n_1}{n_2}\times\frac{n_{2'}}{n_3}\times\frac{n_3}{n_4}=i_{12}i_{2'3}i_{34}=(-1)^2\frac{z_2 z_3 z_4}{z_1 z_{2'} z_3}$$

即该定轴轮系的传动比，等于组成该轮系的各对啮合齿轮的传动比的连乘积，也等于从齿轮 1 到齿轮 4 之间啮合的各从动轮齿数连乘积与主动轮齿数连乘积之比；而传动比的正负（即：1、4 两轮的转向相同为＋，相反为－），则取决于外啮合的次数。

图 14-12 中齿轮 3 既为主动轮又为从动轮，由上式可见，其齿数 z 对传动比的大小没有影响，仅起改变转向或调节中心距的作用，这种齿轮称为惰轮或过桥齿轮。

根据以上分析，假设由平行轴圆柱齿轮组成的定轴轮系，首轮用 1 表示，其转速为 n_1，末轮用 K 表示，其转速为 n_K，m 表示该定轴轮系中外啮合的次数，则得到计算其传动比的普遍公式为

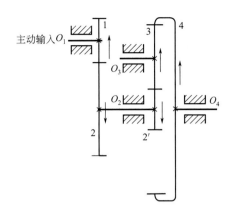

图 14-12 平行轴圆柱齿轮组成的定轴轮系

$$i_{1K} = \frac{n_1}{n_K} = (-1)^m \frac{\text{从齿轮 1 至 } K \text{ 之间啮合的各从动轮齿数连乘积}}{\text{从齿轮 1 至 } K \text{ 之间啮合的各主动轮齿数连乘积}} \qquad (14\text{-}1)$$

注意：

（1）$(-1)^m$ 只适用于所有齿轮轴线都平行的情况，而像图 14-11、图 14-12 所示的标注箭头的方法适用于任何的定轴轮系。

（2）对于所有齿轮轴线不是都平行的情况（如含有圆锥齿轮传动、蜗杆传动），$(-1)^m$ 要去掉，只用式(14-1) 计算传动比的大小，各轮的转向须用标箭头的方法在图上确定。

例 14-1 图 14-13 所示的轮系中，设蜗杆 1 为右旋，转向如图 14-13 所示，$z_1 = 2$，$z_2 = 40$，$z_{2'} = 18$，$z_3 = 36$，$z_{3'} = 20$，$z_4 = 40$，$z_{4'} = 18$，$z_5 = 45$。若蜗杆转速 $n_1 = 1000\text{r/min}$，方向如图 14-13 所示，求内齿轮 5 的转速 n_5 和转向。

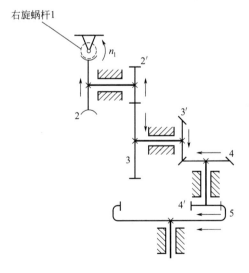

图 14-13 例 14-1 图

解：本题为空间定轴轮系。应用式(14-1) 只计算轮系传动比的大小

$$i_{15} = \frac{n_1}{n_5} = \frac{z_2 z_3 z_4 z_5}{z_1 z_{2'} z_{3'} z_{4'}} = \frac{40 \times 36 \times 40 \times 45}{2 \times 18 \times 20 \times 18} = 200$$

所以

$$n_5 = \frac{n_1}{i_{15}} = \frac{1000}{200} = 5(\text{r/min})$$

蜗杆轴的转向 n_1 是给定的，按传动系统路线用箭头依次标出各轮的转向，最后获得 n_5 的转向如图 14-13 所示。

14.3 计算周转轮系的传动比

14.3.1 周转轮系的组成

图 14-14(a) 所示为一最常见的周转轮系。齿轮 1 和 3 以及构件 H 均各绕固定的轴线回转。齿轮 2 空套在构件 H 上，一方面绕其自身的几何轴线 O_2 回转（自转），同时又随着构件 H 绕固定的轴线 O_H 回转（公转）。在周转轮系中，轴线位置固定的齿轮称为中心轮或太阳轮（如齿轮 1 和 3）；而轴线位置变动的齿轮称为行星轮（如齿轮 2）；支持行星轮自转的构件称为行星架或转臂（常用 H 表示）。

周转轮系是由中心轮、行星轮和行星架组成的。在一个单一的周转轮系中，有一个行星架，行星轮至少有一个，中心轮不超过两个，且行星架与中心轮的轴线必须重合，否则便不能转动。当周转轮系的行星架固定不动时，就成为定轴轮系。

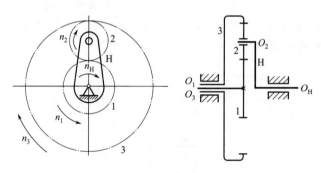

(a) 周转轮系的组成

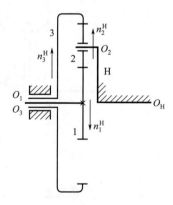

(b) 周转轮系转化为定轴轮系

图 14-14 周转轮系的组成及其转化轮系

14.3.2 周转轮系的传动比

由于在周转轮系中，行星轮的运动不是绕固定轴线的简单运动，所以需要先将周转轮系转化成定轴轮系后，方可应用求解定轴轮系传动比的方法来计算其传动比。

假设给整个周转轮系附加一公共转速$-n_H$，行星架 H 的转速就变为 0，即固定不动，周转轮系就转化成了定轴轮系，如图 14-14(b) 所示，图中箭头表示转化轮系中各轮的假设转动方向，各轮的转速 n 的右上方都带有角标 H，表示这些转速是各构件对转臂 H 的相对转速，见表 14-1。

在转化后的定轴轮系中，齿轮 1 与 3 的传动比为

$$i_{13}^H = \frac{n_1^H}{n_3^H} = \frac{n_1 - n_H}{n_3 - n_H} = (-1)^1 \frac{z_2 z_3}{z_1 z_2} = -\frac{z_3}{z_1}$$

注意：$i_{13} = \dfrac{n_1}{n_3}$ 与 $i_{13}^H = \dfrac{n_1^H}{n_3^H}$ 的概念是不一样的，i_{13} 是两轮真实的传动比，而 i_{13}^H 是假想的转化轮系中两轮的传动比，同时上式右边的"$-$"号表示 n_1^H 与 n_3^H 反向，而并非指实际的转速 n_1 和 n_3 反向。

表 14-1　轮系转化前后各构件转速

构件	原来的转速	转化后的转速（即加上$-n_H$后的转速）
1	n_1	$n_1^H = n_1 - n_H$
2	n_2	$n_2^H = n_2 - n_H$
3	n_3	$n_3^H = n_3 - n_H$
H	n_H	$n_H^H = n_H - n_H = 0$

将以上分析推广到一般情形。设在一周转轮系中，1、K 分别为起始主动轮和最末从动轮，n_1 和 n_K 分别为齿轮 1 和 K 的实际转速，则它们与行星架 H 的实际转速 n_H 之间的关系为

$$i_{1K}^H = \frac{n_1 - n_H}{n_K - n_H} = (-1)^m \frac{\text{假设 H 不动时从齿轮 1 至 } K \text{ 之间啮合的各从动轮齿数连乘积}}{\text{假设 H 不动时从齿轮 1 至 } K \text{ 之间啮合的各主动轮齿数连乘积}}$$

$$\tag{14-2}$$

式中，m 表示齿轮 1 至 K 之间外啮合的次数。如果已知各轮的齿数及 n_1、n_K、n_H 三个转速中的任意两个，即可求出另一个转速。

注意：

（1）此式只适用于单一周转轮系中齿轮 1、K 和行星架 H 轴线平行的场合。

（2）将 n_1、n_K、n_H 代入上式时，须先设定某一转向为正方向，则与其同向的代入正值，与其反向的代入负值。

（3）对于由锥齿轮组成的单一周转轮系，式中的 $(-1)^m$ 要去掉，齿数比前的"$\pm$"号，只能用标注箭头的方法来确定。即：在转化后的定轴轮系中，如 n_1^H 与 n_K^H 同向，则齿数比前为"$+$"，反之为"$-$"。

例 14-2　之前的图 14-8 所示的行星轮系中，已知各轮的齿数为 $z_1 = 100$，$z_2 = 101$，$z_{2'} = 100$，$z_3 = 99$，求传动比 i_{H1}。

解： 由式(14-2) 得

$$i_{13}^{H}=\frac{n_{1}-n_{H}}{n_{3}-n_{H}}=(-1)^{2}\frac{z_{2}z_{3}}{z_{1}z_{2'}}=\frac{101\times99}{100\times100}$$

由于 $n_{3}=0$，得

$$i_{1H}=\frac{n_{1}}{n_{H}}=\frac{1}{10000}$$

故

$$i_{H1}=\frac{n_{H}}{n_{1}}=10000$$

本例说明行星轮系可以用少数齿轮得到很大的传动比，结构非常紧凑、轻便，但减速比越大，其机械效率越低，不宜用于传递大功率。如将其用于增速传动，可能发生自锁。

例 14-3 图 14-15 所示锥齿轮组成的行星轮系中，各轮的齿数为：$z_{1}=18$，$z_{2}=27$，$z_{2'}=40$，$z_{3}=80$。已知 $n_{1}=100\mathrm{r/min}$。求行星架 H 的转速 n_{H} 和转向。

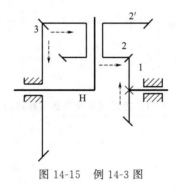

图 14-15　例 14-3 图

解： 由式(14-2) 进行计算

$$i_{13}^{H}=\frac{n_{1}-n_{H}}{n_{3}-n_{H}}=-\frac{z_{2}z_{3}}{z_{1}z_{2'}}$$

齿数比前的负号，是由于在转化轮系中标注各轮的转向（如图中虚线箭头所示），1、3 轮的转向相反。其实，在原周转轮系中，轮 3 是固定不动的。

即

$$n_{3}=0$$

设 n_{1} 的转向为正方向，则

$$\frac{100-n_{H}}{0-n_{H}}=-\frac{27\times80}{18\times40}$$

得　$n_{H}=25\mathrm{r/min}$　正号表示 n_{H} 的转向与 n_{1} 的转向相同。

本例中行星齿轮 2-2′ 的轴线和齿轮 1（或齿轮 3）及行星架 H 的轴线不平行，所以不能利用式(14-2) 来计算 n_{2}。

14.4　计算混合轮系的传动比

在机械设备中，除了采用定轴轮系和单一周转轮系外，还大量应用既包含定轴轮系又包含周转轮系或者是由几部分周转轮系组成的混合轮系。

求解混合轮系的传动比，首先要正确划分基本轮系（如图 14-16 所示）。划分基本轮系的关键是准确地找出各个单一周转轮系。

其方法是：依次确定行星轮、行星架、中心轮，则分离出一个周转轮系。

在找出各个单一周转轮系后，如有剩下的就是一个或多个定轴轮系。

混合轮系传动比的计算方法：

（1）将混合轮系划分为几个基本轮系。

（2）分别计算各基本轮系的传动比。

（3）寻找各基本轮系之间的联系。

（4）联立求解。

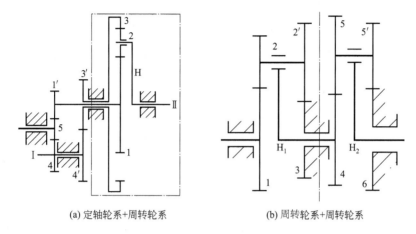

(a) 定轴轮系+周转轮系   (b) 周转轮系+周转轮系

图 14-16 混合轮系的划分

例 14-4 如图 14-17 所示，已知 $z_1 = z_2 = z_3 = 20$，$z_{2'} = 30$，$z_4 = 80$，$n_1 = 300\text{r/min}$，求 n_H 的大小和方向。

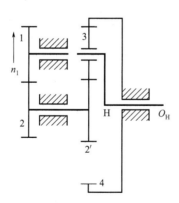

图 14-17 例 14-4 图

解： 齿轮 $2'$、3、4 和行星架 H 组成一个周转轮系，齿轮 1、2 组成一个定轴轮系。设 n_1 的转向为正方向。

定轴轮系：

$$i_{12} = \frac{n_1}{n_2} = -\frac{z_2}{z_1} = -1$$

得 $n_2 = -n_1 = -300\text{r/min}$

周转轮系:

$$i_{2'4}^{H}=\frac{n_{2'}-n_{H}}{n_{4}-n_{H}}=-\frac{z_{4}}{z_{2'}}=-\frac{8}{3}$$

由于 $n_{2'}=n_{2}$，$n_{4}=0$，得

$$i_{2'4}^{H}=\frac{n_{2'}-n_{H}}{n_{4}-n_{H}}=\frac{-300-n_{H}}{0-n_{H}}=-\frac{8}{3}$$

得　$n_{H}=-81.82\text{r/min}$，负号表示 H 的转向与齿轮 1 的转向相反。

例 14-5　如图 14-18 所示，$z_{1}=20$，$z_{2}=30$，$z_{2'}=20$，$z_{3}=40$，$z_{4}=45$，$z_{4'}=44$，$z_{5}=81$，$z_{6}=80$，求 i_{16}。

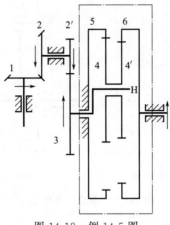

图 14-18　例 14-5 图

解：齿轮 4、$4'$、5、6 和行星架 H 组成一周转轮系，齿轮 1、2、$2'$、3 组成一个定轴轮系。

定轴轮系：

$$i_{13}=\frac{n_{1}}{n_{3}}=\frac{z_{2}z_{3}}{z_{1}z_{2'}}=\frac{30\times40}{20\times20}=3$$

周转轮系：$n_{5}=0$

$$i_{65}^{H}=\frac{n_{6}-n_{H}}{n_{5}-n_{H}}=\frac{n_{6}-n_{H}}{0-n_{H}}=1-\frac{n_{6}}{n_{H}}=\frac{z_{4'}z_{5}}{z_{6}z_{4}}=\frac{44\times81}{80\times45}=0.99$$

得

$$i_{6H}=\frac{n_{6}}{n_{H}}=1-0.99=0.01$$

由两个轮系的关系：

$$n_{H}=n_{3}$$

得

$$i_{16}=\frac{n_{1}}{n_{6}}=\frac{3n_{3}}{0.01n_{H}}=300$$

━━━━┥ **技能训练** ┝━━━━

完成技能训练活页单中的"技能训练单 14"。

14-1 已知 $z_1=15$，$z_2=25$，$z_{2'}=15$，$z_3=30$，$z_{3'}=15$，$z_4=30$，$z_{4'}=2$（右旋），$z_5=60$，$z_{5'}=20$（$m=4\mathrm{mm}$），$n_1=500\mathrm{r/min}$，如图 14-19 所示。求齿条 6 线速度 v 的大小和方向。

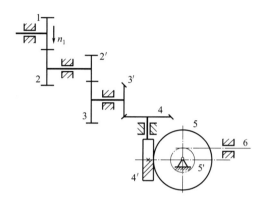

图 14-19 题 14-1 图

14-2 已知蜗杆 $z_1=2$，$z_2=50$，$z_{2'}=20$，$z_3=65$，$z_{3'}=20$，$z_4=25$，$z_5=36$，如图 14-20 所示。若 $n_5=100\mathrm{r/min}$，求蜗杆的转速 n_1 及各轮的转向。

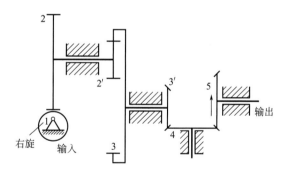

图 14-20 题 14-2 图

14-3 已知 $z_1=48$，$z_2=48$，$z_{2'}=18$，$z_3=24$，$n_1=250\mathrm{r/min}$，$n_3=100\mathrm{r/min}$，转向如图 14-21，试求 n_H 的大小和方向。

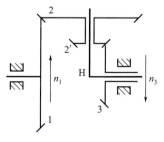

图 14-21 题 14-3 图

14-4 已知各轮的齿数 $z_1 = 30$，$z_2 = 25$，$z_{2'} = 20$，$z_3 = 75$，$n_1 = 200 \text{r/min}$，$n_3 = 50 \text{r/min}$，转向如图 14-22 所示，试求 n_H 的大小和方向。

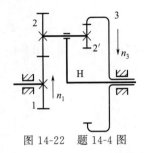

图 14-22 题 14-4 图

14-5 已知在图 14-23 所示轮系中，$z_1 = z_4 = 40$，$z_2 = z_5 = 30$，$z_3 = z_6 = 100$，求 i_{1H}。

14-6 如图 14-24 所示，各轮齿数为 $z_1 = 16$，$z_2 = 24$，$z_{2'} = 20$，$z_3 = 30$，$z_{3'} = 30$，$z_4 = 20$，$z_5 = 70$，$n_1 = 1000 \text{r/min}$，试求 n_H 的大小和方向。

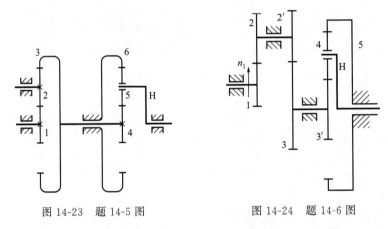

图 14-23 题 14-5 图   图 14-24 题 14-6 图

14-7 如图 14-25 所示已知各轮齿数为 $z_1 = 20$，$z_2 = 30$，$z_3 = 30$，$z_4 = 15$，$z_5 = 30$，$n_1 = 200 \text{r/min}$，求 n_5 的大小和方向。

14-8 已知各轮齿数为 $z_1 = z_8 = 20$，$z_2 = z_7 = 40$，$z_3 = 20$，$z_4 = 15$，$z_5 = 25$，$z_6 = 50$，$n_1 = 3000 \text{r/min}$，$n_8 = 2000 \text{r/min}$，转向如图 14-26 所示，试求 n_H 的大小及转向。

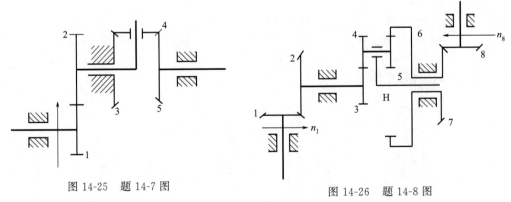

图 14-25 题 14-7 图   图 14-26 题 14-8 图

14-9 图 14-27 为电动卷扬机减速器的传动装置，$z_1 = 24$，$z_2 = 48$，$z_{2'} = 30$，$z_3 = 90$，$z_{3'} = 20$，$z_4 = 30$，$z_5 = 80$，求 i_{15}。

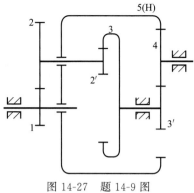

图 14-27 题 14-9 图

14-10 已知各轮齿数为 $z_1=24$，$z_{1'}=30$，$z_2=96$，$z_3=90$，$z_{3'}=102$，$z_4=80$，$z_{4'}=40$，$z_5=17$，n_1 的转向如图 14-28 所示，试求 i_{15} 及齿轮 5 的转向。

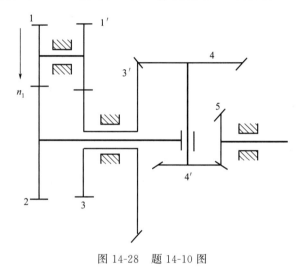

图 14-28 题 14-10 图

✏️ 学习笔记 ···

第15章 轴承

【内容概述】▶▶▶

在各种设备中广泛使用着轴承，轴承主要分为滚动轴承和滑动轴承。本章主要介绍滚动轴承的类型、特点和应用。

【思政与职业素养目标】▶▶▶

通过国产高铁轴承设计者十年如一日的匠心故事，启发学生要树立正确的人生观，设立高尚的人生追求。

15.1 轴承的功用及分类

15.1.1 轴承的功用

轴承的功用是支承轴和轴上零件，保持轴的旋转精度；减少转轴与支持面间的摩擦和磨损，并承受载荷。

15.1.2 轴承的分类

1）按承载方向分

（1）向心轴承。主要承受轴上的径向力。

（2）推力轴承。主要承受轴上的轴向力。

（3）向心推力轴承。可以承受轴上的径向力和轴向力。

2）按摩擦性质分

（1）滑动摩擦轴承。简称滑动轴承，如图 15-1(a) 所示。

（2）滚动摩擦轴承。简称滚动轴承，如图 15-1(b) 所示。

(a) 滑动轴承　　　　(b) 滚动轴承

图 15-1　轴承

15.1.3 轴承的特点和应用

滑动轴承的特点是承载能力大，耐冲击，工作平稳，噪声低，结构简单，径向尺寸小，轴向尺寸大。通常应用在以下场合。

（1）高速、高精度、重载的场合，如汽轮发电机、水轮发电机、机床等。

（2）极大型的、极微型的、极简单的场合，如自动化办公设备等。

（3）结构上要求剖分的场合，如曲轴轴承等。

（4）受冲击与振动载荷的场合，如轧钢机等。

滚动轴承的特点是摩擦阻力小、启动灵敏、效率高、润滑简便、易于互换，但是抗冲击能力差，高速时出现噪声。滚动轴承已标准化，应用范围广，设计人员要熟悉标准，正确选用。

15.2 滑动轴承

15.2.1 滑动轴承的类型、失效形式、特点

1）类型

（1）按承载方向分为向心滑动轴承和推力滑动轴承。向心滑动轴承主要承受轴上的径向力。推力滑动轴承主要承受轴上的轴向力。

（2）按摩擦状态分为液体摩擦状态和干摩擦、边界摩擦及混合摩擦（非液体摩擦）。液体摩擦状态的接触面被油膜完全隔开，油膜具有弹性，能缓冲、吸振，故用于汽轮机等长期高速旋转的机器上。干摩擦、边界摩擦因直接接触，磨损快。

2）失效形式

滑动轴承的主要失效形式：磨损、发热引起胶合。

3）特点

（1）优点

① 结构简单，制造方便。

② 精度高、耐冲击、吸振、运转平稳。

③ 寿命长。

（2）缺点

① 维修复杂，对润滑条件要求高。

② 干摩擦、边界摩擦滑动轴承，摩擦损耗较大。

15.2.2 向心滑动轴承

一般由轴承座、轴套或轴瓦、润滑装置、密封装置等部分组成。

1）结构形式

（1）整体式（见图15-2）。整体式的特点是构造简单、成本低，轴承需从轴端装拆，磨损后无法修整。常应用于低速、轻载或间歇性工作的机器。

（2）剖分式（见图15-3）。剖分式滑动轴承比较常用，其特点是：剖分面做成阶梯状，且垂直载荷方向，便于安装时定心。轴瓦直接支承轴颈，因而轴承盖应适度压紧轴瓦，以使轴瓦

不能在轴承孔中转动。轴承盖顶端制有螺纹孔，以便安装油杯或油管。轴瓦磨损后可减少剖分面处的垫片来调整轴承间隙。

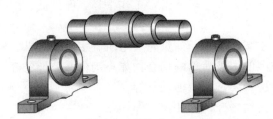

图 15-2　整体式（AR）

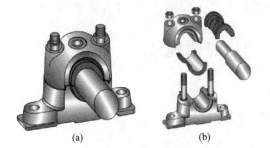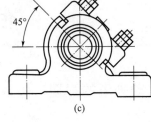

(a)　　　　　　　　(b)　　　　　　　　(c)

图 15-3　剖分式（AR）

当载荷垂直向下或略有偏斜时，轴承剖分面常为水平方向。若载荷方向有较大偏斜时，则轴承的剖分面也斜着布置（通常倾斜 45°），如图 15-3(c) 所示，使剖分面垂直于或接近垂直于载荷方向。

(3) 自动调心式(见图 15-4)。轴瓦与轴承之间不是柱面配合 [图 15-4(a)]，而是球面配合 [图 15-4(b)]，轴瓦瓦背制成凸球面，其支承面制成凹球面。轴瓦可随着轴的弯曲而转动，适应轴径的偏斜，从而避免轴瓦发生急剧磨损。

自动调心式的特点是轴瓦能摆动，可以适应轴的变形。常应用在当宽径比 $L/d > 1.5$ 时，或用于支承挠度较大或多支点的长轴。

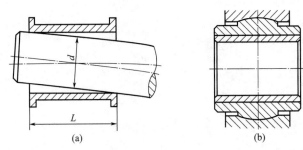

(a)　　　　　　　　　　　　　(b)

图 15-4　自动调心式

2）轴瓦

轴瓦的结构有三种形式：整体式结构、剖分式结构和分块式。

轴瓦的结构要素有壁厚、内径、宽度、表面状况。轴瓦的结构和油沟的形式如图 15-5 所示。

定位唇的作用是防止轴瓦做轴向和周向移动。常将轴瓦两端做出凸缘做轴向定位，也可用紧定螺钉或销钉将其固定在轴承座上。

油孔和油沟的作用是将油引入轴承。

油孔、油槽开设的原则是：

（1）润滑油应从油膜压力最小处输入轴承。

（2）油槽开在非承载区，否则会降低油膜的承载能力。

（3）油槽轴向不能开通，以免油从油槽端部大量流失。

（4）水平安装轴承油槽开半周，不要延伸到承载区，全周油槽应开在靠近轴承端部。

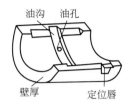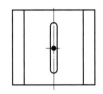

图 15-5　轴瓦的结构和油沟的形式

3）轴承衬

为节约贵重的减摩材料和便于修理，常制成双金属轴瓦，即以钢、铸铁或青铜做瓦背，再在瓦背上浇铸一薄层减摩材料（即轴承衬）以提高轴瓦的工作性能。厚度从零点几毫米到 6mm。

金属轴瓦一般是铸造的，在瓦背上浇铸轴承衬时，为了使轴承衬贴附牢固，应在瓦背上预制燕尾形或螺纹形沟槽。

15.2.3　推力滑动轴承

轴上的轴向力应采用推力轴承来承受。止推面可以利用轴的端面，或在轴的中段做出凸肩或装上止推圆盘（图 15-6）。实心端面推力轴承由于工作时轴心与边缘磨损不均匀，以致轴心部分压强极高，所以很少用。空心端面与单环工作面的推力轴承工作情况较好。

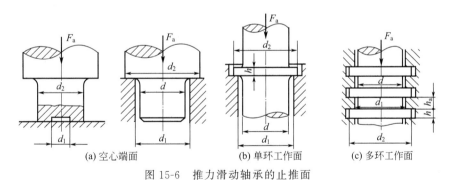

图 15-6　推力滑动轴承的止推面

15.2.4　滑动轴承的材料

1）对轴承材料的要求

有良好的减摩性、耐磨性、抗胶合性，有足够的抗压、抗疲劳强度，有良好的导热性和抗腐蚀能力等。

2）常用材料

常用的轴承材料可分为以下三大类。

（1）金属材料，如轴承合金、铜合金、铝基合金和铸铁等。

（2）多孔质金属材料（粉末冶金）。

（3）非金属材料，如工程塑料、橡胶等。

常用材料的性能比较见表 15-1。

表 15-1 常用材料的性能比较

材料	组成	性能特点	应用
轴承合金 （巴氏合金）	Sn,Pb,Sb 合金	耐磨性、导热性、油吸附性好,强度小,价格贵	重载,中高速
青铜	Cu+Sn,Pb,Al	较硬,强度高,耐磨合性差	重载,中速
粉末冶金	Fe+石墨 Cu+石墨	含油轴承 韧性低	平稳载荷,无冲击,中低速
铸铁	HT、KT	轴颈硬度大于轴瓦硬度	轻载,低速

15.2.5 滑动轴承的润滑

1）润滑的作用

减少摩擦、降低磨损、散热、缓冲吸振、密封、防锈等。

2）常用润滑剂

（1）润滑油。液体,用途最广泛。

（2）润滑脂。半固体,润滑油＋稠化剂,一般用于中低速。

（3）固体润滑剂。主要用作油、脂的添加剂,也可单独使用。

3）润滑油（脂）的主要性能指标

（1）黏度。温度升高,润滑油黏度降低。黏度特性好是指黏度受温度的影响小。

（2）凝点。润滑油冷却到不能流动的最高温度。

（3）闪电。润滑油在火焰下闪烁时的最低温度。

（4）油性。湿润或吸附于摩擦表面的性能。

（5）针入度。表征脂的稀稠。针入度越小,润滑脂越稠,承载能力和摩擦阻力越大。

（6）滴点。润滑脂受热后开始滴落的温度,表征耐高温的能力。工作温度一般应低于滴点 $20\sim30\,^{\circ}\mathrm{C}$。

（7）添加剂。油性剂、防锈剂、增黏剂。

4）润滑剂的选择

（1）润滑油。压力大、有冲击、变载荷,或摩擦工作面粗糙、未经跑合,或工作温度高时,宜选用黏度大的润滑油。速度高时宜选用黏度低的润滑油。

（2）润滑脂。钙脂的特点是抗水性好、耐热性差、价廉,适用温度 $55\sim75\,^{\circ}\mathrm{C}$。钠脂的特点是抗水性差、耐热性好、防腐性较好,适用温度可达 $120\,^{\circ}\mathrm{C}$。锂脂的特点是抗水性和耐热性好,适用温度 $-20\sim120\,^{\circ}\mathrm{C}$。

15.3 滚动轴承

滚动轴承是标准件,由专业轴承厂集中生产。滚动轴承的特点如下。

（1）摩擦阻力小，功率损耗少，启动灵敏。

（2）可同时承受径向和轴向载荷，简化了支承结构。

（3）径向间隙小，还可用预紧方法消除间隙，因此回转精度高。

（4）互换性好，易于维护，润滑简便，价格低。

（5）抗冲击能力差，高速时出现噪声。

（6）寿命也比不上液体润滑的滑动轴承。

（7）径向尺寸大。

15.3.1 滚动轴承的结构和类型

1）结构组成

如图 15-7 所示。内、外圈和滚动体的材料具有高硬度、高接触疲劳强度、良好的耐磨性和冲击韧性。常用含铬轴承钢，硬度 60～65HRC。保持架的常用材料有低碳钢、铜、铝、工程塑料。

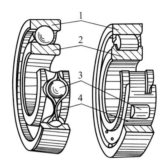

图 15-7　滚动轴承的结构组成（AR）

1—外圈，装在机座或零件的轴承孔内，一般不转动；2—内圈，装在轴颈上，与轴一起转动；

3—滚动体，在内外圈之间沿着滚道滚动；4—保持架，避免滚动体直接接触，减少发热和磨损

2）类型

（1）按滚动体的形状分为球轴承和滚子轴承。滚子轴承又可细分为：圆柱滚子轴承、圆锥滚子轴承、球面滚子轴承、滚针轴承，如图 15-8 所示。

圆柱滚子　　　　圆锥滚子　　　　球面滚子　　　　　　滚针

图 15-8　滚动体的形状

（2）按承载方向和公称接触角 α 分类（见表 15-2）。公称接触角 α 是滚动体与套圈接触处的法线与轴承的径向平面之间的夹角，如图 15-9 所示。

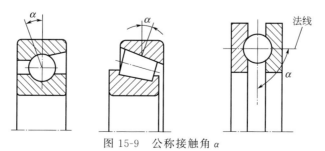

图 15-9　公称接触角 α

表 15-2　滚动轴承按照承载方向和公称接触角 α 分类

序号	轴承类型		类型代号	可承载方向	特点	示意图
向心轴承	径向接触轴承 $\alpha=0°$	深沟球轴承	6	径向力 F_r,不大的轴向力 F_a(双向)	n_{lim} 最高,价廉,优先采用	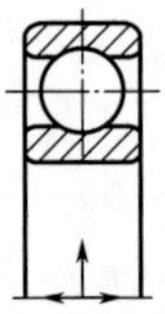
		圆柱滚子轴承	N	很大的 F_r,不能承受 F_a	承载力较大,内外圈可分离	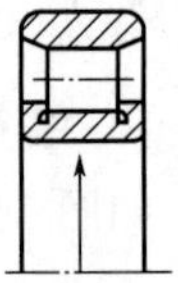
		滚针轴承	NA	很大的 F_r,不能承受 F_a	径向尺寸小,内外圈可分离	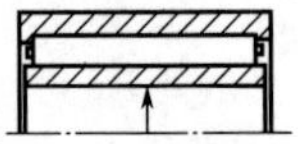
		调心球轴承	1	F_r,不大的 F_a(双向)	调心性能最好	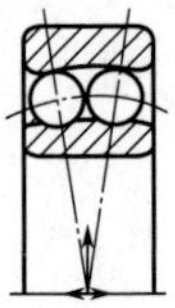
		调心滚子轴承	2	F_r,不大的 F_a(双向)	调心性能好,承载力较大	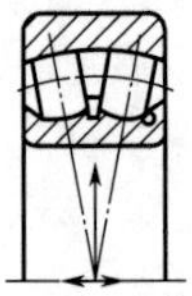
	向心角接触轴承 $0<\alpha\leqslant45°$	角接触球轴承	7	F_r,单向 F_a	$\alpha=15°$、$25°$、$40°$	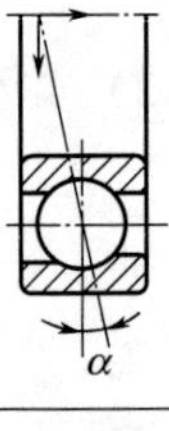
		圆锥滚子轴承	3	F_r,单向 F_a	承载力较大,内外圈可分离	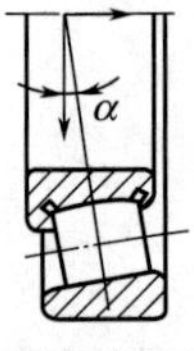
推力轴承	轴向接触轴承 $\alpha=90°$	推力球轴承	5	只承受轴向力 F_a	双列:承受双向轴向力　单列:承受单向轴向力	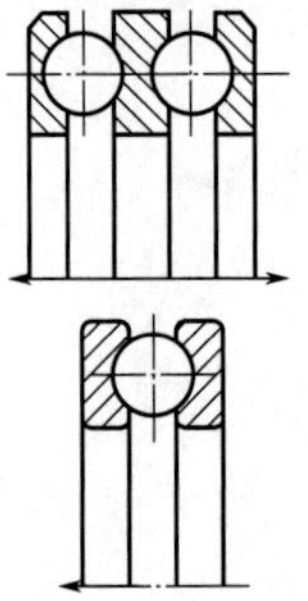

序号	轴承类型		类型代号	可承载方向	特点	示意图
推力轴承	轴向接触轴承 $\alpha=90°$	推力圆柱滚子轴承	8	只承受轴向力 F_a	承载力较大	
	推力角接触轴承 $45°<\alpha<90°$	推力圆锥滚子轴承	9	主要承受轴向力 F_a，可承受较小的径向力 F_r	承载力较大	

3）滚动轴承类型的选择原则

根据载荷大小、性质、轴承的转速、调心性能、安装和拆卸、价格等确定轴承的类型。其中，载荷（包括大小和方向）、转速的大小一般是最主要的依据。

（1）载荷的大小、方向和性质。载荷较小时选球轴承，因滚动体和内外圈之间是点接触，承载能力较小。载荷较大时选滚子轴承，因滚动体和内外圈之间是线接触，承载能力较大。

主要承受径向载荷 F_r 时，可选深沟球轴承、圆柱滚子轴承。主要承受轴向载荷 F_a 时，可选推力球轴承、推力滚子轴承，同时承受径向载荷和轴向载荷作用时，可选角接触球轴承、圆锥滚子轴承。

载荷比较平稳时选球轴承，有冲击时选滚子轴承。

（2）转速和旋转精度。球轴承的极限转速和旋转精度比滚子轴承的高，推力轴承的极限转速低，整体保持架的极限转速比分离的高。

高速、轻载时，选用球轴承。低速、重载时，选用滚子轴承。

（3）调心性能。当轴承座孔不同轴、轴挠曲变形大、多支点时，要求内外圈相对偏转一定角度仍可正常运转，需选用调心轴承。

（4）其他。在装调性能方面，圆锥滚子轴承、圆柱滚子轴承的内外圈可分离，装拆比较方便。在经济性方面，球轴承的价格比滚子轴承低，精度等级低的轴承价格低。

通常，高速、平稳、低载时，选用深沟球轴承；载荷较大、有冲击时，选用滚子轴承；径向和轴向载荷较大时，若转速较低选圆锥滚子轴承，若转速较高选角接触球轴承；轴向载荷远大于径向载荷时，也可采用推力轴承和向心轴承的组合。设计时要全面分析比较，选出最合适的轴承。

15.3.2　滚动轴承的代号

滚动轴承的代号是表示其结构、尺寸、公差等级和技术性能等特性的产品符号，由字母和数字组成。按 GB/T 272—2017 的规定，其表达方式如表 15-3 所列。

表 15-3　轴承代号的组成

前置代号	基本代号			后置代号
	字母和数字			字母和数字
字母 分部件代号	××× 类型代号	×× 宽度系列代号　直径系列代号	×× 内径代号	内部结构代号 密封、防尘及外部形状代号 保持架结构、轴承材料代号 公差等级和游隙代号 其他代号 P 5
	3	0　　　2	09	

1）基本代号

基本代号表示轴承的基本类型、结构和尺寸，是轴承代号的基础。基本代号由轴承类型代号（表 15-2）、尺寸系列代号及内径代号三部分组成。

（1）尺寸系列代号。由轴承的宽（高）度系列代号和直径系列代号组合而成，见表 15-4。直径系列代号表示结构相同、内径相同的轴承，使用不同直径的滚动体，在轴承外径和宽度方面的变化系列。宽度系列代号表示同一内径和外径的轴承可以有不同的宽度，多数正常系列可省略不标。

表 15-4　向心轴承、推力轴承尺寸系列代号

直径系列代号（外径↓递增）	向心轴承								推力轴承			
	宽度系列代号（宽度→递增）								高度系列代号（高度→递增）			
	8	0	1	2	3	4	5	6	7	9	1	2
	尺寸系列代号											
7	—	—	17	—	37	—	—	—	—	—	—	—
8	—	08	18	28	38	48	58	68	—	—	—	—
9	—	09	19	29	39	49	59	69	—	—	—	—
0	—	00	10	20	30	40	50	60	70	90	10	—
1	—	01	11	21	31	41	51	61	71	91	11	—
2	82	02	12	22	32	42	52	62	72	92	12	22
3	83	03	13	23	33	—	—	—	73	93	13	23
4	—	04	—	24	—	—	—	—	74	94	14	24
5	—	—	—	—	—	—	—	—	—	95	—	—

（2）内径代号。表示轴承的内径尺寸，如表 15-5 所列。

表 15-5　轴承内径代号

轴承公称内径/mm	内径代号	示　例
0.6 到 10（非整数）	直接用公称内径毫米数表示，在其与尺寸系列之间用"/"分开	深沟球轴承 618/2.5 $d = 2.5\text{mm}$
1 到 9（整数）	直接用公称内径毫米数表示，对深沟球轴承及角接触球轴承 7、8、9 直径系列，内径与尺寸系列代号之间用"/"分开	深沟球轴承　　618/5 $d = 5\text{mm}$

轴承公称内径/mm		内径代号	示　例
10 到 17	10 12 15 17	00 01 02 03	深沟球轴承 6200 $d=10mm$
20 到 480(22,28,32 除外)		用公称内径除以 5 的商数表示,商数为一位数时,需在商数左边加"0",如 08	调心滚子轴承 232 08 $d=40mm$
大于和等于 500 以及 22,28,32		直接用公称内径毫米数表示,但在其与尺寸系列代号之间用"/"分开	调心滚子轴承 230/500 $d=500mm$ 深沟球轴承 62/22 $d=22mm$

例:调心滚子轴承 23224　　2—类型代号　　32—尺寸系列代号　　24—内径代号　　$d=120mm$

2) 前置代号和后置代号

(1) 前置代号表示成套轴承分部件。常用的几类滚动轴承,一般无前置代号。

(2) 后置代号表示轴承内部结构、密封与防尘、保持架及其材料、轴承材料及公差等级等。

内部结构代号及含义如表 15-6 所列,公差等级代号及含义如表 15-7 所列,游隙代号及含义如表 15-8 所列,配置代号及含义如表 15-9 所列。

表 15-6　后置代号的内部结构代号及含义

代　号	含　义	示　例
A、B、 C、D、 E	(1)表示内部结构改变 (2)表示标准设计,其含义随轴承的不同类型、结构而异	B:①角接触球轴承 $\alpha=40°$,7210B 　②圆锥滚子轴承 α 加大,32310B C:①角接触球轴承 $\alpha=15°$,7005C 　②调心滚子轴承 C 型,23122C E:加强型 NU207E(内部结构设计改进,增大轴承的承载能力)
AC D ZW	角接触球轴承 $\alpha=25°$ 剖分式轴承 滚针保持架组件双列	7210AC K50×55×20D K20×25×40ZW

表 15-7　后置代号中的公差等级代号及含义 (摘录)

代号	含义	示例
/P0	公差等级符合标准规定的 0 级,在代号中省略而不表示(普通级)	6203
/P6	公差等级符合标准规定的 6 级	6203/P6
/P6X	公差等级符合标准规定的 6X 级	30210/P6X
/P5	公差等级符合标准规定的 5 级	6203/P5
/P4	公差等级符合标准规定的 4 级	6203/P4
/P2	公差等级符合标准规定的 2 级	6203/P2

注:0、6X、6、5、4、2 六级精度,逐渐增高。

表 15-8　后置代号中的游隙代号及含义（摘录）

代　号	含　　　义	示　　　例
/C1	游隙符合标准规定的 1 组	NN3006K/C1
/C2	游隙符合标准规定的 2 组	6210/C1
—	游隙符合标准规定的 0 组	6210
/C3	游隙符合标准规定的 3 组	6210/C3
/C4	游隙符合标准规定的 4 组	NN3006K/C4
/C5	游隙符合标准规定的 5 组	NNU4920K/C5

注：/C1、/C2、/C0、/C3、/C4、/C5 六组游隙，由小到大。0 组（/C0）游隙常用，可省略不标。

表 15-9　后置代号中的配置代号及含义（摘录）

代号	含义	示例
/DB	成对背对背安装	7210C/DB
/DF	成对面对面安装	32208/DF
/DT	成对串联安装	7210C/DT

3）示例

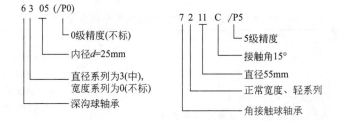

15.3.3　滚动轴承的失效形式

（1）疲劳点蚀。这是最主要的失效形式，滚动体表面、套圈滚道都可能发生点蚀。

（2）过大塑性变形。这是低速轴承的主要失效形式，接触应力过大（载荷过大或冲击载荷）时，元件表面出现较大塑性变形。

（3）磨损、胶合、内外圈和保持架破损等。这是由于使用维护不当而引起的，属于非正常失效。

15.3.4　滚动轴承的组合设计

组合设计的内容包括：固定、润滑与密封、配合与装拆。组合设计是否合理，将影响轴系的受力、运转精度、轴承寿命及机器性能。

1）轴承的固定

（1）作用：实际上是对整个轴系起固定作用，使轴系应有确定的位置，承受轴向力，防止轴向窜动，防止温升后卡死，轴承游隙的调整。

（2）常用的固定方法：两端固定、两端游动、一端固定一端游动（见表 15-10）。

表 15-10 轴承的常用固定方法

固定方法	示意图	特点及应用
两端固定	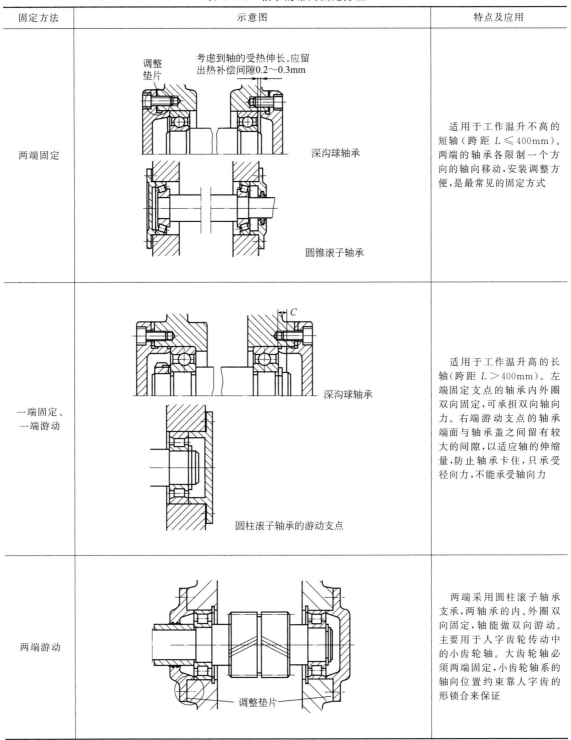	适用于工作温升不高的短轴（跨距 $L \leqslant 400\text{mm}$）。两端的轴承各限制一个方向的轴向移动，安装调整方便，是最常见的固定方式
一端固定、一端游动		适用于工作温升高的长轴（跨距 $L > 400\text{mm}$）。左端固定支点的轴承内外圈双向固定，可承担双向轴向力。右端游动支点的轴承端面与轴承盖之间留有较大的间隙，以适应轴的伸缩量，防止轴承卡住，只承受径向力，不能承受轴向力
两端游动		两端采用圆柱滚子轴承支承，两轴承的内、外圈双向固定，轴能做双向游动。主要用于人字齿轮传动中的小齿轮轴。大齿轮轴必须两端固定，小齿轮轴系的轴向位置约束靠人字齿的形锁合来保证

2）轴承的润滑与密封

（1）润滑。润滑的目的：减少摩擦磨损、冷却、吸振、防锈。

润滑的方式：脂，浸油、滴油、喷油、油雾。

浸油润滑时，油面不高于最下方滚动体的中心（如图 15-10 所示）。

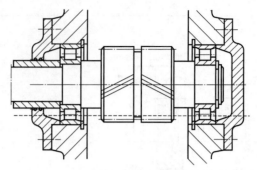

图 15-10　滚动轴承浸油润滑时的油面高度

（2）密封。密封目的：防尘、防水、防止润滑剂流失。

密封的方式有接触式密封和非接触式密封两类（表 15-11）。

接触式密封：毡圈、O 形密封圈、唇形密封圈、机械密封（端面密封）。

非接触式密封：缝隙密封、离心式密封（甩油密封）、迷宫密封、螺旋密封。

3）滚动轴承的配合与装拆

（1）轴承的配合。配合制式：内圈与轴颈的配合采用基孔制，外圈与座孔的配合采用基轴制。

选择配合类型的原则：不动套圈、常拆轴承，选较松的配合（间隙配合）；转动套圈、速度高、受载大、工作温度变化大，选较紧的配合（过盈配合）。紧些的配合旋转精度高、振动小。

（2）轴承的装拆要求（图 15-11）

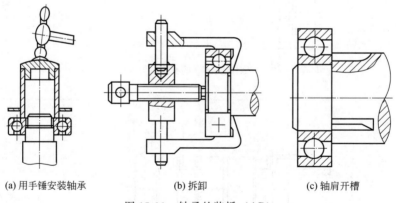

(a) 用手锤安装轴承　　　　　(b) 拆卸　　　　　(c) 轴肩开槽

图 15-11　轴承的装拆（AR）

① 装拆时不能损坏轴承，也不能损坏其他零件。

② 安装力或拆卸力通过内圈传递。

③ 轴肩高度应低于轴承内圈厚度，拆卸时不损坏轴承。

④ 轴肩高度过大时，轴肩可开槽。

⑤ 轴承内圈的过渡圆角半径 R 大于轴肩处的过渡圆角半径 r。

⑥ 安装轴承的轴段不宜过长，使轴承易装易拆。

表 15-11　滚动轴承的密封方式

密封方式		示意图
接触式密封	毡圈	
	唇形密封圈	
非接触式密封	缝隙密封	
	离心式密封 （甩油密封）	
	迷宫密封	

完成技能训练活页单中的"技能训练单15"。

习　题

15-1　解释下列轴承代号的含义。

6204　　　　71908/P5　　　　30213　　　　62/22　　　　N105/P5

15-2　一直齿圆柱齿轮减速器，轴的转速较高，载荷较小，运转平稳，选用哪类轴承比较合适？

15-3　一圆锥齿轮减速器，轴的转速一般，载荷较大、有冲击，选用哪类轴承比较合适？

✎ 学习笔记 ··

第16章 轴和轴毂连接

【内容概述】▶▶▶

传动零件必须被支承起来才能进行工作，轴用来支承传动零件，本章主要介绍轴上零件的定位和固定方式，轴的结构设计。

【思政与职业素养目标】▶▶▶

通过轴的传动功用，引领学生树立正确的价值观，采取积极进取的人生态度。轴和轴上零件的定位与固定各有要求，启发学生在生活中正确处理与人相处的亲疏关系。

16.1 轴的功用及分类

16.1.1 轴的功用

轴是组成机器的重要零件之一，其主要功用是支承回转零件（如齿轮、带轮、链轮、凸轮等），并传递运动和动力，如图16-1所示。轴的工作状况的好坏，直接影响到整台机器的性能和质量。

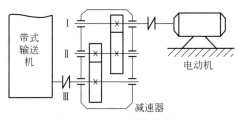

图 16-1 减速器中的轴系

16.1.2 轴的分类

（1）按承载情况分为转轴、传动轴、心轴。

① 转轴：工作时既承受弯矩又承受扭矩，发生弯扭组合变形（如图16-1减速器中的轴）。转轴是机器中最常见的轴。

② 传动轴：工作时只传递扭矩，发生扭转变形（图16-2）。

图 16-2 传动轴

③ 心轴：工作时只承受弯矩，发生弯曲变形。又分为固定心轴和转动心轴两种（图 16-3）。

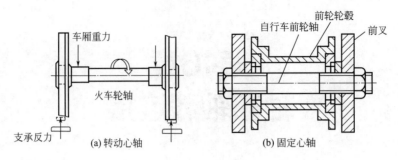

图 16-3　心轴

（2）按轴的形状分为直轴（光轴和阶梯轴）、曲轴和挠性钢丝轴，后两种属专用零件。

光轴形状简单、加工容易，主要用作传动轴（图 16-2）。阶梯轴便于轴上零件的装拆和固定，主要用作转轴，如图 16-4（a）所示。直轴一般都制成实心轴，但为了减轻重量或为了满足有些机器结构上的需要，也可以采用空心轴。曲轴是发动机专用零件，如图 16-4（b）所示。挠性钢丝轴的轴线可任意弯曲，传动灵活，如图 16-4（c）所示。

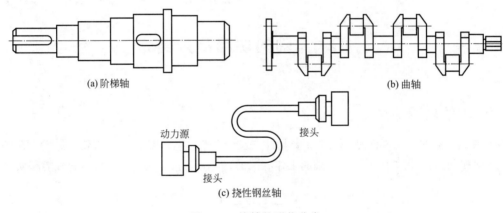

图 16-4　按轴的形状分类

16.2　轴的常用材料和加工工艺流程

轴是机床中的重要零件，它传递着动力并承受着各种载荷，其质量的高低直接影响到整台机床的精度和使用寿命，因此必须具有很高的强度和良好的耐磨、耐疲劳及尺寸稳定等性能。

轴的毛坯成形方法如下。

（1）轧制：最常用。用圆钢制造一般的、直径差别不大的轴。

（2）锻造：自由锻（用于小批量生产的重要的轴或直径差别较大的轴）、模锻（用于大批量生产的重要的轴）。

（3）铸造：因铸造轴的质量不易控制，可靠性较差，很少采用。可用铸钢或球墨铸铁来制造曲轴、凸轮轴等形状复杂或尺寸很大的轴。

16.2.1　轴的常用材料

轴的常用材料及其部分力学性能，见表 16-1。

表 16-1　轴的常用材料及其部分力学性能

材料牌号	热处理方法	毛坯直径 d/mm	硬度（HBS）	抗拉强度极限 σ_b/MPa	屈服极限 σ_s/MPa	弯曲疲劳极限 σ_{-1}/MPa	应用说明
Q235				400	240	200	用于不重要或载荷不大的轴
Q275			190	520	280	220	用于不是很重要的轴
35	正火		143～187	520	270	250	用于一般轴
45	正火	≤100	170～217	600	300	275	用于较重要的轴，应用最为广泛
45	调质	≤200	217～255	650	360	300	
40Cr	调质	≤100	241～286	750	550	350	用于载荷较大，而无很大冲击的轴
35SiMn 45SiMn	调质	≤100	229～286	800	520	400	性能接近于40Cr，用于中、小型轴
40MnB	调质	≤200	241～286	750	500	335	性能接近于40Cr，用于重要的轴
35CrMo	调质	≤100	207～269	750	550	390	用于重载荷的轴
20Cr	渗碳淬火回火	≤60	表面硬度56～62HRC	650	400	280	用于要求强度、韧性及耐磨性均较好的轴

轴的常用材料有如下。

（1）碳素钢：35、45、50、Q235，采用正火或调质热处理以改善力学性能。45 钢应用最广。

（2）合金钢：20Cr、20CrMnTi、40CrNi、38CrMoAlA 等，有较高的力学性能，但价格较贵，多用于要求传递大功率、减轻重量和提高轴颈耐磨性的轴。

16.2.2　主轴材料的选择及其热处理要求

主轴材料的选择，必须考虑下面几项工作条件和要求。

（1）主轴的工作状况：轴承配合是滑动，还是滚动，有无直接摩擦，与其他配件有无频繁的装拆过程。

（2）精密度和光洁度的要求。

（3）主轴的转速。

（4）弯曲载荷或扭转力矩的大小。若很大，需提高主轴的强度，可以选择合金钢或整体淬火处理，但淬火后，冲击韧性值略降低。

（5）有无冲击载荷。为了提高表面耐磨性和抗冲击能力，可以采用结构钢调质后表面淬火或低碳钢渗碳淬火。

（6）当主轴受较大的疲劳应力时，要求主轴具有高的疲劳强度。采用表面淬火、渗碳或氮化、提高表面光洁度、加入合金元素、减小轴上的应力集中都能提高轴的抗疲劳能力。

各种主轴常用材料的工作条件、热处理及应用实例，见表 16-2。

表 16-2　各种主轴常用材料的工作条件、热处理及应用实例

工作条件	材　料	热处理及硬度	应用实例
①与滑动轴承配合 ②中等载荷,心部强度要求不高,但转速高 ③精度不太高 ④疲劳应力较高,但冲击不大	20Cr 20MnVB 20Mn2B	渗碳淬火 58～62HRC	精密车床、内圆磨床等的主轴
①与滑动轴承配合 ②重载荷,高转速 ③高疲劳,高冲击	20CrMnTi 12CrNi3	渗碳淬火 58～63HRC	转塔车床、齿轮磨床、精密丝杠车床、重型齿轮铣床等主轴
①与滑动轴承配合 ②重载荷,高转速 ③精度高,轴隙小 ④高疲劳,高冲击	38CrMoVAl	调质 250～280HBS 渗氮≥900HV	高精度磨床的主轴,镗床镗杆
①与滑动轴承配合 ②中轻载荷 ③精度不高 ④冲击、低疲劳	45	正火 170～217HBS 或调质 220～250HBS,小规格局部整体淬火 42～47HRC,大规格轴颈表面感应淬火 48～52HRC	龙门铣床、立式铣床、小型立式车床等小规格主轴,C650、C660、C8480 等大重型车床主轴
①与滑动轴承配合 ②中等载荷,转速较高 ③精度较高 ④中等冲击和疲劳	40Cr Mn42MnVB 42CrMo	调质 220～250HBS,轴颈表面淬火 52～61HRC(42CrMo 取上限,其他钢取中、下限),装拆部位表面淬火 48～53HRC	齿轮铣床、组合车床、磨床砂轮等主轴
①与滑动轴承配合 ②中、重载荷 ③精度高 ④高疲劳,但冲击小	65Mn GCr15 9Mn2V	调质 250～280HBS,轴颈表面淬火≥59HRC,装卸部位表面淬火 50～55HRC	磨床主轴
①与滑动轴承配合 ②中小载荷,转速低 ③精度不高 ④稍有冲击	45 50Mn2	调质 220～250HBS 正火 192～241HBS	一般车床主轴、重型机床主轴

16.2.3　常用主轴的加工工艺流程

（1）整体淬火的主轴。工艺路线：备料→锻造→正火或退火→粗车（留精车量 3～6mm）→消除应力或调质→精车（留磨量 0.4～0.8mm）→整体淬火→粗磨（留精磨量 0.15～0.20mm）→低温人工时效→精磨。

（2）低碳合金钢渗碳淬火的主轴。工艺路线：备料→锻造→正火→精车（留磨量 0.40～0.80mm）→渗碳→去渗碳外角→淬火→粗磨（留精磨量 0.15～0.20mm）→低温人工时效→精磨或精磨后超精加工。

（3）中碳结构钢或合金工具钢经预备热处理后表面淬火主轴。工艺路线：备料→锻造→退火→粗车（留精车量 4mm）→调质→精车（留磨量 0.5～0.6mm）→表面淬火→粗磨（留精磨量 0.15～0.25mm）→低温人工时效→精磨或精磨后超精加工。

（4）氮化主轴。工艺路线：备料→锻造→退火→粗车（留精车量4～5mm）→调质（切割样品检查）→精车（留磨量0.9～1.0mm）→消除应力→粗磨（氮化段留磨量0.08～0.10mm，非氮化处不磨或镀镍或镀锡）→氮化→精磨、超精研磨到尺寸。

如果轴的形状简单，各段直径变化不大，精度要求不高，不需要锻造、预备处理和消除应力处理时，则工艺路线可以大大简化。

例如：整体淬火主轴工艺线路可简化为：备料→切削加工→淬硬→磨削到尺寸。

表面淬火主轴工艺路线可简化为：备料→粗车→调质→表面淬火→磨削到尺寸。

因此在实际工作中，要按具体情况来决定某些工序的去留而编排工艺路线。

应用示例：CA6140机床主轴的选材、工艺路线及热处理。

它在机床设备中，主要是用于传递动力，承受多种形式的载荷，如弯曲、扭转、疲劳、冲击等。轴颈和滑动表面部分还承受摩擦，所以对耐磨性要求也较高。如图16-5所示为CA6140机床主轴图。

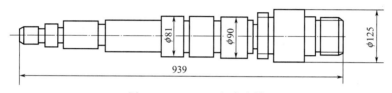

图 16-5　CA6140 机床主轴

材料：45钢。

工艺路线：下料→锻造→正火→粗加工→调质→精加工→局部表面淬火＋低温回火→精磨→成品。

技术要求：$\phi81$ 及 $\phi90$ 轴颈处高频表面淬火、回火硬度 45～50HRC。

16.3　轴的设计

轴的设计方法有类比法和设计计算法两种。类比法是根据轴的工作条件，选择与其相似的轴，进行类比及结构设计，画出轴的零件图。用类比法设计轴，一般不进行强度计算。由于完全依靠现有资料及设计者的经验进行轴的设计，有时会带有一定的盲目性。本章重点介绍设计计算法。

通常设计轴的已知条件有：机器的装配简图、轴的转速、传递的功率、轴上零件的主要参数和尺寸等。轴的一般设计过程如下。

（1）根据工作条件选材。

（2）按扭转强度估算轴的最小直径。

（3）结构设计：根据轴上零件的安装、定位以及轴的制造工艺等方面的要求，合理地确定轴的结构形式和尺寸。具体内容包括：

① 根据工作要求确定轴上零件的位置和固定方式。

② 确定各轴段的直径。

③ 确定各轴段的长度。

④ 根据有关设计手册确定轴的结构细节，如圆角、倒角、退刀槽等的尺寸。

（4）轴的承载能力验算：一般在轴上选取2～3个危险截面进行强度校核。若危险截面强度不够或强度太大，则需重新修改轴的结构后再进行校核计算。

（5）绘制轴的零件图。

需要指出的是：①一般情况下，不必进行轴的刚度、振动、稳定性等校核。如需要进行轴的刚度校核，也只做轴的弯曲刚度校核。②用于重要场合的轴、高速转动的轴，还需进行疲劳强度校核。具体内容可查阅机械设计方面的有关资料。

轴的结构设计是整个设计过程的关键，下面详细介绍关于结构设计的具体要求。

16.3.1　轴的结构设计

以常用的阶梯轴为例，介绍轴上各轴段的名称，如图 16-6 所示。

轴头：支承齿轮、联轴器的轴段。

轴颈：与轴承配合的轴段。

轴身：连接轴头与轴颈的轴段。

轴环：直径最大的轴段。

轴肩：截面直径变化之处。又分为定位轴肩（对轴上零件有轴向固定的作用）和自由轴肩（对轴上零件没有轴向固定的作用）。

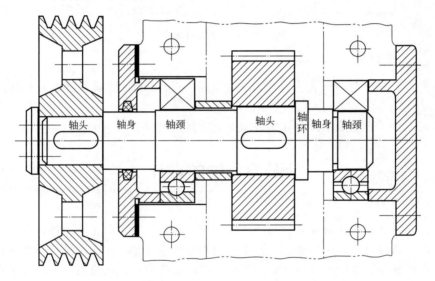

图 16-6　各轴段的名称（AR）

轴的结构设计需注意的问题如下。

（1）轴应满足强度、刚度、防振的要求，并通过结构设计提高这些方面的性能。

① 使轴的形状接近于等强度条件，以充分利用材料的承载能力。如：对于传动轴，常制成光轴或接近于光轴的形状；对于转轴，一般制成阶梯轴。

② 尽量避免阶梯轴的各轴段直径突然改变，以减少应力集中，提高轴的疲劳强度。常将直径突变处制成适当大的圆角，并尽量避免在轴上开孔或开槽，必要时可采用减载槽、中间环或凹切圆角等结构（图 16-7）。采用这些方法也可以避免轴在热处理时产生淬火裂纹的危险。

另外，粗糙的表面易引起疲劳裂纹，设计时应十分注意轴表面粗糙度的选择。可采用碾压、喷丸、渗碳淬火、氮化处理、高频淬火等表面强化方法，以提高轴的疲劳强度。

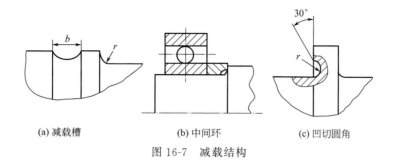

| (a) 减载槽 | (b) 中间环 | (c) 凹切圆角 |

图 16-7　减载结构

③ 改变轴上零件的位置，有时可以减小轴所受的载荷，以提高轴的强度和刚度。如图 16-8 所示，图 16-8(a) 所示的轴所受的最大扭矩为 T_1+T_2，而图 16-8(b) 把输入轮布置在两输出轮之间，则轴的最大扭矩降低到 T_1。

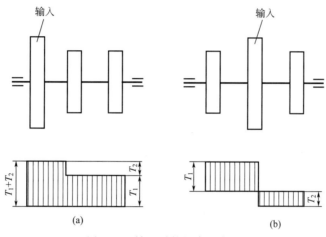

图 16-8　轴上零件的合理布局

④ 改进轴上零件的结构，也可以减小轴所受的载荷。如图 16-9 所示，卷筒的轮毂很长，如把轮毂分成两段，则减小了轴的弯矩，从而提高了轴的强度和刚度，同时还能得到更好的轴孔配合。

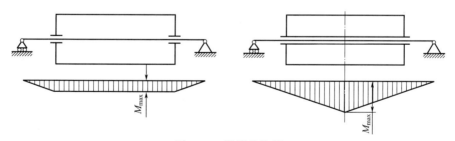

图 16-9　卷筒的轮毂

(2) 轴应便于制造，轴上零件要易于装拆。

① 阶梯轴一般设计成中间大、两端小的阶梯形状，轴端有倒角，以便于零件从两端装拆。

② 应使各零件在装配时尽量不接触其他零件的配合表面（如图 16-10 所示典型的轴系结构）。

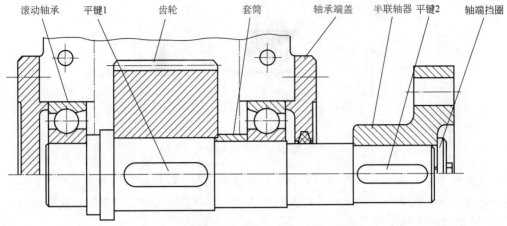

图 16-10　典型的轴系结构

③ 轴肩的高度不能妨碍零件的拆卸（如图 16-11 所示，定位轴承的轴肩高度不能超过轴承内圈的厚度，否则不利于轴承的拆卸）。

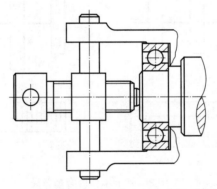

图 16-11　定位轴承的轴肩高度要方便轴承的拆卸

根据轴上零件的装配方向、顺序和相互关系，确定轴的结构形状。轴上零件的装配方案不同，则轴的结构形状也不相同。设计时可拟定几种装配方案，进行分析与选择。

（3）各零件要牢固而可靠地相对固定。

零件在轴上的固定或连接方式随零件的作用而异。固定的方法不同，轴的结构也就不同。一般情况下，为了保证零件在轴上的工作位置固定，应在周向和轴向加以固定。

① 轴上零件的轴向定位与固定。零件在轴上沿轴向应准确的定位和可靠的固定，以使其具有确定的安装位置，并能承受轴向力而不产生轴向位移。

通常，零件的轴向定位由轴肩、轴环、套筒、圆螺母、轴端挡圈、圆锥面、圆锥销、弹性挡圈、紧定螺钉等来实现（图 16-12）。

轴向定位方法的选择主要取决于轴向力的大小。当零件所受的轴向力较大时，常用轴肩、轴环等方式；受中等轴向力时，可用套筒、圆螺母、轴端挡圈、圆锥面、圆锥销等方式；所受的轴向力较小时，可用弹性挡圈、紧定螺钉等方式。选择时，还应考虑轴的制造及零件装拆的难易、所占位置的大小、对轴强度和刚度的影响等因素。

② 轴上零件的周向定位与固定。为了传递运动和转矩，防止轴上零件与轴做相对转动，轴和轴上零件必须可靠地沿周向固定。

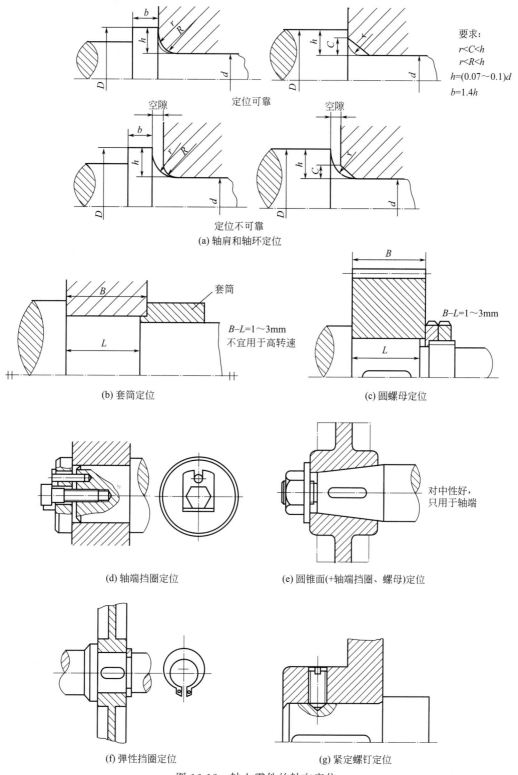

要求：
$r<C<h$
$r<R<h$
$h=(0.07\sim0.1)d$
$b=1.4h$

定位可靠

定位不可靠

(a) 轴肩和轴环定位

套筒

$B-L=1\sim3mm$
不宜用于高转速

(b) 套筒定位

$B-L=1\sim3mm$

(c) 圆螺母定位

(d) 轴端挡圈定位

对中性好，
只用于轴端

(e) 圆锥面(+轴端挡圈、螺母)定位

(f) 弹性挡圈定位

(g) 紧定螺钉定位

图 16-12　轴上零件的轴向定位

通常，零件的周向固定由键、花键、过盈配合、紧定螺钉、销等来实现（见图 16-13）。

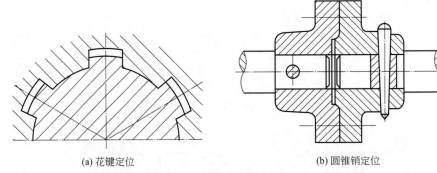

(a) 花键定位   (b) 圆锥销定位

图 16-13　轴上零件的周向定位

周向固定方式的选择，则要根据传递转矩的大小和性质、轮毂与轴的对中精度要求、加工的难易等因素来决定。

（4）轴的加工与装配工艺

① 轴的形状要力求简单，阶梯轴的级数应尽可能少。

② 轴颈的直径应与所装轴承的内径相一致，轴头的直径应与所装齿轮或联轴器等零件的内径相一致。

③ 轴身尺寸应取以 mm 为单位的整数，最好取为偶数或 5 进位的数。

④ 轴上各段的键槽、圆角半径、倒角、中心孔等尺寸应尽可能统一，并符合标准，以利于加工和检验。

⑤ 当轴上有多处键槽时，应设计在同一加工直线上。

⑥ 自由轴肩的高度一般为 0.5～2mm，定位轴肩的高度一般为 3～5mm。另外，定位轴承的轴肩高度需参照轴承内圈的厚度而定。

⑦ 轴上需磨削的轴段应设计出砂轮越程槽，需车制螺纹的轴段应有退刀槽（见图 16-14）。

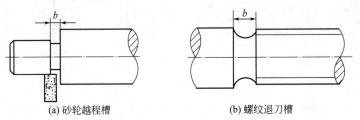

(a) 砂轮越程槽   (b) 螺纹退刀槽

图 16-14　越程槽、退刀槽

（5）各轴段直径和长度尺寸的确定。具体方法如下。

① 按轴所受的扭矩 T 估算轴径 d，作为轴的最小轴径：

$$d \geqslant \sqrt[3]{\frac{T}{0.2[\tau]}} = \sqrt[3]{\frac{9.55 \times 10^6 P}{0.2[\tau]n}} = C\sqrt[3]{\frac{P}{n}}$$

式中，d 为轴的估算直径，mm；P 为轴所传递的功率，kW；n 为轴的转速，r/min；C 为由轴的材料和受载情况决定的系数，可查表 16-3。

表 16-3　常用材料的 $[\tau]$ 值和 C 值

轴的材料	Q235A,20	35	45	40Cr,35SiMn
$[\tau]$/MPa	12～20	20～30	30～40	40～52
C	135～160	118～135	107～118	98～107

考虑键槽对轴有削弱，可按以下方式修正轴径 $d_{\min}$：轴上有一个键槽，可将 $d_{\min}$ 增大 3%～5%；如有两个键槽，$d_{\min}$ 可增大 7%～10%。

② 根据轴上零件的内径和长度、轴肩高度及各零件间的相对位置关系等，合理地确定各轴段的直径和长度尺寸。

③ 有配合要求的轴段，应尽量采用标准直径。

④ 有配合要求的零件要便于装拆。

16.3.2 轴的强度计算

轴的主要失效形式是折断和轴颈的磨损。

完成轴的结构设计后，作用在轴上外载荷（转矩和弯矩）的大小、方向、作用点、载荷种类及支点反力等就已确定，可按弯扭合成的理论进行轴上危险截面的强度校核。

具体的计算步骤如下。

（1）画出轴的空间力系图。将轴上的作用力分解为水平面分力和垂直面分力，并求出水平面和垂直面上的支点反力。

（2）分别作出水平面上的弯矩（M_H）图和垂直面上的弯矩（M_V）图。

（3）计算出合成弯矩 $M = \sqrt{M_H^2 + M_V^2}$，绘出合成弯矩图。

（4）作出扭矩（T）图。

（5）根据弯矩图和扭矩图，确定出轴上的危险截面位置。计算危险截面的当量弯矩 $M_e = \sqrt{M^2 + (\alpha T)^2}$，式中 α 为考虑弯曲应力与扭转剪应力循环特性的不同而引入的修正系数。对于不变转矩取 $\alpha \approx 0.3$；对于脉动循环转矩取 $\alpha \approx 0.6$；对于对称循环转矩取 $\alpha = 1$。对正反转频繁的轴，可将转矩 T 看成是对称循环变化，取 $\alpha = 1$。当不能确定知道载荷的性质时，一般轴的转矩可按脉动循环处理，取 $\alpha \approx 0.6$。

（6）校核危险截面的强度。

$$\sigma_e = \frac{M_e}{W} = \frac{\sqrt{M^2 + (\alpha T^2)}}{0.1 d^3} \leqslant [\sigma_{-1b}]$$

式中，W 为轴的抗弯截面系数，mm^3；M、T、M_e 的单位均为 $N \cdot mm$；d 的单位为 mm；σ_e 为当量弯曲应力，MPa；$[\sigma_{-1b}]$ 可查表 16-4。

另外，对于有刚度要求的轴，如果轴的弯曲、扭转变形过大，会影响轴上零件的正常工作，则还需要进行刚度校核计算。具体方法可查机械设计手册。

表 16-4 轴的许用弯曲应力 MPa

材料	σ_b	$[\sigma_{+1b}]$	$[\sigma_{0b}]$	$[\sigma_{-1b}]$
碳素钢	400	130	70	40
	500	170	75	45
	600	200	95	55
	700	230	110	65
合金钢	800	270	130	75
	900	300	140	80
	1000	330	150	90
铸钢	400	100	50	30
	500	120	70	40

16.3.3 轴的设计实例

例 16-1 设计图 16-15 所示单级平行轴斜齿轮减速器的轴 $\mathbb{I}$，传递功率 $P=2.33\mathrm{kW}$，轴 $\mathbb{I}$ 的转速 $n_2=104\mathrm{r/min}$，大齿轮的宽度 $b_2=80\mathrm{mm}$，链轮的宽度 $b_3=60\mathrm{mm}$，大齿轮的分度圆直径 $d_2=300\mathrm{mm}$，螺旋角 $\beta=8.5°$，左旋，压轴力 $F_Q=4000\mathrm{N}$，长期工作，载荷平稳。

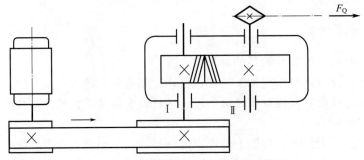

图 16-15　单级平行轴斜齿轮减速器简图

解：（1）选择轴的材料，确定许用应力。减速器传递的功率属小功率，对材料无特殊要求，故选用 45 钢并经正火处理。查表 16-1 得强度极限 $\sigma_b=600\mathrm{MPa}$，再查表 16-4 得许用弯曲应力 $[\sigma_{-1b}]=55\mathrm{MPa}$。

（2）按扭转强度估算轴的最小直径。查表 16-3，取 $C=118$

$$d\geqslant C\sqrt[3]{\frac{P}{n}}=33.27\mathrm{mm}$$

轴 $\mathbb{I}$ 的最小直径为安装链轮处，此处有一键槽，d 需加大 3%，取 $d=36\mathrm{mm}$。

（3）轴的结构设计 [如图 16-16(a)所示]

① 确定各轴段的直径：链轮处，36mm；油封处，42mm，轴肩高度取 3mm；轴承处，45mm，轴承型号为 7209C；齿轮处，48mm；轴环处，56mm，轴肩高度取 4mm；左端轴承轴肩处，52mm，查轴承尺寸，轴肩高度取 3.5mm。

② 确定各轴段的长度：链轮处，58mm，因链轮轮毂宽度为 60mm；油封处，45mm；齿轮处，78mm，因齿轮轮毂宽度为 80mm；右端轴承处，46mm，19+5+20+2=46(mm)；轴环处，10mm；左端轴承轴肩处，15mm，20+5-10=15(mm)；左端轴承处，19mm；轴全长，271mm，58+45+78+46+10+15+19=271(mm)。

③ 传动零件的周向固定：齿轮键，A14×70 GB1096；链轮键，A10×50 GB 1096。

④ 其他尺寸：过渡圆角，$r=1\mathrm{mm}$；倒角，$2×45°$。

（4）轴的强度计算

① 轴传递的转矩：

$$T=9.55×10^6\frac{P}{n}=214×10^6\mathrm{N\cdot mm}$$

② 斜齿轮受力：

$$F_{t2}=\frac{2T}{d_2}=1427\mathrm{N}\quad F_{r2}=\frac{F_{t2}\tan\alpha_n}{\cos\beta}=524.6\mathrm{N}\quad F_{x2}=F_{t2}\tan\beta=202\mathrm{N}$$

③ 确定轴的跨距：

轴承 7209C：$a=18.2\mathrm{mm}$（见图 16-17）。

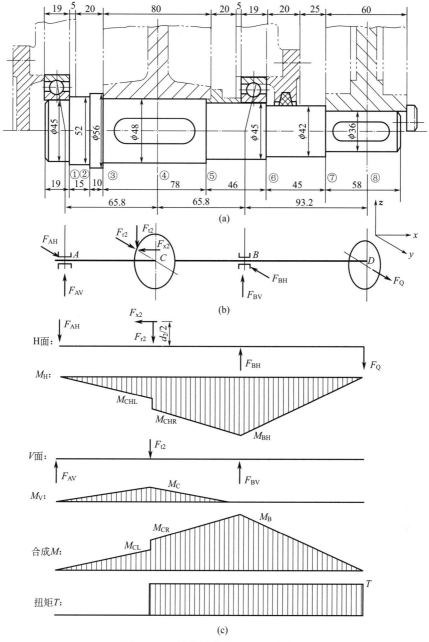

图 16-16　轴的结构设计图及受力图

轴承与齿轮力作用点间距：

$$\frac{1}{2} \times 80 + 20 + 5 + 19 - 18.2 = 65.8(\text{mm})$$

轴承与链轮力作用点间距：

$$18.2 + 20 + 25 + \frac{1}{2} \times 60 = 93.2(\text{mm})$$

轴的受力图、弯矩图、扭矩图见图 16-16(b)、(c)。

④ 作 M_H 图

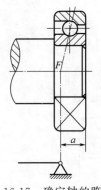

图 16-17 确定轴的跨距

$$F_{AH} = \frac{F_Q \times 93.2 - F_{r2} \times 65.8 - F_{x2} \times \dfrac{d_2}{2}}{131.6} = 2340.6\text{N}$$

$$F_{BH} = \frac{F_Q \times 224.8 + F_{r2} \times 65.8 - F_{x2} \times \dfrac{d_2}{2}}{131.6} = 6864.9\text{N}$$

$$M_{CBL} = F_{AH} \times 65.8 = 150 \times 10^3 \text{ N} \cdot \text{mm}$$

$$M_{CHR} = M_{CHL} + F_{x2} \times \frac{d_2}{2} = 180.3 \times 10^3 \text{ N} \cdot \text{mm}$$

$$M_{BH} = F_Q \times 91.4 = 372.8 \times 10^3 \text{ N} \cdot \text{mm}$$

⑤ 作 M_V 图

$$F_{AV} = F_{BV} = \frac{F_{t2}}{2} = 713.5\text{N}$$

$$M_{CV} = F_{AV} \times 65.8 = 46.95 \times 10^3 \text{ N} \cdot \text{mm}$$

⑥ 作合成 M 图

$$M_{CL} = \sqrt{M_{CHL}^2 + M_{CV}^2} = 157.1 \times 10^3 \text{ N} \cdot \text{mm}$$

$$M_{CR} = \sqrt{M_{CHR}^2 + M_{CV}^2} = 186.3 \times 10^3 \text{ N} \cdot \text{mm}$$

$$M_B = \sqrt{M_{BH}^2 + M_{BV}^2} = 372.8 \times 10^3 \text{ N} \cdot \text{mm}$$

⑦ 观察合成 M 图和扭矩 T 图，确定 B 截面为危险截面。按当量弯矩校核轴的强度：

$$M_{Be} = \sqrt{M_B^2 + (\alpha T)^2} = 394.3 \times 10^3 \text{ N} \cdot \text{mm}$$

$$\sigma_{Be} = \frac{M_{Be}}{0.1d^3} = 43.2\text{MPa} < [\sigma_{-1b}] = 55\text{MPa}$$

轴的强度足够。

（5）绘制轴的零件图（略）。

━━━┥ 技能训练 ┝━━━

完成技能训练活页单中的"技能训练单 16"。

━━━┥ 习　题 ┝━━━

16-1　图 16-18 所示为轴承外圈窄边相对安装的轴系结构。按示例①所示，指出其他错误，并用文字解释。

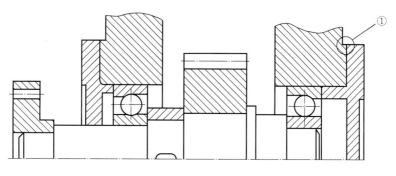

图 16-18　题 16-1 图

示例：①——缺少调整垫片。

16-2　圈出图 16-19 中轴系的结构错误，并用文字解释。

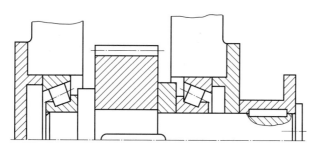

图 16-19　题 16-2 图

16-3　圈出图 16-20 中轴系的结构错误，并用文字解释。

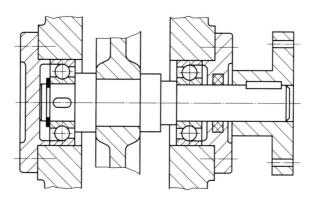

图 16-20　题 16-3 图

16-4　设计图 16-21 所示的单级直齿圆柱齿轮减速器中的从动轴Ⅱ。已知传递功率 $P =$ 8kW，大齿轮的转速 $n = 280$r/min、分度圆直径 $d = 265$mm、圆周力 $F_t = 2059$N、径向力 $F_r = 763.8$N、轮毂宽度为 60mm，工作时单向运转。

16-5　图 16-22 所示为二级直齿圆柱齿轮减速器的示意图，试设计输出轴的结构图。已知

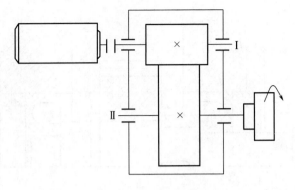

图 16-21　题 16-4 图

输出轴功率 $P=9.8\mathrm{kW}$，转速 $n=260\mathrm{r/min}$，各齿轮的宽度均为 $60\mathrm{mm}$，齿轮、箱体、联轴器之间的距离如图 16-22 所示。

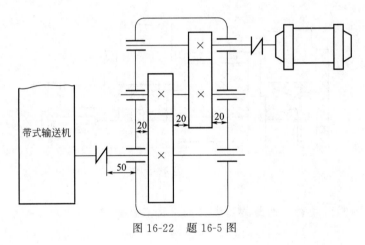

图 16-22　题 16-5 图

✎ 学习笔记 ···

....

....

....

....

....

第17章
联轴器和离合器

【内容概述】▶ ▶ ▶

联轴器和离合器都是用来实现轴与轴的连接，使之一起回转并传递运动和转矩的。不同点是联轴器回转时，连接的两轴不能分离，只有机器停车后，经拆卸才能将其分离。用离合器连接的两轴可以在机器工作过程中，方便地实现分离与接合。本章重点介绍它们的结构特点、应用场合和正确选用。

【思政与职业素养目标】▶ ▶ ▶

联轴器和离合器都是用来实现轴与轴的连接，使之一起回转并传递运动和转矩的重要部件，离合器还兼有联合器和分离器的双重功能，要启发学生在将来的工作岗位上团结集体，努力做好集体的"联合器"，而不做"分离器"。

17.1 联轴器

17.1.1 联轴器的功用及分类

1）功用

联轴器通常用来连接轴与轴或轴与其他回转零件，并在其间传递运动和转矩。有时也作为一种安全装置用来防止被连接机件承受过大载荷，起到过载保护的作用。用联轴器连接轴回转时，连接的两轴不能分离，只有机器停车后，经拆卸才能将其分离。

用联轴器连接的两轴，由于制造和安装误差、受载后的变形以及温度的变化等因素的影响，往往不能保证严格的对中，两轴间会产生一定程度的相对位移或偏斜，如图 17-1 所示。因此，联轴器除了能传递所需的转矩外，还在一定程度上具有补偿两轴间偏移的作用。

2）分类

联轴器主要分为刚性联轴器和挠性联轴器。刚性联轴器由刚性传力件组成，又细分为固定式和可移式两类。固定式联轴器将连接的两轴相互固定成为一体，不再发生相对位移；而可移式联轴器借助联轴器中的相对可动元件，造成一个方向或几个方向的活动度，允许被连接的两轴之间有一定的相对位移。

挠性联轴器是在联轴器中安置弹性元件，它不仅可以借助弹性元件的变形，允许被连接的两轴有一定的相对位移，而且具有较好的吸振和缓冲能力。

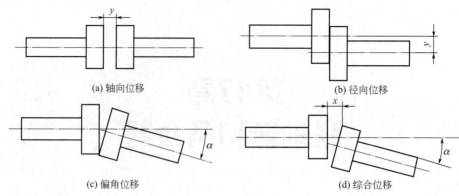

(a) 轴向位移　　　　　　　　　　　　　(b) 径向位移

(c) 偏角位移　　　　　　　　　　　　　(d) 综合位移

图 17-1　联轴器的功用

17.1.2　几种常用的联轴器

1）刚性联轴器

常用的刚性联轴器有套筒联轴器和凸缘联轴器等。

（1）套筒联轴器。如图 17-2 所示，套筒与被连接两轴的轴端分别用键［见图 17-2(a)］或销［见图 17-2(b)］固定连成一体。这种联轴器结构简单，径向尺寸小，但要求被连接两轴的同轴度高，且装拆时需作较大的轴向移动。适用于载荷不大、工作平稳、两轴严格对中并要求联轴器径向尺寸小的场合。

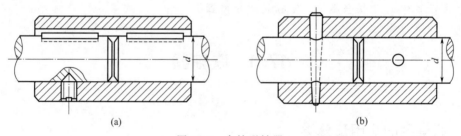

(a)　　　　　　　　　　　　　　(b)

图 17-2　套筒联轴器

（2）凸缘联轴器。如图 17-3 所示，凸缘联轴器由两个带凸缘的半联轴器和一组螺栓组成。两个半联轴器分别用键与两轴固定，同时它们再用螺栓相互连接，从而将两轴连成一体。

这种联轴器有两种对中方式：一种是用两个半联轴器上的凸肩和凹槽相配合对中［见图 17-3(a)］，对中精度高，工作中靠两个半联轴器的接触面间产生的摩擦力来传递转矩；另一种是利用铰制孔用螺栓实现对中［见图 17-3(b)］，工作中靠螺栓杆的挤压和剪切来传递转矩，因而其传递转矩的能力较大。

凸缘联轴器的主要特点是结构简单、成本低、可传递较大的转矩，但不能缓冲减振，要求两轴的同轴度要好。适用于刚性大、振动冲击小和低速大转矩的连接场合，是应用较广的一种刚性联轴器，这种联轴器已经标准化。

（3）夹壳联轴器（如图 17-4 所示）。夹壳联轴器是将套筒做成剖分夹壳结构，通过拧紧螺栓产生的预紧力使两夹壳与轴连接，并依靠键以及夹壳与轴表面之间的摩擦力来传递扭矩。内有一个剖分式对中环。

夹壳联轴器无需沿轴向移动即可方便装拆，但不能连接直径不同的两轴，外形复杂且不易平衡，高速旋转时会产生离心力，主要适用于低速传动轴。

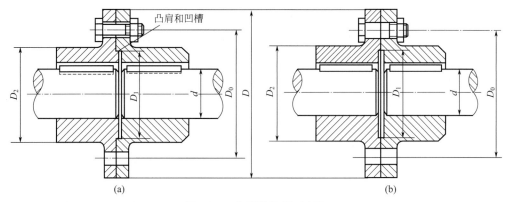

图 17-3 凸缘联轴器（AR）

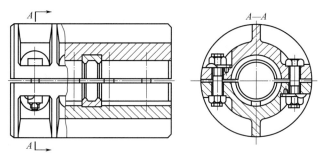

图 17-4 夹壳联轴器

2）无弹性元件联轴器

常用的无弹性元件联轴器有十字滑块联轴器、万向联轴器和齿式联轴器等。

（1）十字滑块联轴器。如图 17-5 所示，由两个在端面上开有凹槽的半联轴器 1、3 和一个两端面均带有凸牙的中间盘 2 组成，中间盘两端面的凸牙是在相垂直的两个直径方向上，并在安装时分别嵌入 1、3 的凹槽中。因为凸牙可在凹槽中滑动，故可补偿安装及运转时两轴间的相对位移和偏斜。

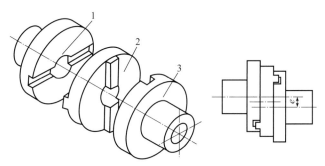

图 17-5 十字滑块联轴器（AR）

十字滑块联轴器的主要特点是结构简单，制造方便，可适应两轴间的综合偏移。

但由于十字滑块作偏心转动，工作时中间盘会产生很大的离心力，故适用于低速、无冲击的场合，需定期进行润滑。

（2）万向联轴器。万向联轴器的结构特点如图 17-6 所示，是由分别装在两轴端的叉形接头以及与叉头相连的十字形中间连接组成，这种联轴器允许两轴间有较大的夹角（相邻两轴的最大夹角可达 35°～45°），且机器工作时即使夹角发生改变仍可正常转动，但角度过大会使传动效率显著降低。一般常使用十字轴式万向联轴器，如汽车传动轴，即两个万向联轴器串接而成。

（3）齿式联轴器。齿式联轴器已标准化，是无弹性元件联轴器中应用较广泛的一种，它是利用内外齿的啮合来实现两半联轴器的连接。如图 17-7 所示，它由两个内齿圈 2、3 和两个外齿圈 1、4 组成。安装时两内齿圈用螺栓 5 连接，两外齿圈通过过盈配合（或键）与轴连接，并通过内、外齿轮的啮合传递转矩。

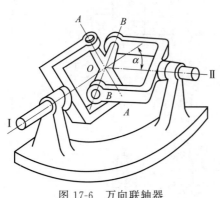

图 17-6　万向联轴器

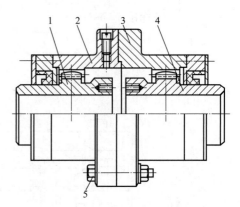

图 17-7　齿式联轴器

这种联轴器结构紧凑、承载能力大、适用速度范围广，但制造困难，适用于重载高速的水平轴连接，广泛用于汽车等大型机械设备中。为使联轴器具有良好的补偿两轴综合位移的能力，特将外齿齿顶制成球面，齿顶与齿侧均留有较大的间隙，还可将外齿轮做成鼓形齿。

3）弹性联轴器

弹性联轴器因装有弹性元件，不但可以靠弹性元件的变形来补偿两轴间的相对位移，而且具有缓冲、吸振的能力。弹性联轴器广泛应用于经常正反转、启动频繁的场合。常用的弹性联轴器有弹性套柱销联轴器和弹性柱销联轴器等。

（1）弹性套柱销联轴器。弹性套柱销联轴器已标准化，如图 17-8 所示，其结构与凸缘联轴器相似，只是用带有弹性套的柱销代替了连接螺栓，利用弹性套的弹性变形来补偿两轴的相对位移。这种联轴器结构简单、重量轻，但弹性套易磨损，寿命较短，用于冲击载荷小、正反转或启动频繁的中、小功率传动中。

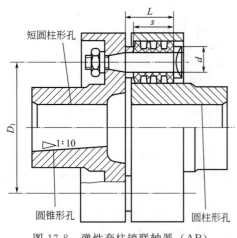

图 17-8　弹性套柱销联轴器（AR）

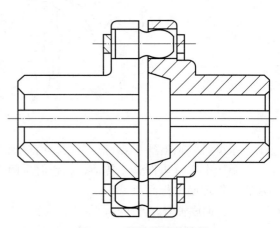

图 17-9　弹性柱销联轴器

（2）弹性柱销联轴器。如图 17-9 所示，它与弹性套柱销联轴器很相似，用弹性柱销（通常用尼龙制成）作为中间连接件将两半联轴器连接起来。这种联轴器传递转矩的能力更大、结构更简单、耐用性好，用于轴向变动较大、正反转或启动频繁的场合。

17.1.3　联轴器的选用原则

1）类型选择

联轴器大多已标准化和系列化，选用时应考虑的主要因素如下。

（1）被连接两轴的对中性：若两轴能保证严格对中，可选用固定式联轴器，若两轴不能保证严格对中或在工作中可能发生各种偏移，则应选用可移式联轴器或弹性联轴器。

（2）转矩的大小和性质：当载荷较平稳或变动不大时，可选用刚性联轴器。若经常启动、制动或载荷变化很大时，最好选用弹性联轴器。

（3）轴的工作转速：低速时，可选用刚性联轴器；高速时，则常用弹性联轴器。工作转速不大于联轴器的许用最高转速。

（4）工作环境、使用寿命和润滑密封条件：当工作环境温度较低（低于 $-20℃$）或温度较高（高于 $45\sim50℃$）时，一般不宜选用具有橡胶或尼龙作弹性元件的联轴器。有时还要考虑安装尺寸的限制。

2）尺寸选择

根据机器的工作情况选定联轴器的类型之后，应根据所传递的计算转矩 $T_C=K_AT$、转速 n 和被连接轴的直径 d，从有关的标准中选择具体的型号和结构尺寸。

17.2　离合器

17.2.1　离合器的功用及分类

1）功用

使同轴线的两轴或轴与该轴上的空套传动件（如齿轮、带轮等），根据工作需要随时接通或分离，以实现机床的启停、变速、换向及过载保护。

2）分类

（1）按其结构、功用的不同可分为啮合式离合器、摩擦式离合器、超越式离合器和安全离合器。

（2）按其操作方式的不同可分为操纵式（机械、气动、液压、电磁操纵式）和自动离合器。大多数离合器已标准化、系列化，使用时可按需要选择合适的类型、型号和尺寸。

17.2.2　几种常用的离合器

1）啮合式离合器

啮合式离合器由两个半离合器组成，利用两个半离合器的齿爪相互啮合，以传递运动和扭矩。按其结构的不同，又可分为牙嵌式和齿轮式。

（1）牙嵌式离合器。如图 17-10（a）所示，与齿轮成为一体的半离合器 1 空套于轴 3，其右端面有齿爪，可与半离合器 2 左端面的齿爪相啮合。半离合器 2 用花键或滑键与轴 3 相连，利用拨叉可使之向左移动，进入接合状态，从而带动齿轮 1 与轴 3 同步旋转，或右移脱开齿爪，则齿轮空转。

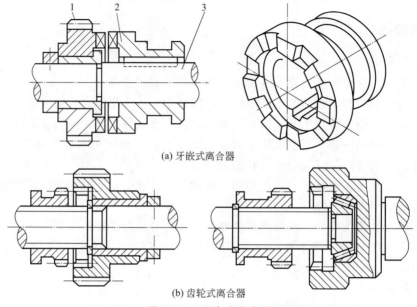

(a) 牙嵌式离合器

(b) 齿轮式离合器

图 17-10　啮合式离合器

常用的牙嵌式离合器的牙形有矩形、梯形、锯齿形和三角形。三角形齿接合和分离容易，但齿的强度弱，多用于传递小转矩。梯形和锯齿形齿的强度高，多用于传递大转矩。锯齿形齿只能单向工作。矩形齿制造容易，但接合时较困难，故应用较少。牙嵌式离合器的接合，应在两轴不回转或两轴转速很小时进行，否则齿与齿会发生很大的冲击，影响齿的寿命。

（2）齿轮式离合器。如图 17-10（b）所示，这种离合器实际上是一对齿数和模数相等的内啮合齿轮。外齿轮用花键与轴连接，并可向右滑移与内齿轮的内齿啮合，将空套齿轮与轴或同轴线的两轴连接、传递运动。齿轮 1 向左滑动时则脱开啮合，断开其运动连接。

齿轮式离合器结构简单、紧凑，接合后不会产生滑动，可传递较大扭矩且传动比准确。但齿爪不易在运动中啮合，一般只能在停转或相对转速较低时接合，故操作不便。仅用于机床上要求保持严格运动关系，或速度较低的传动链中。

2）摩擦离合器

摩擦离合器利用相互压紧的两个摩擦元件接触面之间的摩擦力来传递运动和扭矩。摩擦元件的结构形式很多，有片式、锥式。其中片式又分为单片式和多片式两种。如图 17-11 所示为单片式摩擦离合器，是利用两圆盘 1、2 压紧或松开使摩擦力产生或消失，以实现两轴的连接或分离。

单片式摩擦离合器结构简单，但径向尺寸大而且只能传递不大的转矩，多用于转矩在 2000N·m 以下的轻型机械上。

与牙嵌式离合器相比，摩擦离合器在任何转速下都可接合、分离，过载时摩擦面打滑，能保护其他零件不致损坏，接合平稳，冲击和振动小。缺点体现在接合过程中，相对滑动引起发热与磨损，损耗能量。

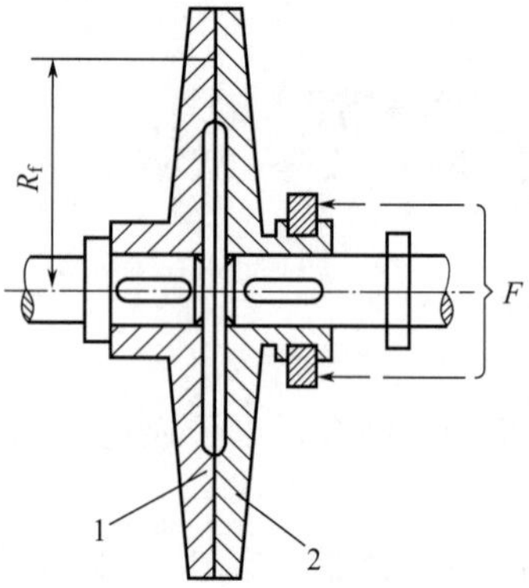

图 17-11　单片式摩擦离合器（AR）

3） 超越离合器（定向离合器）

定向离合器只能按一个转向传递转矩，反方向时能自动分离。

滚柱式定向离合器应用较广泛，如图 17-12 所示。它由爪轮（星轮）、套筒（外圈）、滚柱、弹簧顶杆等组成。如果星轮为主动，且按顺时针转动，这时的滚柱受摩擦力作用将被楔紧在槽内，因而外圈将随星轮一同回转，离合器即处于接合状态。但当星轮反方向旋转时，滚柱受摩擦力的作用，被推到槽中较宽的部分，不再楔紧在槽内，这时离合器处于分离状态。

由于它的接合和分离是与星轮和外圈之间的转速差有关，因此称为超越离合器。

这种离合器广泛用于汽车、拖拉机和机床等设备中。

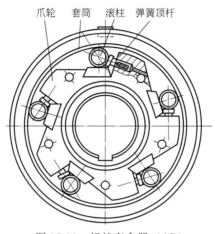

图 17-12　超越离合器（AR）

━━━┫ 技能训练 ┣━━━

完成技能训练活页单中的"技能训练单 17"。

━━━┫ 习　题 ┣━━━

17-1　常用的联轴器有哪些类型？在选用联轴器时应考虑哪些因素？

17-2　电动机经减速器驱动水泥搅拌机工作。已知电动机的功率 $P = 11kW$，转速 $n = 970r/min$，电动机轴的直径和减速器输入轴的直径均为 40mm，试选择电动机与减速器之间的联轴器。（水泥搅拌机属于转矩变化和冲击载荷中等的机械）

17-3　摩擦离合器与牙嵌式离合器的工作原理有何不同？各有何优缺点？

🖊 *学习笔记* ....

参 考 文 献

[1]　杨可桢，程光蕴，李仲生，等．机械设计基础［M］. 7 版．北京：高等教育出版社，2020.

[2]　陈立德，姜小菁．机械设计基础［M］. 2 版．北京：高等教育出版社，2017.

[3]　刘清．机械设计基础［M］. 北京：北京出版社，2014.

[4]　孔七一．工程力学［M］. 5 版．北京：人民交通出版社，2020.

[5]　吴宗泽．机械零件设计手册［M］. 2 版．北京：机械工业出版社，2013.

机械设计与应用（立体化教材）

第二版

技能训练活页单

李海英　主　编

王立芳　毛现艳　副主编

化学工业出版社

·北京·

技能训练单 1

专业：	班级：		姓名：		日期：

对应章节	第 1 章　静力学基础
任务名称	平面力系的平衡应用
具体任务	一铰链四杆机构 $OABO_1$ 在图示位置平衡，如下图所示。已知：$OA=40\text{cm}$，$O_1B=60\text{cm}$，作用在 OA 上的力偶矩 $m_1=1\text{N·m}$。试求力偶矩 m_2 的大小和杆 AB 所受的力 S。假设各杆的重量不计。 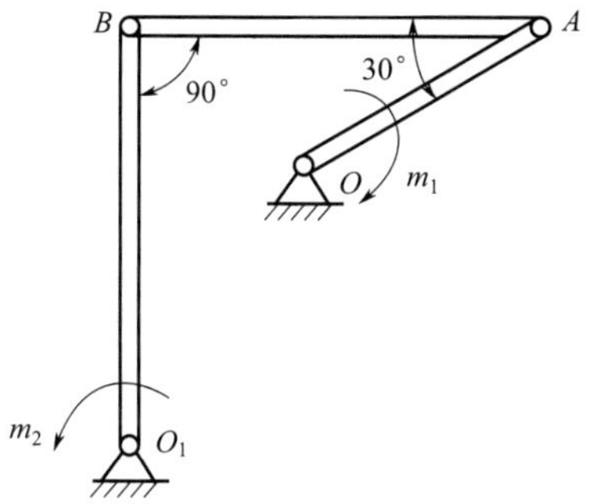 （图）
训练前的 知识储备	1. 力的基本概念、静力学公理、约束与约束力、物体的受力分析和受力图； 　　2. 平面汇交力系的合成与平衡条件； 　　3. 力矩、力偶、力偶矩； 　　4. 平面力偶系的合成与平衡条件； 　　5. 平面任意力系的合成与平衡条件。
训练重点	1. 通过对不同构件进行受力分析，画出受力图； 　　2. 通过对研究构件使用平面任意力系的合成与平衡条件，列方程等式进行力的问题求解。
训练难点	确定对受力构件研究的先后顺序，利用平面任意力系平衡条件列出方程式求解。
关键技能	1. 分析出二力构件； 　　2. 掌握具体某一构件的受力分析，画出受力图； 　　3. 能够利用平面任意力系的平衡条件，列出方程等式，以便进行力的问题求解。

	1. 分析出 AB 构件为二力构件，画出受力图。
训练过程 记录	2. 对 OA 构件进行受力分析，画受力图，利用 OA 构件在平面任意力系的平衡条件，以 O 点进行简化列出方程等式，求出 AB 构件的受力 S。 3. 对 O_1B 构件进行受力分析，画受力图，利用 O_1B 构件在平面任意力系的平衡条件，以 O_1 点进行简化列出方程等式，求出 AB 构件的力偶矩 m_2。
考核评价	自评：□优秀□良好□合格 同组人员评价：□优秀□良好□合格 教师评价：□优秀□良好□合格

技能训练单 2

专业：	班级：		姓名：		日期：

对应章节	第 2 章　拉伸与压缩
任务名称	轴向拉伸与压缩杆件的强度计算应用
具体任务	在汽车内燃机的曲柄连杆机构中，已知连杆直径 $d=240\text{mm}$，承受最大轴向外力 $F=3780\text{kN}$，连杆材料的许用应力 $[\sigma]=90\text{MPa}$。试校核连杆的强度。 若连杆由圆形截面改成矩形截面，长与宽之比 $h/b=1.4$。试设计连杆的尺寸 h 和 b。 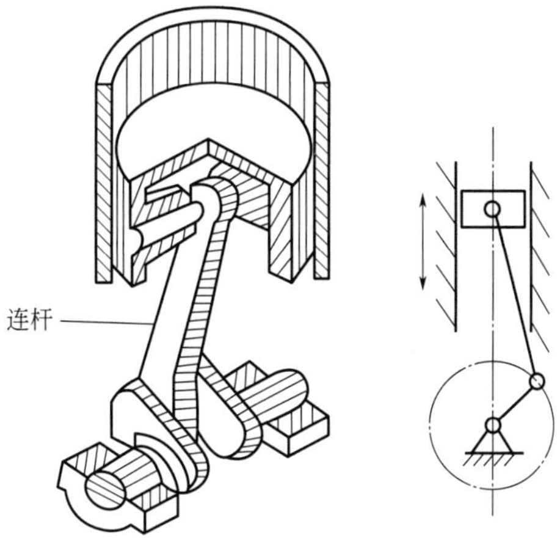 连杆
训练前的知识储备	1. 轴向拉伸与压缩的概念； 2. 轴向拉伸与压缩杆件内力的计算； 3. 拉压杆横截面上的应力计算； 4. 直杆轴向拉伸或压缩时的强度计算。
训练重点	1. 对轴向拉伸与压缩杆件进行内力计算； 2. 利用强度条件公式，解决校核强度与设计截面尺寸的强度计算问题。
训练难点	通过受力分析确定研究连杆为受轴向拉伸或压缩杆件，再利用强度条件建立相应的公式进行问题求解。

关键技能	1. 分析研究连杆的类型； 2. 掌握轴向拉压连杆内力的计算方法； 3. 能利用强度条件，建立相应公式进行计算。
训练过程 记录	1. 连杆强度校核。 2. 连杆尺寸 h、b 的设计。
考核评价	自评：□优秀□良好□合格 同组人员评价：□优秀□良好□合格 教师评价：□优秀□良好□合格

技能训练单 3

专业:	班级:		姓名:		日期:

对应章节	第 3 章　剪切与挤压
任务名称	剪切与挤压杆件的强度计算应用

具体任务	某车床电动机轴与带轮用平键连接。已知轴的直径 $d=35\text{mm}$，键的尺寸 $b\times h\times l=10\text{mm}\times 8\text{mm}\times 60\text{mm}$，传递的力偶矩 $M_e=465\times 10^{-4}\text{kN}\cdot\text{m}$。键材料为 45 钢，许用切应力 $[\tau]=60\text{MPa}$，许用挤压应力 $[\sigma_c]=90\text{MPa}$。带轮材料为铸铁，许用挤压应力 $[\sigma_c]=53\text{MPa}$。试校核键连接的强度。 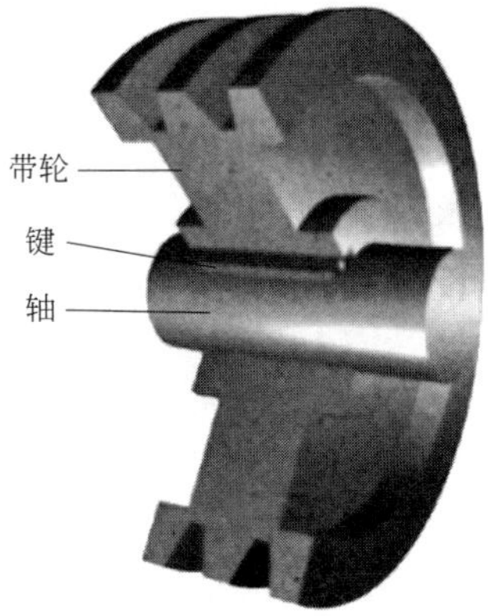

训练前的知识储备	1. 剪切与挤压的概念； 2. 剪切杆件的切应力计算、剪切强度条件； 3. 挤压杆件的挤压应力、挤压强度条件。

训练重点	1. 对剪切与挤压杆件进行内力计算； 2. 利用强度条件公式，解决剪切与挤压杆件的强度计算问题。

训练难点	通过受力分析确定研究键为受剪切与挤压杆件，再利用剪切与挤压强度条件建立相应的公式进行问题求解。

关键技能	1. 受力类型判别； 2. 会利用强度条件公式。

训练过程记录	1. 分析研究键为剪切与挤压杆件。 2. 利用平面任意力系的平衡条件计算键所受外力。 3. 利用剪切与挤压强度条件，分别建立公式进行连接键强度校核。
考核评价	自评：□优秀□良好□合格 同组人员评价：□优秀□良好□合格 教师评价：□优秀□良好□合格

技能训练单 4

专业：	班级：		姓名：		日期：
对应章节	第 4 章　扭转				
任务名称	圆轴扭转的强度计算应用				
具体任务	某机器传动轴如下图所示。已知轮 B 输入功率 $P_B=30\text{kW}$，轮 A、C、D 输出功率分别为 $P_A=15\text{kW}$，$P_C=10\text{kW}$，$P_D=5\text{kW}$，轴的转速 $n=500\text{r/min}$，轴材料的 $[\tau]=40\text{MPa}$。试按轴的强度设计轴的直径。 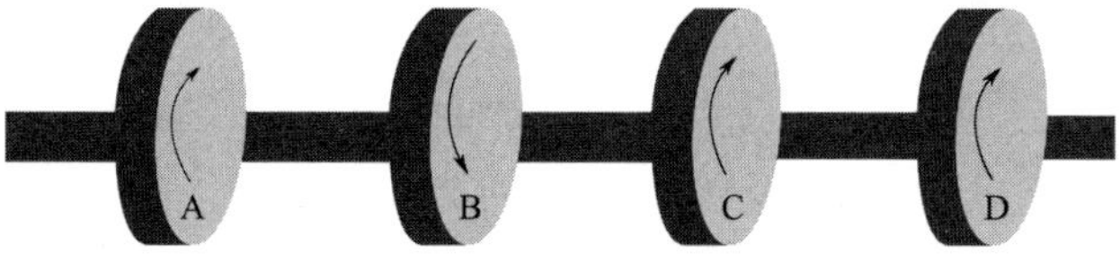 				
训练前的知识储备	1. 扭转的概念； 2. 扭转圆轴的外力偶矩计算； 3. 圆轴扭转时内力扭矩的计算； 4. 圆轴扭转时的应力和强度条件。				
训练重点	1. 会计算扭转圆轴的外力偶矩； 2. 会计算圆轴扭转时的内力扭矩； 3. 能利用圆轴扭转时的强度条件，解决强度计算问题。				
训练难点	1. 计算圆轴内力扭矩 M_T 时的正负号判定； 2. 圆轴扭转时的最大工作应力 $\tau_{\max}$ 计算。				
关键技能	1. 扭矩图的绘制； 2. 会利用圆轴扭转时的强度条件。				

训练过程 记录	1. 分析研究轴为扭转变形杆件。 2. 根据轴的转速和传递功率，计算扭转圆轴的外力偶矩 M_e。 3. 分段计算圆轴内力扭矩 M_T，绘制出扭矩图。 4. 计算圆轴扭转时的最大工作应力 τ_{max}。 5. 利用强度条件公式，计算求解扭转圆轴的强度问题。
考核评价	自评：□优秀□良好□合格 同组人员评价：□优秀□良好□合格 教师评价：□优秀□良好□合格

技能训练单 5

专业：	班级：		姓名：		日期：

对应章节	第 5 章　弯曲变形
任务名称	平面弯曲梁的强度计算应用
具体任务	火车轮轴的受力图如下图所示。已知载荷 $F=80$kN，F 与轮子支点的距离 $a=0.25$m，直径 $d=120$mm，材料许用应力 $[\sigma]=120$MPa。试校核该轴的强度。 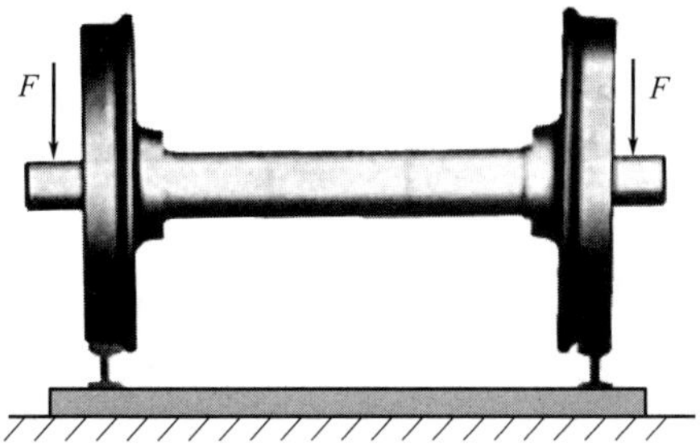 (a) 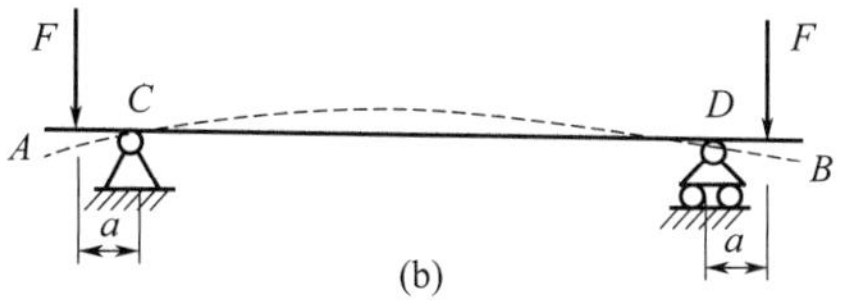 (b)
训练前的知识储备	1. 平面弯曲的概念、梁的基本形式； 2. 梁弯曲横截面的内力剪力、弯矩计算方法； 3. 纯弯曲时梁的弯曲应力公式、最大正应力计算方法； 4. 常用截面的惯性矩和抗弯截面系数的计算方法； 5. 梁弯曲时正应力强度计算方法。
训练重点	1. 能列剪力方程和弯矩方程，并能作剪力图和弯矩图； 2. 能利用梁弯曲时正应力的强度条件，解决强度计算问题。
训练难点	1. 计算梁弯曲时的最大正应力； 2. 强度条件的使用。
关键技能	画图与参数选取。

训练过程 记录	1. 分析研究轮轴为平面弯曲杆件，并确定梁的基本形式，画出受力分析图。 2. 列剪力方程和弯矩方程，并画出剪力图和弯矩图。 3. 计算圆轴弯曲时的最大正应力 σ_{max}。 4. 利用正应力强度条件公式，校核弯曲梁的强度。
考核评价	自评：□优秀□良好□合格 同组人员评价：□优秀□良好□合格 教师评价：□优秀□良好□合格

技能训练单 6

专业：	班级：		姓名：		日期：
对应章节	第 6 章　机械设计概述				
任务名称	简述机械设计的内容及要求				
具体任务	通过实物举例，分别编写机械设计与机械零件设计的内容。				
训练前的 知识储备	1. 机械、机器、机构、构件、零件的概念； 2. 机械设计的基本要求、过程； 3. 机械零件设计的基本要求、过程、设计准则； 4. 机械零件设计的三化。				
训练重点	1. 清楚理解机械设计的基本要求、过程； 2. 能够描述出机械零件设计的基本要求、过程、设计准则。				
训练难点	机械设计与机械零件设计的基本要求、过程对比。				
关键技能	理解并区分机械设计与机械零件设计的基本要求、过程。				
训练过程 记录	1. 找寻一个机械机构，将实物照片贴在下方，并通过分析，论述机械设计的主要内容。				

训练过程记录	2. 找寻一个机械零件，将实物照片贴在下方，并通过分析，论述机械零件设计的主要内容。 3. 简要列出机械零件设计的基本要求、过程、设计准则。
考核评价	自评：□优秀 □良好 □合格 同组人员评价：□优秀 □良好 □合格 教师评价：□优秀 □良好 □合格

技能训练单 7

专业：	班级：		姓名：		日期：
对应章节	第 7 章　平面机构的运动简图和自由度				
任务名称	内燃机的机构运动简图绘制				
具体任务	汽车发动机的核心为内燃机，如下图所示。试绘制该内燃机的机构运动简图，并计算其自由度。  				
训练前的 知识储备	1. 运动副的概念、分类； 2. 机构运动简图的概念； 3. 运动副和构件的表示方法； 4. 自由度与约束的概念。				
训练重点	1. 掌握构件和运动副的表示方法，能按照步骤绘制平面机构的运动简图； 2. 掌握平面机构自由度的计算，并注意三种特殊情况。				
训练难点	1. 熟悉常用构件和运动副的表示方法； 2. 记住自由度计算公式，能正确计算出机构中的自由度。				

关键技能	1. 掌握绘制平面机构运动简图的步骤； 2. 能够正确表示机构中所有的构件和运动副； 3. 计算自由度时，掌握三种特殊情况的处理方法。
训练过程 记录	1. 绘制该内燃机的机构运动简图。 2. 计算图示机构的自由度。
考核评价	自评：□优秀□良好□合格 同组人员评价：□优秀□良好□合格 教师评价：□优秀□良好□合格

技能训练单 8

专业：	班级：		姓名：		日期：

对应章节	第 8 章　平面连杆机构
任务名称	缝纫机踏板驱动机构的设计
具体任务	下图所示为缝纫机踏板驱动机构。设两固定铰链间距 $l_{AD}=350\text{mm}$，脚踏板长 $l_{CD}=175\text{mm}$，在驱动时脚踏板离水平位置上下各 15° 摆动。应用图解法设计机构，确定曲柄 AB 和连杆 BC 的长度。  　缝纫机踏板 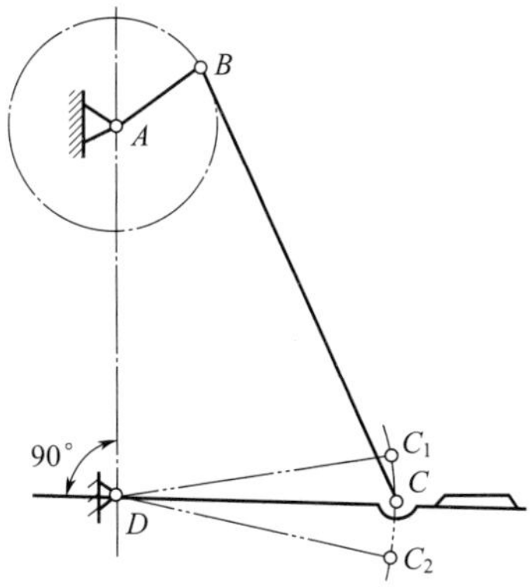
训练前的知识储备	1. 铰链四杆机构的基本形式； 2. 平面四杆机构的工作特性； 3. 平面四杆机构的设计。
训练重点	根据曲柄摇杆机构中摇杆处在两极限位置时曲柄与连杆共线的位置关系，画出对应的曲柄与连杆的位置，进一步列方程式求解曲柄与连杆长度。
训练难点	摇杆处在两极限位置时曲柄与连杆共线的位置关系分析。
关键技能	分析出设计机构为曲柄摇杆机构，会画出对应图。

训练过程 记录	1. 根据曲柄摇杆机构中摇杆处在两极限位置时曲柄与连杆共线的位置关系，画出对应的曲柄与连杆的位置。 2. 列出曲柄与连杆的二元一次方程等式，并进行求解。
考核评价	自评：□优秀□良好□合格 同组人员评价：□优秀□良好□合格 教师评价：□优秀□良好□合格

技能训练单 9

专业：	班级：		姓名：		日期：

对应章节	第 9 章　凸轮机构
任务名称	凸轮的轮廓曲线设计
具体任务	根据从动件的运动规律，设计凸轮的轮廓曲线。 　对心尖顶直动从动件盘形凸轮机构中，已知凸轮以等角速度 ω_1 逆时针转动，从动件的运动规律为：当凸轮转过 100°时，从动件以等加速等减速运动规律上升 20mm；当凸轮继续回转 90°时，从动件在最高位置停止不动；当凸轮再转 90°时，从动件以等速运动规律下降到初始位置；当凸轮再转其余 80°时，从动件又停止不动。 　取凸轮基圆半径 $r_{min}=50$mm，试用图解法设计出此凸轮的轮廓曲线。
训练前的 知识储备	1. 凸轮机构的组成、分类、实际应用； 2. 凸轮机构的运动特点。
训练重点	根据从动件的运动规律，设计凸轮轮廓曲线的方法、步骤。
训练难点	预定运动规律的分析。
关键技能	根据从动件的预定运动规律，利用反转法，熟练设计凸轮的轮廓曲线。
训练过程 记录	1. 简要列出凸轮轮廓曲线的设计思路。

训练过程 记录	2. 写出凸轮轮廓曲线的设计步骤。 3. 画出所设计凸轮的轮廓曲线。
考核评价	自评：□优秀□良好□合格 同组人员评价：□优秀□良好□合格 教师评价：□优秀□良好□合格

技能训练单 10

专业：	班级：		姓名：		日期：
对应章节		第 10 章　间歇运动机构			
任务名称		间歇运动机构的创意设计（图纸或实物）			
具体任务		结合棘轮机构、槽轮机构、不完全齿轮机构、凸轮式间歇机构的运动原理，进行创意设计，将主动件的连续转动、往复摆动或往复移动变换为从动件的间歇转动或间歇移动。			
训练前的知识储备		1. 各类间歇运动机构的组成、分类、实际应用； 　　2. 各类间歇运动机构的运动特点。			
训练重点		掌握各类间歇运动机构的运动特点。			
训练难点		合理设计机构中各组件的尺寸。			
关键技能		理论联系实践，创新思维的训练。			
训练过程记录		1. 写出创意设计的思路。			

训练过程 记录	2. 简要说明所设计的间歇运动机构的特点。 3. 给出相应图纸或实物图。
考核评价	自评：□优秀□良好□合格 同组人员评价：□优秀□良好□合格 教师评价：□优秀□良好□合格

技能训练单 11

专业：	班级：		姓名：		日期：

对应章节	第 11 章　带传动
任务名称	设计普通 V 带传动
具体任务	设计下图所示带式输送机中的普通 V 带传动。已知从动带轮的转速 n_2＝650r/min，两班制工作，电动机额定功率为 9kW，转速 n_1＝1600r/min。 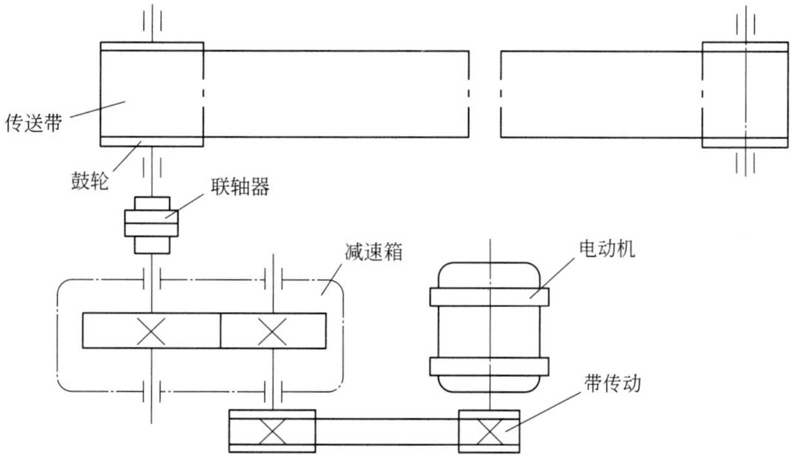
训练前的 知识储备	1. 带传动的结构组成、类型及应用； 2. 带传动的工作情况； 3. 带传动的设计方法； 4. 带传动的张紧、安装与维护。
训练重点	1. 普通 V 带型号选取； 2. V 带根数的选取； 3. 初拉力的选择，保持适当的初拉力是带传动正常工作的首要条件。初拉力不足，会出现打滑；初拉力过大，将增大轴和轴承上的压力，并降低带的寿命。
训练难点	设计参数的选取。
关键技能	根据已知的传动条件，合理设计普通 V 带传动的各部分尺寸。

训练过程记录	1. 由计算功率 P_C 和小轮转速 n_1，查选型图确定带的型号。 2. 确定大、小带轮的基准直径 d_1、d_2，并验算带速。 $d_1 =$ _____，$d_2 =$ _____。 带速验算结果：_____。 3. 确定 V 带基准长度 L_d 和中心距 a。 长度 $L_d =$ _____，中心距 $a =$ _____。 4. 验算包角 α_1、传动比 i，一般 $\alpha_1 \geqslant 120°$、$i \leqslant 7$，并记录验算步骤。 5. 确定 V 带根数 z，V 带根数不宜太多，通常 $z < 10$。 6. 计算初拉力 F_0。 7. 计算 V 带的张紧对轴、轴承产生的压力 F_Q。 8. 画出所设计的带轮结构图。 9. 画出张紧装置图。
考核评价	自评：□优秀□良好□合格 同组人员评价：□优秀□良好□合格 教师评价：□优秀□良好□合格

技能训练单 12

专业：	班级：	姓名：	日期：

对应章节	第 12 章 链传动
任务名称	设计链传动机构
具体任务	通过链传动驱动液体搅拌器，电动机的额定功率 $P = 6.5\text{kW}$，$n_1 = 1200\text{r/min}$，传动比 $i = 3$，载荷平稳，试设计此链传动机构。
训练前的 知识储备	1. 链传动的组成、特点及应用； 2. 链传动的运动特点； 3. 滚子链的传动设计； 4. 链传动的布置、张紧和润滑。
训练重点	设计链传动机构的方法、步骤。
训练难点	设计参数的选取，如链轮齿数、链条节数、节距和中心距等。
关键技能	根据已知的传动条件，合理设计链传动的各部分尺寸。
训练过程 记录	1. 简要论述链传动的设计方法。

训练过程记录	2.写出各部分的设计参数值。 3.根据所设计的尺寸，画出设计简图。
考核评价	自评：□优秀□良好□合格 同组人员评价：□优秀□良好□合格 教师评价：□优秀□良好□合格

技能训练单 13

专业：	班级：		姓名：		日期：

对应章节	第 13 章　齿轮传动
任务名称	设计闭式直齿圆柱齿轮传动机构
具体任务	如下图所示，电动机驱动的带式输送机上，设计单级直齿圆柱齿轮减速器中的齿轮传动机构，已知 $P=8\mathrm{kW}$，$n_1=960\mathrm{r/min}$，$i=4.3$，单向传动，载荷平稳，单班制工作。 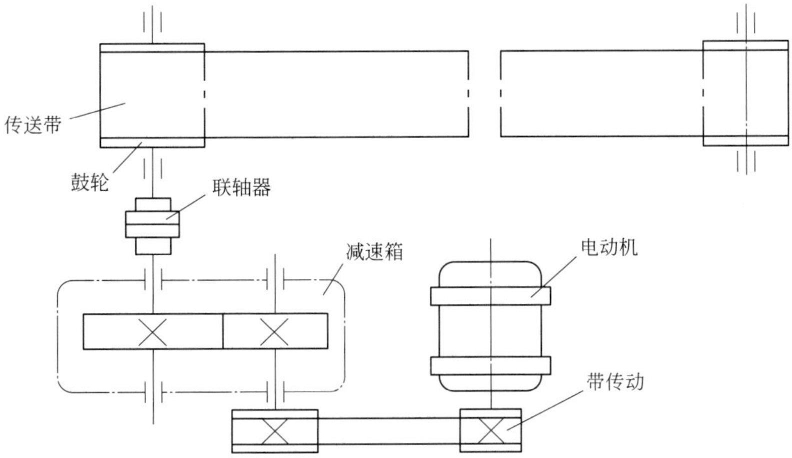
训练前的知识储备	1. 齿轮机构的特点和类型； 2. 各类齿轮机构的几何尺寸计算方法； 3. 齿轮传动的受力分析； 4. 设计齿轮传动的方法、步骤。
训练重点	根据已知的传动条件，设计齿轮传动的方法、步骤。
训练难点	设计参数的选取。
关键技能	根据已知的传动条件，合理设计齿轮传动的各部分尺寸，并进行强度校核。

训练过程 记录	1. 根据题目提供的工况等条件，确定传动形式，选定合适的齿轮材料和热处理方法，查表确定相应的许用应力。 2. 根据设计准则，设计计算 m 或 d_1。 3. 选择齿轮的主要参数。 4. 计算主要几何尺寸。 5. 根据设计准则校核接触强度或弯曲强度。 6. 校核齿轮的圆周速度，选择齿轮传动的精度等级和润滑方式等。 7. 绘制齿轮的零件图。
考核评价	自评：□优秀□良好□合格 同组人员评价：□优秀□良好□合格 教师评价：□优秀□良好□合格

技能训练单 14

专业：	班级：		姓名：		日期：

对应章节	第 14 章　轮系
任务名称	分析、计算混合轮系的传动比
具体任务	已知：$Z_1 = Z_2 = Z_4 = Z_{4'} = 30$，$Z_{1'} = 20$，$Z_3 = 90$，$Z_{3'} = 40$，$Z_5 = 15$。 求 i_{III}。
训练前的 知识储备	1. 轮系的类型、特点、应用； 2. 定轴轮系、周转轮系传动比的计算方法。
训练重点	联立求解，联想思维训练。
训练难点	分析混合轮系，将其划分为若干个基本轮系。
关键技能	根据轮系的传动情况，分析混合轮系，并正确计算其传动比。
训练过程 记录	1. 将混合轮系划分为几个基本轮系，记录如下。

训练过程记录	2. 分别计算各基本轮系的传动比，计算过程记录如下。 3. 寻找各基本轮系之间的联系。 4. 联立求解。
考核评价	自评：□优秀□良好□合格 同组人员评价：□优秀□良好□合格 教师评价：□优秀□良好□合格

技能训练单 15

专业：	班级：		姓名：		日期：

对应章节	第 15 章　轴承
任务名称	轴承的组合设计
具体任务	根据下图选择滚动轴承的类型，并完成组合设计。直齿圆锥一斜齿圆柱齿轮减速器中，轴的转速一般，载荷较大，有冲击，应选用哪类轴承比较合适？请完成轴承的固定、配合与装拆、润滑与密封等组合设计。 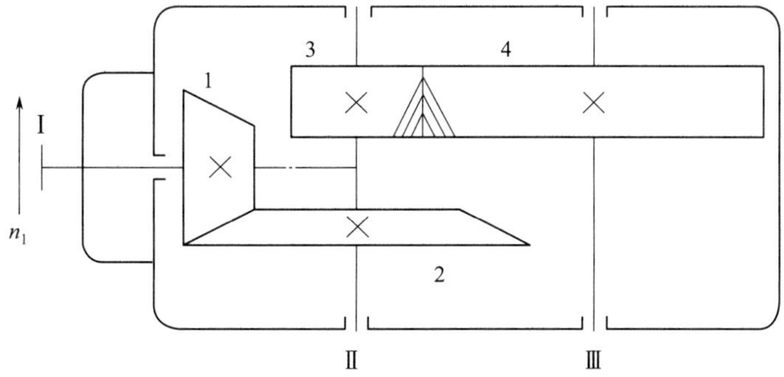
训练前的知识储备	1. 滚动轴承的结构、类型、代号； 2. 滚动轴承的选择原则。
训练重点	1. 滚动轴承的正确选择； 2. 滚动轴承的组合设计。
训练难点	轴承的固定、配合与装拆、润滑与密封等组合设计。
关键技能	根据轴系的结构特点、工作情况，合理选择滚动轴承的类型，并完成轴承的固定、配合与装拆、润滑与密封等组合设计。

训练过程 记录	1. 根据已知条件，确定要选用的轴承。 2. 写出组合设计思路。 3. 画出轴承的组合设计图。
考核评价	自评：□优秀□良好□合格 同组人员评价：□优秀□良好□合格 教师评价：□优秀□良好□合格

技能训练单 16

专业：	班级：		姓名：		日期：

对应章节	第 16 章　轴和轴毂连接
任务名称	设计减速器从动轴
具体任务	根据下图设计二级直齿圆柱齿轮减速器输出轴的结构，外伸端装联轴器，已知该轴传递的功率为 $P=5\text{kW}$，其转速 $n=180\text{r/min}$，齿轮宽度为 60mm，选择联轴器、轴承，设计轴的结构图，并进行强度计算。 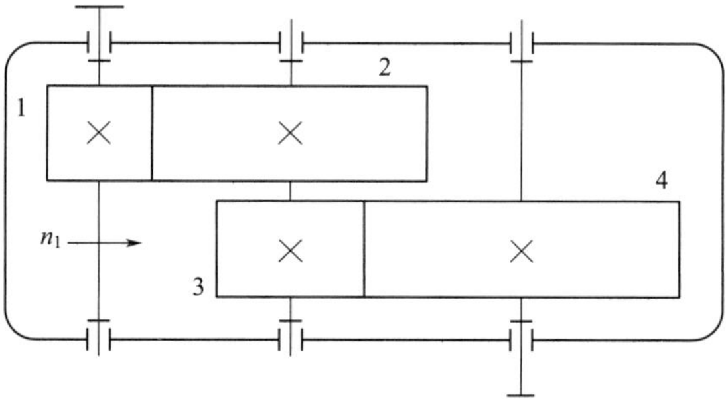
训练前的知识储备	1. 轴的功用、分类、常用材料； 2. 转轴的结构设计； 3. 轴的强度计算。
训练重点	1. 能根据特定的工作条件进行选材； 2. 会进行整体结构设计，根据轴上零件的安装、定位以及轴的制造工艺等方面的要求，合理地确定轴的结构形式和尺寸。
训练难点	轴的强度计算，轴的承载能力验算（一般在轴上选取 2～3 个危险截面进行强度校核，若危险截面强度不够或强度太大，则需重新修改轴的结构后再进行校核计算）。
关键技能	根据轴的工作情况选择材料，进行结构设计，绘制设计图，并能进行强度计算。

训练过程 记录	1. 明确现有的工作条件，根据实际条件选材。 2. 按扭转强度估算轴的最小直径。 3. 根据工作要求确定轴上零件的位置和固定方式。 4. 确定各轴段的直径。 5. 确定各轴段的长度。 6. 根据有关设计手册确定轴的结构细节，如圆角、倒角、退刀槽等的尺寸。 7. 绘制轴的零件图。
考核评价	自评：□优秀□良好□合格 同组人员评价：□优秀□良好□合格 教师评价：□优秀□良好□合格

技能训练单 17

专业：	班级：		姓名：		日期：
对应章节	第 17 章　联轴器和离合器				
任务名称	轴系零部件拆装				
具体任务	绘制轴系结构草图，拆装轴系零部件。 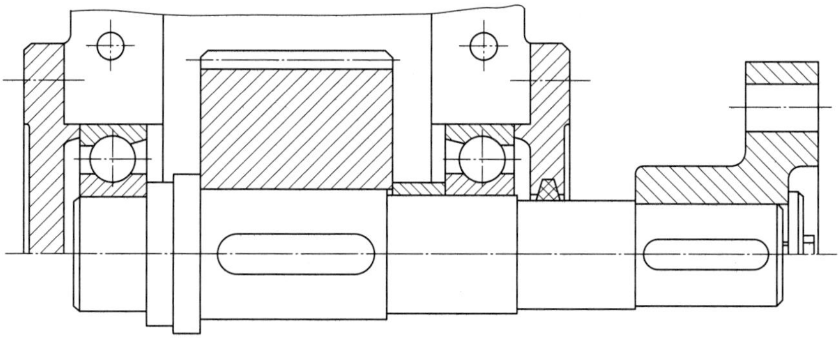 				
训练前的 知识储备	1. 联轴器和离合器的功用、类型、应用； 2. 结构草图绘制方法。				
训练重点	联轴器和离合器的应用，轴上零件的安装、固定。				
训练难点	轴上零件的轴向固定、周向固定方式。				
关键技能	根据轴系结构草图，正确拆装轴系零部件。				
训练过程 记录	1. 绘制轴系结构草图。				

	2. 写出图中各个零部件的固定方式。
训练过程 记录	3. 简要叙述拆装轴系零部件的步骤。
考核评价	自评：□优秀□良好□合格 同组人员评价：□优秀□良好□合格 教师评价：□优秀□良好□合格